LangGraph开发

从原理到实践

LANGGRAPH DEVELOPMENT

FROM PRINCIPLES TO PRACTICE

睿思科技　编著

U0913318

化学工业出

· 北 京 ·

内容简介

LangGraph 是构建具备状态感知能力与流程控制能力的 Agent 系统的核心框架，本书系统剖析了 LangGraph 的图结构建模原理、节点执行机制、状态更新模式以及与 LangChain 生态工具的集成方式。

全书共 10 章，首先围绕 LangGraph 的底层原理、图建模方法、节点类型及其控制流设计展开，深入探讨了状态持久化、嵌套图结构、异步执行、并发调度与错误恢复机制；随后转向多 Agent 系统的调度模式与可观测性方案，涵盖 LangSmith 调试流程、灰度版本发布、资源隔离与日志监控等工程实战关键；最后聚焦于 LangGraph 在常见商用业务中的应用落地，分别以 AI 客服系统与数据分析 Agent 为案例，展示 LangGraph 在多轮交互、语义理解、数据调用与任务组合等复杂业务场景中的开发方式与优化方案。

本书适合智能体开发者、AI 应用工程师、架构设计师及对 LangChain 生态与多 Agent 系统协作有兴趣的技术从业者学习使用。

图书在版编目（CIP）数据

LangGraph开发从原理到实践 / 睿思科技编著. 北京 : 化学工业出版社, 2026. 1. -- ISBN 978-7-122-49719-2

Ⅰ. TP311.561

中国国家版本馆CIP数据核字第2026A8N380号

责任编辑：耍利娜　　文字编辑：张燕文
责任校对：宋　玮　　装帧设计：王晓宇

出版发行：化学工业出版社
（北京市东城区青年湖南街 13 号　邮政编码 100011）
印　　装：河北延风印务有限公司
710mm×1000mm　1/16　印张 17　字数 315 千字
2026 年 3 月北京第 1 版第 1 次印刷

购书咨询：010-64518888　　售后服务：010-64518899
网　　址：http://www.cip.com.cn
凡购买本书，如有缺损质量问题，本社销售中心负责调换。

定　　价：89.90元

版权所有　违者必究

PREFACE

前言

在人工智能应用从模型能力驱动向任务执行驱动转变的背景下，Agent（智能体）系统正逐步从单轮问答的语言模型演化为具备流程控制、记忆管理与多工具联动能力的复杂执行体，面对这种结构性变革，仅依赖 Prompt 编排与链式调用已难以支撑智能体在多轮任务、状态追踪、条件分支与模块复用等方面的实际需求，LangGraph 应运而生。

LangGraph 以有向状态图为核心抽象，引入了节点（Node）、状态（State）与边（Edge）三要素，实现了智能体行为流程的图结构建模，使开发者能够通过图节点定义任务步骤，通过状态结构承载上下文数据，通过边条件实现路径跳转与容错恢复。在 LangGraph 中，控制逻辑可视、状态变化可追踪、节点执行可组合，从而实现了对复杂 Agent 系统的结构化表达与模块化管理。

LangGraph 并非独立存在，而是深度融合在 LangChain 生态中，它提供了与 LangChain 的 Memory、Tool、Retriever、Chain 等组件的无缝对接能力，既可将 LangChain 链式结构包装为图节点，也可通过 LangGraph 中的控制类节点或子图节点实现任务调度粒度的进一步细化。在复杂场景中，LangGraph 扮演着协调执行、路径控制与状态统一的中央调度角色，有效填补了 LangChain 在流程管理与状态控制方面的能力空白。

本书旨在系统化地阐述 LangGraph 从原理到实践的完整能力边界，全书分为 10 章：前 3 章着重讲解 LangGraph 的架构原理、组件模型、节点类型与控制机制；第 4 章引入并发调度、错误处理与容灾策略，确保系统在大规模并发场景下的稳定性与鲁棒性；第 5、6 章则聚焦于 LangGraph 与 LangChain 生态的深度集成、跨图结构复用与 DSL 定义方案，支撑更大规模、更多租户、更复杂场景的智能体编排系统；第 7 章引入多 Agent 系统调度模式，在任务并发、角色定义、上下文隔离与 Agent 协同中引入图结构设计思维；第 8 章围绕图结构的调试、可观测性与部署展开，深入探讨如何借助 LangSmith 等平台实现节点可观测、状态可诊断与执行可回溯，构建具备工程可维护性的 LangGraph 执行平台；第 9、10 章则选取两个典型业务场景作为综合案例，展示 LangGraph 在实际落地过程中的建模方法、路径规划、节点协作与输出控制，体现 LangGraph 作为 Agent 流程控制框架的实践价值。

需要指出的是，本书并非面向初学者，也不局限于函数调用与框架封装的初步应用，而是面向具有一定 LangChain 使用经验、具备 AI 应用开发背景、希望深入理解 LangGraph 工作原理并在复杂业务中进行工程落地的技术实践者。全书在讲解过程中兼顾语义完整与结构严谨，力求在每一处实现逻辑中揭示 LangGraph 背后的系统设计哲学，推动读者从工具使用者向架构构建者的转变。

在大模型能力持续演进、多 Agent 系统成为趋势、任务流程结构愈加复杂的今天，LangGraph 所代表的图式控制范式，将成为构建下一代 Agent 系统的重要技术支撑，本书希望成为这一趋势中的参考指南，为 Agent 系统的开发者、产品设计师与 AI 工程实践者提供可落地、可复用、可扩展的图结构开发范式与流程建模工具集。

编著者

CONTENTS

目录

第 1 章 LangGraph 基本原理

第 1 章

LangGraph 基本原理

智能体系统的演化正从简单的问答交互迈向具备任务组织能力与执行控制能力的复杂流程体系，流程可控制、状态可追踪、结构可组合成为构建高可靠性智能体的基本要求，有向状态图作为一种天然适配控制流表达的抽象结构，为智能体行为建模提供了坚实基础，图式思维、组件组合与状态驱动成为智能体开发的新范式，也成为理解 LangGraph 的起点。

1.1 LangGraph 概述

随着智能体在多步骤任务、条件判断与上下文追踪中的需求不断增长，传统链式结构已难以胜任复杂控制流的编排与状态管理，亟需一种能够表达动态路径、统一状态视图并支持模块化建构的执行框架，LangGraph 正是在此背景下提出的，其核心在于以图为基础组织智能体流程，引入结构化、可控制、可追踪的图式调度机制，重新定义智能体系统的执行边界与架构模式。

1.1.1 从 LangChain 到 LangGraph

在大语言模型应用迅速扩张的背景下，围绕模型能力的调度与组合逐渐从静态 Prompt 构造转向动态执行路径管理，LangChain 作为早期最具代表性的智能体框架，通过链式结构实现了对模型、工具与记忆的统一封装，极大降低了智能体系统的构建门槛。然而在面对多路径决策、异步控制、复杂状态管理等实际工程需求时，其线性执行模型开始暴露出灵活性不足与流程表达能力有限的结构性短板，LangGraph 的引入，正是对 LangChain 执行体系的结构性拓展。

LangChain 与 LangGraph 共同构成智能体系统的底层架构，如图 1-1 所示。LangChain 侧重语言模型接口、工具链封装与链式组合。LangGraph 引入状态图模型，实现流程路径的条件控制、节点调度与全局状态传递，两者均为开源组件，具备良好的可拓展性与集成能力。通过中间的 Integrations 组件层，可以将外部 API、工具包、数据库接口等能力统一接入图结构，实现功能模块的组合复用。

在部署与调试维度，LangGraph Platform 作为商用部署平台提供执行托管能力，支持在云端以服务方式运行完整图流程，同时通过 LangSmith 实现图结构的调试、提示词管理、运行日志监控与链路可观测性分析，形成从开发、联调到线上部署的闭环工程体系，提升图执行的稳定性与生产级运维能力。

（1）LangChain 链式编排

LangChain 在设计上采用链式结构进行任务组织，每条链由一系列顺序连接

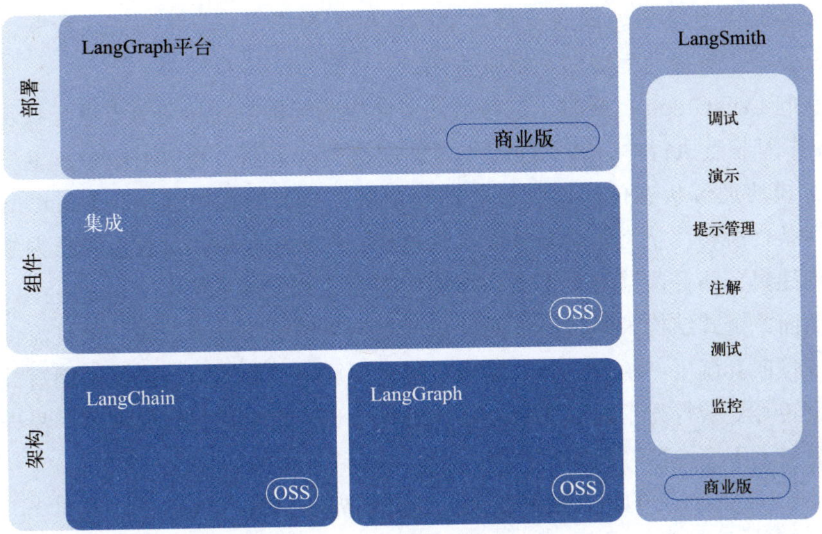

图 1-1　LangGraph 生态技术架构

的组件构成，包括语言模型、工具、记忆模块、检索器与输出解析器等，这种设计使开发者可以通过组合不同的模块快速构建具有多步能力的任务执行体，适用于问答生成、文档检索、代码分析等中低复杂度的智能体系统。

LangChain 通过统一的接口抽象组织多个核心模块，如图 1-2 所示，包括语言模型封装、提示词模板、链式逻辑组合、文档加载工具与智能体调度机制，其内部通过 PromptTemplate 构建输入模板，结合 LLM（大语言模型）调用生成响应，再通过 Chain 机制将多个调用步骤顺序组合，用于构建具备输入输出映射能

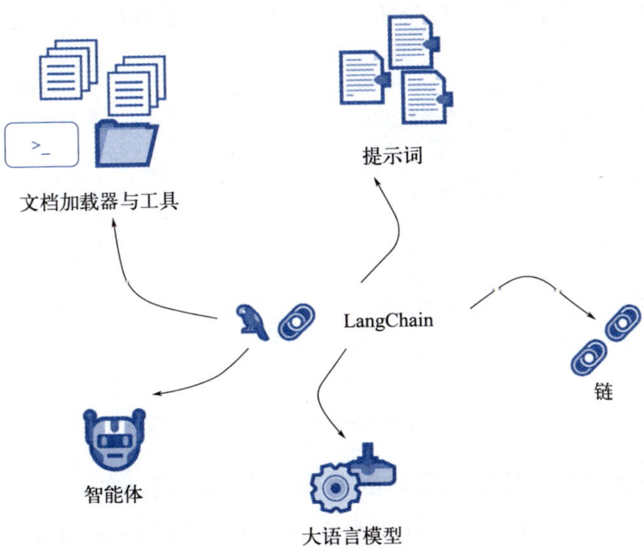

图 1-2　LangChain 核心组件结构示意

力的多步语言任务链。同时支持对文档结构的解析、向量化与嵌入检索，配合 Retriever 与工具接口完成知识增强生成。

在向 LangGraph 扩展时，这些组件可作为图结构中的功能节点进行封装，将 Chain 作为节点执行体，将 Agent 作为调度流程的子图，将 Retriever、工具函数或记忆模块通过状态传递机制参与路径控制，原有的线性链路在 LangGraph 中转化为条件跳转、状态驱动与并发执行结构，实现更强的控制粒度与行为组合能力，构建具备路径决策与上下文感知能力的图式智能体系统。

然而，链式结构天然是线性的，虽然支持条件链与分支逻辑，但其流程控制主要依赖嵌套调用与函数封装，难以表达跨模块路径跳转、动态状态回写或条件路径反转等复杂行为，同时在状态传递过程中也缺乏全局一致性视图，易导致状态冲突与上下文漂移等问题。

（2）LangGraph 的图式控制扩展：以文档处理为例

为解决上述限制，LangGraph 提出以有向状态图作为执行结构的核心抽象，引入节点、状态与边的显式建模方式，使控制流程具备可视性、状态传递具备一致性、路径选择具备灵活性。相比于 LangChain 中函数调用的链式绑定，LangGraph 将每个处理逻辑拆分为独立节点，并通过边定义节点间的执行关系，同时通过状态字典维护整个流程中的全局上下文，使每次节点执行都明确输入、产出与状态变更路径，显著增强了执行过程的可控性与调试能力。

图 1-3 中，流程以文档加载为起点，通过文档加载器从 PDF、网页或数据库中提取结构化文本，随后利用文本切分器组件按句段、Token 窗口或语义片段划分为多个独立切片，以便后续向量化处理具备更高粒度与匹配精度。切片过程中可配置最大长度、重叠比例与分隔符策略，以平衡召回覆盖率与上下文连贯性。

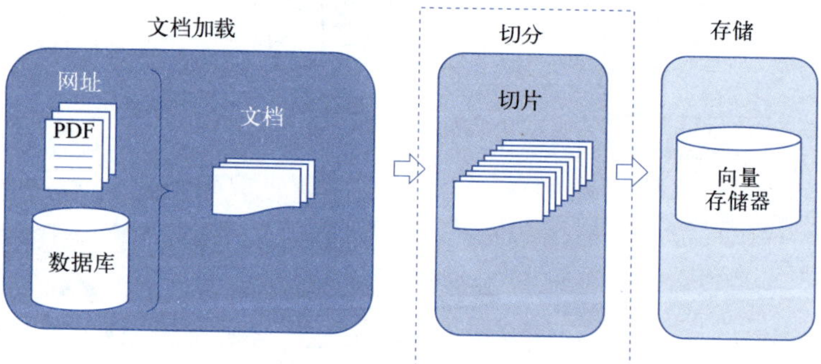

图 1-3　LangChain 文档处理与向量索引构建流程

每个切片通过嵌入模型生成向量表示，写入矢量存储器实现基于向量的相似度检索。向量库支持持久化、压缩与索引加速，可被 LangChain 中的 Retriever 调用，用于在 RAG 任务中匹配问题相关内容并交由语言模型生成回答，该流程也可在 LangGraph 中建模为拆分节点、嵌入节点与存储节点的异步子图。

LangGraph 并未取代 LangChain，而是在其生态之上提供图结构调度能力，两者之间可通过包装器机制进行无缝协作，如将 LangChain 中的链、工具或记忆组件封装为 LangGraph 节点，或在 LangGraph 中嵌套调用 LangChain 的链路，实现流程控制与功能执行的双向协同，极大拓展了智能体系统在执行模型层面的表达能力与控制边界。

（3）从“链”到“图”：以 RAG 为例

从 LangChain 到 LangGraph 的演进，并非简单的功能增强，而是编排思想的范式转变，链强调顺序与组合，适合构建单线性、弱分支的任务结构，而图强调结构与流动，适合构建具备路径决策、状态更新、异常跳转与并发执行的复杂流程系统。

图 1-4 展示了 RAG 系统的全链路执行结构，首先通过加载器将 PDF、网页或数据库中的内容导入为文档对象，随后使用分片器进行文本切割以生成可嵌入的切片。每个切片被送入向量存储模块，通过嵌入模型构造向量索引，实现高效的语义检索能力。

在接收到查询后，系统通过检索器从向量库中筛选与问题最相关的文本切片，并将其注入提示模板中，配合原始问题组成新的提示词输入语言模型。LLM 在补充上下文信息基础上生成最终回答，从而完成对外部知识的增强调用，可在 LangGraph 中用拆分、检索、重构和生成节点表示该流程。

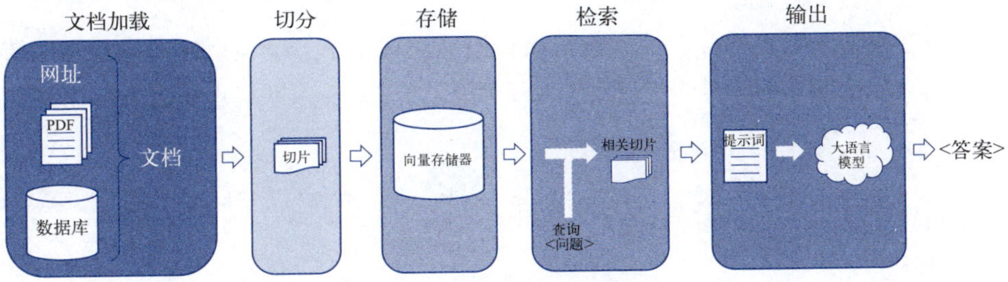

图 1-4　RAG 知识检索流程

在实际应用中，尤其是涉及工具调用链、多轮对话状态维护、多智能体任务协作等场景中，LangGraph 提供了更具弹性与表达能力的解决方案，成为支撑智能体系统可控执行的重要基座。

1.1.2　有向状态图与分支控制

在智能体任务流程日益复杂的背景下，传统的顺序执行模型已难以满足动态路径选择、上下文感知跳转与异常恢复等关键需求，具备结构化决策能力的流程控制机制成为支撑复杂行为生成的核心能力，有向状态图正是在此技术需求基础上发展而来，它通过节点、状态与边的组合，提供了统一的执行流描述语言，使任务的路径控制、条件判断与状态演进均具备明确的逻辑表达与可追踪性，成为 LangGraph 调度体系的基础支撑。

（1）有向图结构的核心特性

LangGraph 中的控制结构以有向图为基本形式，每个节点代表一个可执行的操作单元，边表示执行流在节点间的迁移方向，而状态则在执行过程中随节点调用持续更新，从而形成状态驱动的执行模型。相比于链式结构的线性单向特征，有向图具备天然的多路径表达能力与循环路径支持，可灵活应对条件跳转、多分支决策与异步分流等复杂任务场景。

在有向图中，每个节点都可根据当前状态决定下一个可达路径，实现行为上的条件性分发，而不再依赖预定义函数逻辑中的 if-else 嵌套，结构表达更清晰、路径组合更具弹性，尤其适用于任务流程依赖上下文值动态判断的交互式智能体系统。

（2）状态驱动的路径控制机制：以写作为例

路径控制的本质在于根据输入状态决定下一跳行为，有向状态图通过在边上绑定条件判断逻辑，使流程跳转具备可解释性与可配置性，LangGraph 中，开发者可为每条边指定基于状态的判断函数，该函数以当前状态为输入，返回是否满足转移条件，系统据此决定是否沿该边进行路径迁移，从而实现具备上下文感知能力的动态分支控制。

图 1-5 基于 LangGraph 的状态机模型设计，展示了一个典型的有向状态图结构。每个矩形框表示一个状态节点，不同路径通过条件判断实现状态转移，例如

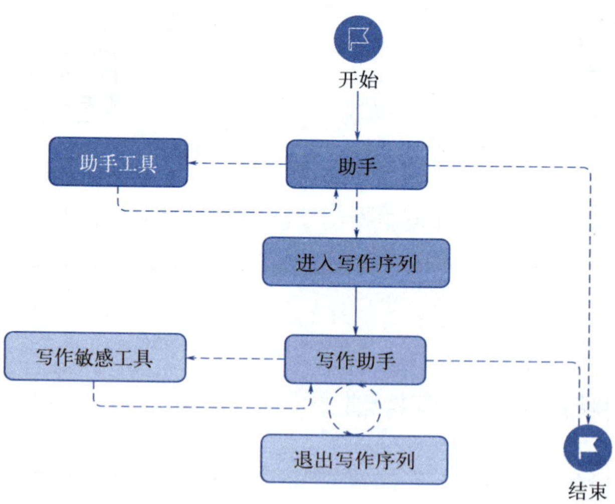

图 1-5　写作辅助流程

在助手节点中根据上下文跳转到助手工具或进入写作序列，体现了 LangGraph 中边的动态控制逻辑。

整个流程允许在写作过程中的不同阶段根据外部信号或用户行为决定分支路径，并可通过环形边在写作助手中实现状态自循环，有助于构建具备上下文保持能力的智能体系统。有向状态图中每条边的决策可由 Reducer 函数配合状态字段计算得出，支持灵活定义复杂业务流。

此外，状态结构本身以字典形式存在，支持嵌套字段与多层级信息存储，使判断逻辑可以精准感知任务执行过程中的所有上下文变量，包括历史交互记录、外部接口调用结果、用户输入参数等，实现真正意义上的状态驱动流程调度。

（3）条件跳转与多路径构建方式

有向状态图允许在一个节点之后连接多个条件路径，每一条边代表一个可行选项，通过定义不同的条件函数，实现对状态的多分支匹配，例如在客服场景中，可根据用户意图类型跳转至对应处理节点，在数据分析场景中，可根据任务阶段自动切换图表生成、统计分析或异常检测子图，从而实现任务流程的动态组织与自动分派。

此外，LangGraph 也支持显式的 default 路径定义，当所有条件不满足时可回退至默认流程，保障系统鲁棒性与完整性，结合状态判断与边路径设计，可实现包括多轮澄清、信息补全、路径回滚在内的高复杂度执行策略。

（4）图结构在流程建模中的价值

相较于函数调用链，有向状态图在结构建模能力上具备显著优势，其清晰的执行边界、可组合的路径分支与统一的状态传递机制，使流程建模不再受限于语言逻辑编写，而转向可视、可控、可配置的结构化表达方式，在 LangGraph 中，图结构不仅是执行容器，更是智能体行为逻辑的结构化承载体，构成其对复杂场景支持能力的根本来源。

1.1.3 LangGraph 与 LangChain 功能的不同之处

LangChain 与 LangGraph 虽同属于构建智能体系统的关键框架，但在功能定位与执行模型上存在本质差异。LangChain 强调对语言模型能力的模块化封装，提供链式组合、工具集成、记忆管理与文档检索等一系列组件，核心在于简化模型调用路径与上下游输入输出的组织方式，其执行模型偏向线性结构，适用于中低复杂度的任务场景，如文档问答、代码生成、格式转换等，对于流程中涉及的路径选择、状态分支与动态控制支持相对有限。

图 1-6 展示了 LangChain 在数据连接与预处理方面的强大能力，其通过统一的数据连接器支持从结构化与非结构化来源加载数据，并配合向量化转换、嵌入

生成和存储操作，为下游语言模型任务提供语义增强输入。整个流程强调文档处理链条中数据入口的多样性与适配性，构成 LangChain 工具集中最核心的连接层。

相比之下，LangGraph 专注于构建执行流程与状态管理，强调的是执行路径、节点切换与上下文状态的动态维护。LangGraph 并不直接处理数据载入与嵌入生成，而是通过接入 LangChain 组件完成数据预处理后，负责调度链式调用和结果聚合，形成一种工具链与控制流的职能分离模式。

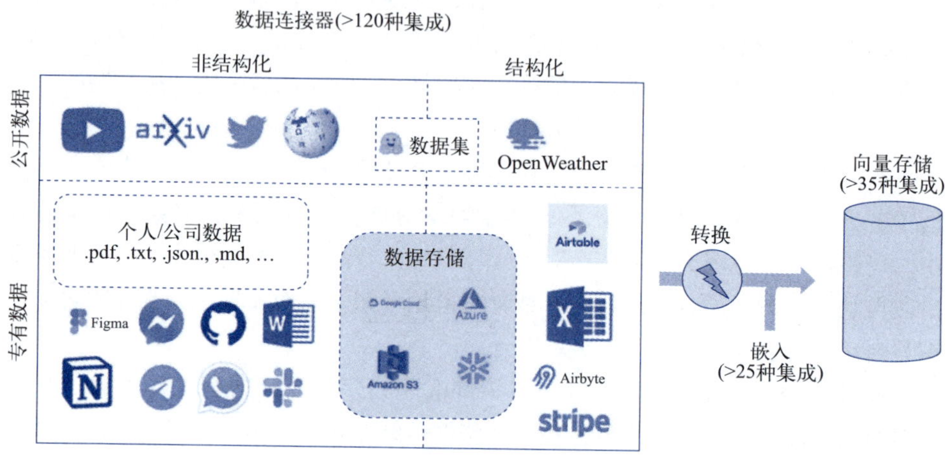

图 1-6 LangChain 数据生态体系

LangGraph 以图结构为中心进行流程建模，其设计初衷是补齐 LangChain 在流程控制方面的结构性短板，通过有向状态图实现任务节点的显式组织与路径跳转的条件判断，使整个智能体系统的执行路径具备高度可配置性、状态驱动性与结构可观测性。

每个 LangGraph 图由多个节点组成，节点之间通过带有条件的边进行连接，状态在图中作为全局上下文统一传递，使系统可以根据运行时状态动态控制流程分支、异常跳转与路径重入，这一点是 LangChain 的链式模型无法直接实现的。

LangChain 是以“链”为中心构建执行流程，不具备并发路径建模、流程循环或状态回滚等能力，而 LangGraph 则天然支持并发执行、条件判断、多分支选择与异步任务调度，可通过定义子图、嵌套图与控制类节点（如 Guard、Sleep、Fallback）实现复杂的流程协调机制。在大型任务系统、交互式智能体、多智能体编排场景中，LangGraph 提供了更具弹性、可控性与可扩展性的结构化执行模型。

总而言之，LangChain 适合封装模型功能与任务单元，LangGraph 适合组织执行逻辑与流程路径，两者在实际工程中并非替代关系，而是分工明确、互为补充的协同体系，通过将 LangChain 中的链、工具、记忆等封装为 LangGraph 的节点，能够实现语言模型能力与流程控制能力的深度融合，构建具备高复杂性与高可靠性的智能体系统。

1.1.4 LangGraph 在多 Agent 系统中的角色

在多 Agent 系统中，各个 Agent 通常具备不同的职责划分与行为逻辑，任务执行过程往往涉及跨 Agent 的状态共享、路径调度与上下文传递，LangGraph 在此类系统中承担的角色不仅限于流程控制引擎，更是任务协同与状态编排的核心枢纽。通过有向图结构，LangGraph 可将不同 Agent 的行为逻辑抽象为独立子图，并通过主图统一调度其激活、路径跳转与输入输出的对齐，使整个系统具备可控性强、行为结构清晰、数据流动有序的执行特征。

图 1-7 中展示了多 Agent 系统中各子模块的协同关系，LangGraph 在该结构中主要承担状态驱动的执行调度与流程管理任务。它以有向状态图的方式管理 Agent、工具调用、记忆模块及规划节点之间的交互，确保每一步操作在上下文状态满足条件的前提下有序推进，实现流程中的条件判断、分支跳转和节点协同。

LangGraph 支持细粒度的任务分解与节点链路控制，使多个 Agent 具备自反思、自规划和多轮推理能力的同时，仍能保证整体控制逻辑的稳定性与可回溯性。在复杂多 Agent 系统中，它可通过 Reducer（状态更新器）机制维护共享状态，协调记忆读取与写入，以及各类“动作”节点的触发与执行，形成任务级的智能调度核心。

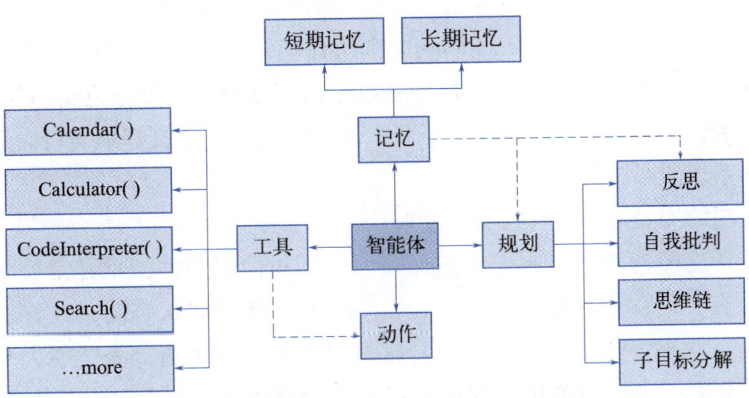

图 1-7　多 Agent 系统中的 LangGraph 调度结构

借助 LangGraph，系统可在运行时根据任务类型、上下文状态或外部输入动态选择调用哪个 Agent，以及如何组合多个 Agent 完成分布式协同任务，同时支持任务中断、异常回退与路径重构，在构建多 Agent 问答系统、工具协作框架或分工明确的任务型智能体时，LangGraph 提供了稳定、高效的流程管理机制，是实现多 Agent 系统结构化、模块化和可追踪执行的重要支撑组件。

1.1.5 与传统工作流引擎 Airflow、StateFlow 的对比

传统工作流调度系统在数据处理与任务依赖管理领域具有广泛应用，通过有向无环图结构对任务节点进行排序与调度控制，有效支撑了数据管道、批量处理与周期任务等典型应用场景。然而，随着智能体系统的兴起，任务执行不再仅仅依赖静态任务配置与定时触发，而是更强调上下文驱动的动态路径控制、语言模型交互与外部工具调用，在此背景下，LangGraph 以智能体为核心场景进行了体系化重构，其与 Airflow、StateFlow 等传统调度框架在模型结构、状态管理与运行机制上均呈现出本质差异。

（1）执行目标与设计范式差异

Airflow、StateFlow 等工作流系统主要服务于数据工程场景，其核心目标在于稳定地执行预定义的任务 DAG，强调任务间的静态依赖关系与周期性执行机制，路径结构通常在编译时固定，缺乏动态决策能力。LangGraph 则专为智能体系统设计，强调运行时状态驱动的路径选择与条件跳转，图结构支持动态生成与多分支迁移，更适合处理基于上下文反馈演化的任务流程，如对话式系统、决策型 Agent 与语义调度任务。

（2）状态管理机制的本质差异

传统工作流引擎以任务完成状态为核心标识，通过任务间输出输入的串联实现依赖驱动，但缺乏统一的全局状态空间，其状态多为局部中间结果，不具备多节点共享与逻辑感知能力。LangGraph 则构建了统一的 TypedDict 状态结构，所有节点共享同一状态字典，并可根据状态字段判断路径、处理逻辑与执行结果，构成强一致性、强语义感知的状态模型，是构建具备上下文理解与行为调节能力的智能体系统的必要基础。

（3）图结构表达能力与控制精度对比

传统调度图为静态有向无环图，缺乏循环与回退能力，对异常处理依赖外部逻辑补充，流程表达能力有限。LangGraph 支持有向状态图，允许图中包含循环路径、动态子图、条件跳转与异常路径控制，具备更高表达能力与控制精度，可对复杂任务进行精细化建模，特别适合非线性、状态演化型执行场景。

LangGraph 不是通用任务调度系统的替代品，而是面向语言智能体场景重新构建的流程控制框架，它融合传统调度系统中的图结构理念，同时引入状态驱动、语义判断与模块组合机制，形成具备智能化决策能力的执行平台，区别于数据驱动、调度为主的传统工作流系统，在复杂智能体行为建模中展现出更强的适配性与灵活性。

1.2 LangGraph 的系统组件与执行模型

理解 LangGraph 的关键，在于掌握其运行机制背后的结构组成与执行逻辑，从最小粒度的节点函数到整体图的状态演进，每一层都体现出明确的责任分工与数据控制路径，只有在理清节点、状态与边之间的协作关系基础上，才能真正构建出具备稳定行为与可预测执行路径的智能体流程系统。

1.2.1 节点、状态与边

在 LangGraph 中，节点（Node）、状态（State）与边（Edge）共同构成了流程图的三大基础构件，它们既是图结构的组成单元，也是智能体系统行为逻辑的表达载体，理解这三者之间的定义、职责与协作方式，是掌握 LangGraph 执行机制与图式建模能力的核心前提。

（1）节点：执行逻辑的最小单元

节点是 LangGraph 中的基本运算单元，每个节点对应一个具有确定输入与输出的函数或操作模块，可用于封装语言模型调用、工具执行、数据处理、状态判断等具体功能逻辑。在运行过程中，每次执行图的迁移路径时，都会根据当前状态激活一个节点，调用其定义的处理函数，并将函数输出用于更新全局状态。

节点函数的输入通常为当前状态（即一个 Python 字典对象），输出为修改后的状态键值对，也可以返回特殊控制信号（如终止标记、异常指令等）。例如，一个名为 extract_user_info 的节点可接收包含用户输入的状态对象，从中提取时间、地点、目的等实体信息，并将其作为新字段写入状态中，为后续节点提供结构化支持。

（2）状态：执行路径的上下文容器

状态是 LangGraph 在流程执行过程中维护的全局上下文对象，用于保存任务执行的所有中间数据、控制信号与路径判断依据，其核心形式为 Python 类型注解支持的 TypedDict 结构。每个节点的执行都以当前状态为基础进行运算，执行结果又回写至状态，形成状态驱动、状态演化的运行机制。

状态不仅用于数据传递，更是路径控制与图跳转的核心依据。例如，某个条件节点可通过判断状态中字段 intent 的取值来决定下一步跳转路径，如 intent == ‘query_balance’ 跳转至账户查询子图，而 intent == ‘report_loss’ 则进入挂失流程。状态还可包含历史消息、用户配置、外部接口返回值等多种类型信息，支持高度结构化与深层次嵌套，确保智能体在长流程、多轮交互中保持上下文一致性与逻辑清晰性。

（3）边：流程迁移的路径与决策规则

边用于连接图中的两个节点，表示当某个节点完成执行后，图将如何迁移至下一个节点。在 LangGraph 中，边不仅仅是连接线，更可以绑定判断函数或执行条件，实现基于状态的路径选择，从而构建复杂的分支逻辑与行为切换机制。

每条边可以附带一个判断条件函数，该函数以当前状态为输入，返回布尔值以决定该路径是否被激活。若某个节点存在多条出边，LangGraph 会按优先顺序检查所有条件，决定向哪一条路径迁移。这种边上绑定条件的机制，使流程图具备了接近有限状态机的表达能力，支持根据运行时上下文进行动态跳转，形成高弹性的控制流。

举例来说，某个名为 check_user_input 的节点可能对应三条出边：第一条条件为：

```
state['input_type'] == 'question'
```

指向问答处理模块；第二条条件为：

```
state['input_type'] == 'command'
```

指向执行模块；第三条为默认路径，用于输入无效时回到重新提问节点。通过这种边控制策略，可以实现对用户输入的动态分流与任务流程的语义感知迁移。

在 LangGraph 中，节点执行任务，状态记录上下文，边控制流转，三者共同构成有向状态图的语义骨架，使系统具备模块组合能力、流程配置能力与语义决策能力。

在执行过程中，状态作为驱动源推动节点执行，节点处理结果反馈至状态，边基于状态做出路径选择，整个图结构形成闭环，实现具备完整上下文感知与流程动态演化能力的智能体执行体系。这种结构不仅提升了系统的可维护性、可观测性与可复用性，也为开发者提供了构建复杂任务控制逻辑的统一范式。

1.2.2 控制流传递与中间态缓存

在 LangGraph 的执行过程中，控制流以节点为单位沿图结构迁移，其核心机制是依据当前状态与边上定义的条件函数决定下一步路径，并逐步激活对应的节点执行逻辑，实现任务流程的动态演进。在此过程中，每一次节点执行既代表一次行为操作，也隐含状态更新、路径判定与流程推进等多重含义，控制流的有序传递是保证整个图结构稳定运行与逻辑正确的基础。

为了提升执行过程的可回溯性与性能表现，LangGraph 在执行路径中引入中间态缓存机制，即在每个节点执行后，将其输入状态、输出结果与执行上下文缓存下来，作为该节点在本次执行中的“快照”，不仅便于后续调试与回溯，也为失败重试、路径回滚与断点恢复等控制功能提供了关键支撑。这种缓存机制具有结构化记录、按节点索引与按路径聚合等特性，支持在复杂图执行中构建详尽的执行轨迹与状态演化链条。

通过控制流传递与中间态缓存的协同设计，LangGraph 实现了智能体系统在流程执行中的路径清晰性、状态一致性与行为可追踪性，显著提升了多步骤流程在大模型调用、多工具协作与上下文驱动场景中的可靠性与工程可维护性。

1.2.3 状态更新器执行机制

在 LangGraph 中，状态是流程执行的核心承载体，而状态的更新则依赖于节点函数的执行结果，其中 Reducer 机制作为 LangGraph 的关键设计之一，负责将节点输出与当前状态进行合并、转换与写入，确保流程在演进过程中具备一致、可控的上下文演化能力。每个节点的执行函数返回的通常是一个局部状态变更片段，Reducer 将该局部变更与原始全局状态进行合并，构成新的状态输入，用于驱动后续节点的执行。

图 1-8 展示了一种通过局部状态压缩与全局归约实现状态一致性的更新机制，与 LangGraph 中 Reducer 组件的行为高度契合。在每个工作单元内部，首先基于输入状态生成局部草图，采用哈希函数对位置进行映射，并利用符号编码完成特征稀疏化与正负压缩，形成可加权合并的中间状态向量。

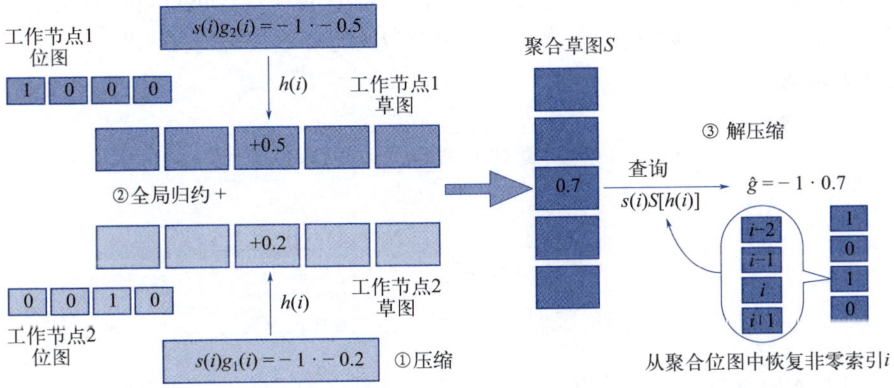

图 1-8　Reducer 聚合与状态重构机制

随后，多个节点的局部状态通过全局归约（AllReduce）算子在全局范围完成加权求和形成聚合态草图，并在 Query 侧结合位置映射与编码符号完成原始非零状态的反演重构。此结构化过程体现了 Reducer 机制中分布生成 - 集中合并 - 按需重建的执行范式，保证了 LangGraph 多节点状态协同更新的高效性与一致性。

Reducer 机制支持类型安全校验、字段级覆盖控制与嵌套结构更新，开发者可通过 TypedDict 明确定义状态结构，使 Reducer 在状态写入过程中自动校验字段合法性，防止因字段缺失、类型不匹配或命名冲突导致系统异常。

对于嵌套字段的处理，Reducer 采用浅合并或深合并策略可配置，支持在更新局部子状态时保持父状态结构不变，从而保证状态更新的精细控制能力。

此外，LangGraph 允许为特定节点自定义 Reducer 函数，用于处理复杂的状态合并逻辑，如累加计数器、更新列表结构、合并多源结果等，适用于聚合型任务、多路径合并或多 Agent 状态对齐等场景。通过 Reducer 机制，LangGraph 实现了流程执行中状态的模块化演进、结构化变更与逻辑一致性控制，为构建具备上下文管理能力与状态推理能力的智能体系统提供了关键基础。

1.2.4 图执行的入口、出口与终止

图的执行在 LangGraph 中并非从任意节点开始，也不会在任意位置结束，其流程控制具有严格的入口定义、出口规则与终止判定机制，它们共同构成了图执行的生命周期边界，确保流程的结构完整性与行为可控性。图 1-9 展示了一个典型的有向图流程，在 LangGraph 中可映射为明确入口、终止和状态回环的图结构。流程起点由输入节点触发，经数据预处理、特征处理逐步演化系统状态，体现了入口节点在图执行中的初始化作用，承担起全局状态上下文的注入职责。模型拟合后通过预测验证节点完成输出，这是图的显式出口，表示任务终结状态。若模型表现未达标，还可回环至特征阶段，这种结构对应 LangGraph 中可配置的终止条件与分支跳转机制，支持带有判定逻辑的循环收敛与阶段性退出，增强了图调度的灵活性与可控性。

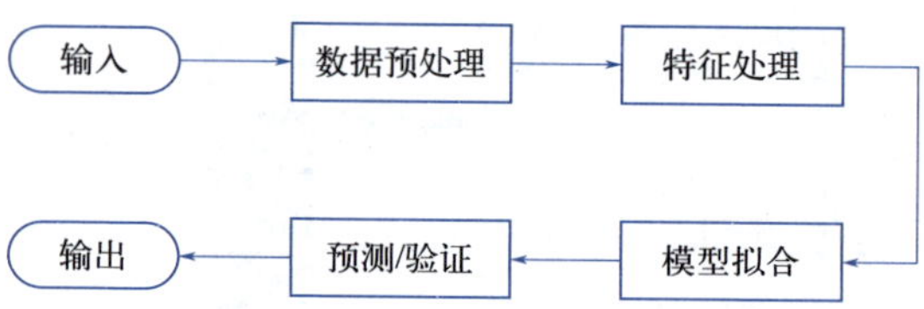

图 1-9 图结构中的起始、收敛与终止控制

（1）入口节点与出口节点

入口节点是图结构中第一个被激活执行的节点，LangGraph 要求在构建图时显式指定入口节点名称，入口节点通常承担输入校验、初始状态预处理或任务类型识别的职责，系统启动后将自动从该节点开始执行，并根据其处理结果决定后续路径的迁移逻辑，入口节点的状态输入通常由调用方提供，是状态图的外部接入点。

出口节点指流程完成时的最后一个执行节点，其后不再存在可跳转的边，或所有出边条件均不满足。LangGraph 在图执行过程中持续追踪边路径与状态变化，一旦检测到当前节点无后续路径可达，则认为流程到达终点。

开发者也可通过节点返回的特殊标志如“end”显式指示流程终止，适用于强控制场景下的主动退出机制。

图 1-10 展示了以 LLM 为中枢的多智能体执行链路，其入口通常由结构化的 Instruction 触发，通过 Agent Executor 调度 Spark 等领域智能体执行任务。不同智能体具备特定能力边界，输入内容与环境状态通过指令形式注入 LLM，在 Plan & Action 阶段完成意图解析与行动规划，形成行动节点链条。

执行过程中，系统持续生成 Action 及其输入、观察结果、推理过程与最终回答，这些输出构成系统的显式出口路径。当外部环境或用户返回的观察与反馈满足预设结束条件时，流程终止。LangGraph 中可将该机制形式化为以输入为起点、答案节点为终点的图结构，配合动态边界判定实现流程闭环。

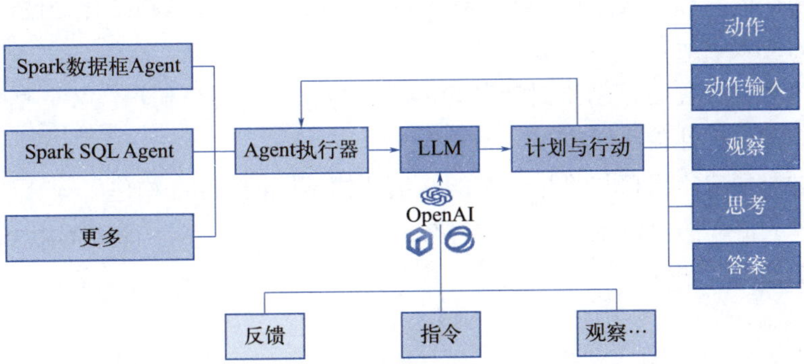

图 1-10　多 Agent 指令流的入口与反馈终止机制

（2）终止条件的设置方式

除结构性出口节点外，LangGraph 支持在流程中设置终止条件函数，允许系统在任意节点运行后基于状态判断是否提前终止执行，常用于异常情况、流程撤销、任务满足提前结束等场景。

图 1-11 左侧图结构中以单一入口节点 S 启动的多路径并发执行过程，每条路径分别执行子任务 P，并最终汇聚至出口节点 MF。右侧图结构进一步将并发路径拆解为多个独立子图，每个子图均包含一对 S-P 节点，随后通过 Join 节点统一聚合，再传递至主输出节点 MF，形成图执行的终止条件。

LangGraph 在该类流程中提供了灵活的入口与出口配置机制，通过图结构的划分与分支标记，使系统能够支持多入口触发、并行子流程调度与条件归并。在执行过程中，每条子路径可异步执行且具备各自的状态上下文，终端节点通过条件聚合逻辑决定是否进入全图终止状态，提升流程执行的并发性与收敛效率。

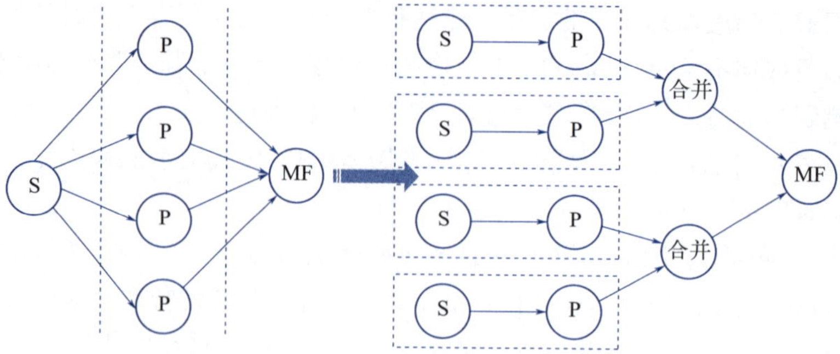

图 1-11 并行子图执行与结果聚合路径

例如，可设置状态中字段 terminate_flag == True 作为强制退出条件，在任意节点判断为真时立即中止图执行过程，跳出流程循环。

（3）流程结果的输出机制

图执行完成后，LangGraph 默认返回最终状态作为输出结果，调用者可基于状态结构提取目标字段，也可通过封装统一的输出节点进行格式化处理，实现对外接口的一致响应。

出口节点往往也是结果封装逻辑的集中位置，适用于输出组装、摘要生成、结果回传等结构性输出任务。

通过对入口、出口与终止机制的精细建模，LangGraph 构建了一套清晰、稳定、可控的流程边界体系，为构建复杂、可追踪、高可靠性的智能体执行路径提供了坚实基础。

1.3 LangChain 与 LangGraph 的融合

LangGraph 虽以图为核心构建执行结构，但其真正价值在于与 LangChain 生态能力的深度耦合，通过封装链式组件、接入工具系统与状态模块，能够在不脱离现有开发体系的前提下实现流程控制能力的增强，节点与链的协同、状态与记忆的联动成为构建高阶智能体的关键接口。

1.3.1 使用 LangChain 工具链创建 LangGraph 节点

在 LangGraph 的图结构中，节点不仅可以是普通的函数执行体，也可以封装 LangChain 中的工具（Tool）或链（Chain），通过这种方式可将 LangChain 已有组件平滑集成进 LangGraph 的流程体系，从而复用其模型调用能力、文档检索接口或上下文记忆模块，降低重复开发成本。

通过统一接口定义，开发者可灵活组合包括 Prompt 构造、文档加载、嵌入生成、检索器配置、向量存储、模型调用与输出解析等功能组件，如图 1-12 所示，所有模块均支持替换与插拔，从而适配不同服务商或私有化部署需求。

在具体流程执行中，例如一个典型的 RAG 系统中，可组合使用文档加载器加载原始内容，经过文本切分器分割后生成嵌入向量存入向量存储器，用户查询时通过检索器检索相关分片，结合提示模板统一输入聊天模型进行语言生成，最终经输出解析器抽取结构化结果，整个链条形成松耦合高可替换的执行路径。

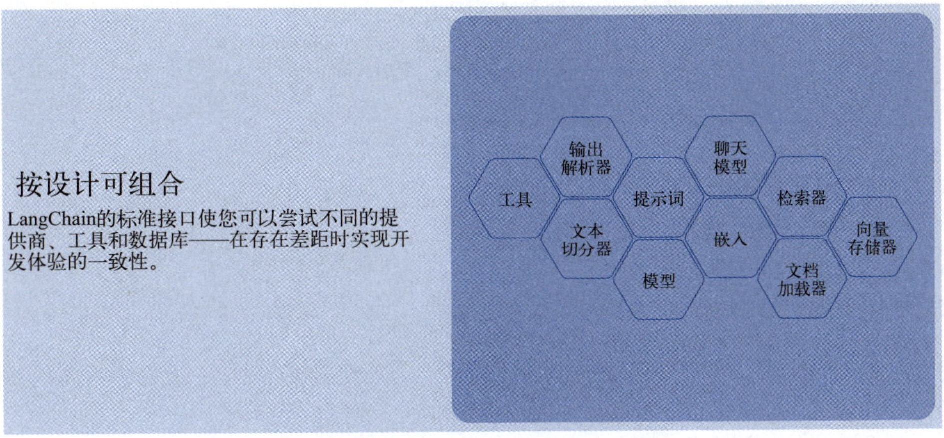

图 1-12　LangChain 模块化接口组件

使用 LangChain 工具链创建 LangGraph 节点时，通常采用封装式设计，将 Tool 对象转化为 LangGraph 节点函数，在执行节点时调用 Tool 的 invoke() 方法并将结果写入状态。

【例 1-1】使用 LangChain 工具 Tool 构建 LangGraph 节点，完成单位换算任务并返回格式化结果。

```
from typing import TypedDict, Annotated
from langgraph.graph import StateGraph, END
from langgraph.graph.message import add_messages
from langchain.tools import tool
from langchain.agents.tools import Tool
from langchain_core.runnables import RunnableLambda
import math

# 定义状态结构
class GraphState(TypedDict):
    input_query: str
    raw_result: str
    formatted_result: str
```

```python
# 使用 LangChain 定义一个单位换算工具
@tool
def length_converter(query: str) -> str:
    """
    支持英尺、米之间的单位换算，如 '5 meters to feet'
    """
    try:
        tokens = query.lower().split()
        value = float(tokens[0])
        src_unit = tokens[1]
        dst_unit = tokens[3]

        if src_unit == "meters" and dst_unit == "feet":
            return f"{value * 3.28084:.2f} feet"
        elif src_unit == "feet" and dst_unit == "meters":
            return f"{value / 3.28084:.2f} meters"
        else:
            return "Unsupported units"
    except:
        return "Invalid format"

# 封装为 Tool 对象
convert_tool = Tool.from_function(func=length_converter)

# 节点1：执行换算
def run_conversion(state: GraphState) -> GraphState:
    result = convert_tool.invoke(state["input_query"])
    return {"raw_result": result}

# 节点2：格式化输出
def format_result(state: GraphState) -> GraphState:
    return {"formatted_result": f"Converted Result: {state['raw_result']}"}

# 构建图
graph = StateGraph(GraphState)
graph.add_node("convert", run_conversion)
graph.add_node("format", format_result)

# 设置流程路径
graph.set_entry_point("convert")
graph.add_edge("convert", "format")
graph.add_edge("format", END)

# 编译图
app = graph.compile()

# 运行图
inputs = {"input_query": "5 meters to feet"}
final_state = app.invoke(inputs)
print(final_state)
```

上述代码将一个 LangChain 工具 length_converter 封装为 LangGraph 图结构中的 convert 节点，完成对输入自然语言中的长度单位转换操作，并通过 format 节点将输出结果格式化写入状态，最终返回结构化结果。运行结果如下：

```
{'input_query': '5 meters to feet', 'raw_result': '16.40 feet', 'format
ted_result': 'Converted Result: 16.40 feet'}
```

通过封装 LangChain 工具为 LangGraph 节点，可在图结构中复用已有的模型工具、数据操作函数与领域功能模块，实现语言理解与功能执行的统一调度，该机制特别适合构建基于工具集成的智能体系统，具备高复用性与结构透明性，开发者可进一步扩展工具组合、异常处理与状态回写策略，实现更加灵活的流程控制与上下文管理。

1.3.2 LangChain 工具集与 LangGraph Tool 节点接入机制

在 LangGraph 中，Tool 节点可作为图结构中的关键能力节点，用于封装 LangChain 中的工具集，实现任务型功能调用、工具链路组合与外部 API 交互，Tool 节点的接入机制支持将多个 LangChain 工具注册为统一工具集，并在节点执行过程中通过动态选择调用目标工具，适用于多功能调度、上下文驱动的操作路径分发等典型场景。

通过封装一组工具并结合 LangGraph 的状态控制机制，可构建具备任务识别、工具调用与结果写入的完整流程。

【例 1-2】构建一个具备多工具调度能力的 LangGraph Tool 节点，基于任务类型自动选择工具执行。

```
from typing import TypedDict, Literal
from langgraph.graph import StateGraph, END
from langchain.tools import tool
from langchain.agents.tools import Tool
from langchain_core.runnables import RunnableLambda
from langchain_core.agents import AgentAction

# 定义状态结构，包含用户输入与任务类型字段
class GraphState(TypedDict):
    user_input: str
    task_type: Literal["math", "string"]
    tool_output: str

# 工具1：简单加法器
@tool
def add_numbers(text: str) -> str:
    """
    示例输入：'2 + 3'
    """
    try:
        return str(eval(text))
    except:
        return "Invalid math expression"
```

```python
# 工具2：字符串反转器
@tool
def reverse_string(text: str) -> str:
    return text[::-1]

# 封装为Tool对象
math_tool = Tool.from_function(func=add_numbers, name="Calculator")
string_tool = Tool.from_function(func=reverse_string, name="Reverser")

# 注册为工具集
tools = {
    "math": math_tool,
    "string": string_tool
}

# Tool节点：根据task_type字段动态选择工具执行
def tool_dispatch_node(state: GraphState) -> GraphState:
    tool_selector = tools.get(state["task_type"])
    if not tool_selector:
        return {"tool_output": "Unsupported task type"}
    result = tool_selector.invoke(state["user_input"])
    return {"tool_output": result}

# 构建图
graph = StateGraph(GraphState)
graph.add_node("dispatch_tool", tool_dispatch_node)
graph.set_entry_point("dispatch_tool")
graph.add_edge("dispatch_tool", END)
app = graph.compile()

# 执行输入1：数学计算
input1 = {"user_input": "7 + 8", "task_type": "math"}
output1 = app.invoke(input1)
print(output1)

# 执行输入2：字符串反转
input2 = {"user_input": "LangGraph", "task_type": "string"}
output2 = app.invoke(input2)
print(output2)
```

该示例通过状态字段 task_type 控制工具选择，注册两个 LangChain 工具分别处理数学表达式与字符串反转任务，LangGraph 中的 Tool 节点读取当前任务类型并选择对应工具执行，输出结果写入状态中的 tool_output 字段。运行结果如下：

```
    {'user_input': '7 + 8', 'task_type': 'math', 'tool_output': '15'}
    {'user_input': 'LangGraph', 'task_type': 'string', 'tool_output':
'hparGgnaL'}
```

Tool 节点的设计允许 LangGraph 与 LangChain 工具集高效协同，使图结构具备任务调度能力与工具调用弹性，特别适合任务多样性强、执行路径不固定的场景，通过状态字段驱动工具选择，实现智能体系统中多功能处理、路径自动切换与响应生成逻辑的统一封装，提升系统结构的可组合性与运行时的控制能力。

1.3.3 PromptTemplate与链式执行的LangGraph封装方法

LangChain中的PromptTemplate与LLMChain是构建语言模型任务的核心组件，用于组织输入模板与调用大模型生成响应。在LangGraph中，可将这些链式结构封装为图结构中的节点，使语言模型执行流程作为节点逻辑的一部分参与到整个图结构中，从而实现Prompt驱动与图控制的融合。

图1-13中的流程体现了PromptTemplate在LangGraph中作为基础节点的链式执行封装思路。通过数据收集与结构抽取，系统将原始Prompt分解为包含占位符与语义组件的模板，在LangGraph中可通过节点函数封装模板填充逻辑，利用预定义分类与占位信息自动生成结构化Prompt节点。

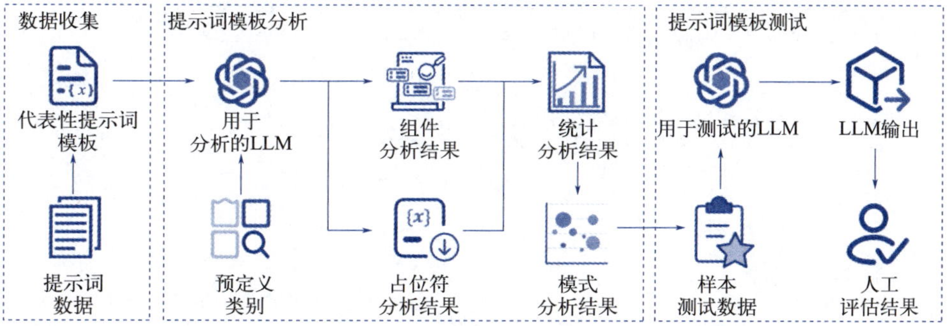

图1-13 Prompt模板分析与链式封装流程

在后续链路中，组件分析与统计分析结果用于构建LangGraph中的验证节点或条件路由，结合样本测试与人类评价结果可在测试节点中实现Prompt效果反馈与动态调整。最终，每个Prompt处理模块均可在LangGraph图结构中定义为独立节点，实现可观测追踪、组件复用与分支控制的自动化封装。

通过LangGraph状态控制流与LangChain链式任务的组合，可以构建具备上下文管理、输入填充、模型响应与结果写入的完整流程节点，提升图结构中语言任务的复用性与模块化能力。

【例1-3】封装一个LLMChain，结合PromptTemplate，在LangGraph中构建摘要生成任务。

```
from typing import TypedDict
from langgraph.graph import StateGraph, END
from langchain.prompts import PromptTemplate
from langchain.chains import LLMChain
```

```python
from langchain.chat_models import ChatOpenAI
from langchain_core.language_models.chat_models import BaseChatModel

# 定义LangGraph状态结构
class GraphState(TypedDict):
    input_text: str
    summary_result: str

# 构造Prompt模板
summary_prompt = PromptTemplate.from_template(
    "请将以下内容用简洁明了的语言进行摘要：{input_text}"
)

# 初始化语言模型
llm: BaseChatModel = ChatOpenAI(temperature=0.2)

# 构建LangChain中的LLMChain链式结构
summary_chain = LLMChain(prompt=summary_prompt, llm=llm)

# 节点逻辑：封装LLMChain为LangGraph节点
def summarize_node(state: GraphState) -> GraphState:
    result = summary_chain.run({"input_text": state["input_text"]})
    return {"summary_result": result.strip()}

# 构建图
graph = StateGraph(GraphState)
graph.add_node("summarize", summarize_node)
graph.set_entry_point("summarize")
graph.add_edge("summarize", END)
app = graph.compile()

# 输入测试数据
inputs = {"input_text": "LangGraph 是一个基于状态图的执行框架，用于智能体的流程控制和模块调度，具备高度灵活的节点定义与路径跳转机制。"}
output = app.invoke(inputs)
print(output)
```

上述代码构建了一个LLMChain链式结构，用于对文本进行摘要处理，并通过LangGraph节点封装后纳入图执行流程中，输入状态中包含待摘要文本，节点运行后将模型生成的摘要写入状态，作为最终结果返回。运行结果如下：

```
{'input_text': 'LangGraph 是一个基于状态图的执行框架，用于智能体的流程控制和模块调度，具备高度灵活的节点定义与路径跳转机制。', 'summary_result': 'LangGraph 是用于智能体流程控制和模块调度的状态图执行框架。'}
```

通过将PromptTemplate与LLMChain封装为LangGraph节点，可在图结构中引入高复用性、可模板化的大模型任务，特别适合摘要生成、风格改写、分类判断等语言任务的结构化集成，既保留了LangChain对语言模型的调用灵活性，又获得了LangGraph对流程控制与状态追踪的完整能力，是构建具备自然语言处理能力的图式智能体流程的基础手段。

1.3.4 LangGraph 对 LangChain Memory、Retriever、Chain 的支持

LangGraph 在架构上具备高度开放性与良好兼容性，能够直接集成 LangChain 的 Memory 模块、Retriever 组件以及完整的链式结构（Chain），使基于 LangChain 构建的交互逻辑、上下文记忆与文档检索能力可平滑迁移至 LangGraph 图结构中执行，通过图式封装与状态控制机制，将原本线性串联的语言任务转化为可调度、可跳转、可重入的执行路径，有效提升系统的控制能力与模块化复用水平。

（1）支持 LangChain 的 Memory 模块作为状态延续机制

LangGraph 可在状态结构中显式集成 LangChain 的 Memory 对象，例如使用 ConversationBufferMemory 实现多轮对话记忆，在图节点中调用 Memory 读取历史交互，或写入新消息以形成连续语境，适用于任务切换频繁或需跨节点保持对话上下文的智能体系统。

Retriever 节点负责根据输入查询从向量索引中检索出高相关文档分块，其召回数量可在节点参数中设定，并通过 LangGraph 提供的分支逻辑将不同数量分块导向不同路径，优化后续生成质量，如图 1-14 所示。

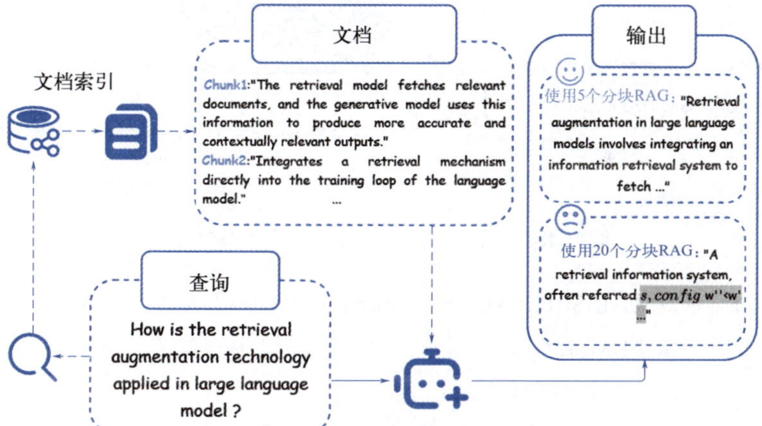

图 1-14　LangGraph 中 RAG 模块的节点化协同机制

检索结果传递至 Chain 节点后，与用户查询共同构造 Prompt 模板，该链式调用可封装为 LangChain 的 Chain 对象，并作为 LangGraph 中核心节点运行。同时，Memory 模块可在图结构中以状态管理器形式持久化历史问答，提升跨轮语义理解能力，实现对话上下文的动态注入与生成稳定性控制。

结合 TypedDict 定义状态字段 memory，可在多个节点间共享同一记忆体，实现高一致性对话体验。

（2）支持 Retriever 节点嵌入，构建知识增强路径

Retriever 组件常用于 RAG（检索增强生成）系统中，在 LangGraph 中可将 Retriever 封装为独立节点，完成知识库查询任务，并将返回结果写入状态供后续生成节点使用。

图 1-15 中 Retriever 节点通过输入查询构造嵌入向量，并调用 Key-Value 结构存储的嵌入对进行向量检索，检索策略可在 LangGraph 中通过参数配置实现分块级或跨节点记忆读取，提升信息召回的时间跨度与语义关联度。

在此基础上，Memory 节点以 MemLong 模块形式封装，实现上下文分块与查询联合输入的动态融合。生成节点可调用前置路径中聚合后的上下文内容生成最终输出，并通过 LangGraph 的路径分流机制对多轮结果质量进行控制，确保长期上下文与当前任务间的语义协调性。

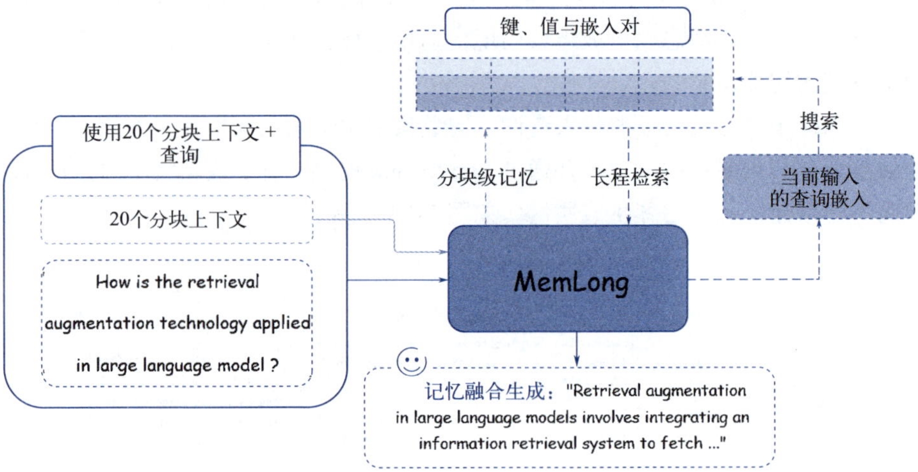

图 1-15　基于 LangGraph 的长期记忆融合机制

例如，使用 FAISSRetriever 或 ChromaRetriever 接收查询语句，返回 Top-K 匹配文段后交由 LLM 节点生成回答，可构建“检索→生成”两步流程，有效支持基于私有知识的问答智能体。

（3）支持 LLMChain 等 Chain 结构的节点封装

任何 LangChain 中的链式任务（如问答链、推理链、结构化解析链）均可封装为 LangGraph 图结构中的节点逻辑，执行方式通常为通过 .run() 或 .invoke() 方法完成输入映射与输出获取，并将结果写入图状态中。

多个 Chain 可封装为多个节点，组合成流程链路，通过状态字段控制路径分发，适合构建多意图、多任务、多流程的复杂对话系统或任务调度平台。

LangGraph 对 LangChain 核心模块的原生支持，使两者具备协同互补能力，既能利用 LangChain 丰富的语言模型组件与工具接口，又能借助 LangGraph 提供的流程可

控性与状态一致性，为构建高性能、可复用的智能体执行系统提供完整的解决方案。

1.4 开发环境搭建与基础配置

构建具备稳定性与可维护性的LangGraph系统，离不开清晰规范的开发环境配置与依赖管理，从核心库的安装到状态类型的定义，再到调试工具的接入，均需具备系统化、模块化的技术保障，唯有打通本地与远程环境的集成链路，方可为后续图结构开发与部署提供坚实支撑。

1.4.1 安装LangGraph、LangChain、LangSmith等依赖

在构建基于LangGraph的智能体系统前，需完成核心依赖包的环境配置工作，主要包括LangGraph流程控制框架、LangChain语言模型组件库与LangSmith调试与可观测性平台工具。此外，还需根据所选语言模型及工具链引入对应的API客户端或数据处理库。以下为详细安装过程及命令行说明，建议使用虚拟环境隔离管理依赖，确保项目结构清晰且环境稳定。

（1）创建虚拟环境（推荐使用venv或conda）

使用Python标准库创建虚拟环境：

```
python -m venv langgraph-env
source langgraph-env/bin/activate    # Linux/macOS
langgraph-env\Scripts\activate       # Windows
```

或使用conda创建隔离环境：

```
conda create -n langgraph-env python=3.10
conda activate langgraph-env
```

（2）安装LangGraph核心包

LangGraph为流程图调度核心库，支持图结构构建、节点定义、状态传递与执行引擎控制：

```
pip install -U langgraph
```

安装后可通过以下命令验证版本：

```
python -c "import langgraph; print(langgraph.__version__)"
```

（3）安装LangChain生态工具

LangChain作为语言模型基础组件库，提供模型封装、工具管理、链式组合

等能力，是 LangGraph 节点功能的重要补充：

```
pip install -U langchain
```

如需使用聊天模型（如 OpenAI 接口）：

```
pip install openai tiktoken
```

如需支持文档加载与向量库检索：

```
pip install faiss-cpu chromadb
```

（4）安装 LangSmith 调试与可观测性平台工具

LangSmith 支持 LangGraph 与 LangChain 流程的可观测追踪、输入输出调试、运行记录分析等功能，适用于图执行路径的调试、回溯与性能优化：

```
pip install -U langsmith
```

使用 LangSmith 前需设置环境变量（可在 .env 或 shell 中配置）：

```
export LANGCHAIN_API_KEY=sk-xxx
export LANGCHAIN_PROJECT=langgraph-demo
```

（5）安装可选辅助工具与依赖库

根据业务需求引入的数据处理或 API 访问库，例如：

```
pip install pandas requests pyyaml python-dotenv
```

如需加载 Notebook 或进行测试：

```
pip install jupyter pytest
```

完成上述依赖安装后，即可在隔离环境中构建完整的 LangGraph 开发体系，支持图结构定义、LangChain 集成与 LangSmith 调试工作流，为后续智能体系统开发奠定可靠基础。

1.4.2 本地执行环境与远程调用支持

在 LangGraph 开发过程中，执行环境可划分为本地运行与远程服务两种模式。前者适用于本地调试、单机测试与原型开发，具备启动快、迭代快的优势；后者适用于部署、并发处理与跨服务协作，需配合云端 API 或模型托管服务完成调用。构建稳定高效的执行环境，需要明确运行模式的差异，并根据调用类型配置好模型接口、代理设置与权限管理，确保流程执行的连贯性与上下文一致性。

（1）本地执行环境配置与运行

本地执行适合开发早期阶段进行流程构建与功能验证，依赖本地安装的语言模型、Python 运行环境与工具组件。

例如以本地环境运行 LangGraph 图结构：

```
# 激活虚拟环境（如已创建）
source langgraph-env/bin/activate  # macOS/Linux
langgraph-env\Scripts\activate     # Windows

# 运行图结构主文件
python run_my_graph.py
```

若需调用 OpenAI、Anthropic、DeepSeek 等模型服务，需在本地环境中设置 API 密钥：

```
export OPENAI_API_KEY=sk-xxx
```

或通过 .env 文件统一管理：

```
OPENAI_API_KEY=sk-xxx
LANGCHAIN_TRACING_V2=true
LANGCHAIN_API_KEY=ls-xxx
```

加载方式：

```
from dotenv import load_dotenv
load_dotenv()
```

（2）远程模型服务调用配置

远程调用通常指通过 API 访问云端托管的语言模型，如 OpenAI、Azure OpenAI、AWS Bedrock 等，适用于模型不可本地部署的情况。

常见远程模型服务配置命令：

```
# 安装远程模型调用相关库
pip install openai anthropic deepseek openai[datalib]
```

设置环境变量示例：

```
export OPENAI_API_KEY=sk-xxx
export ANTHROPIC_API_KEY=claude-xxx
```

在代码中统一配置 LangChain 的模型封装接口，例如：

```
from langchain.chat_models import ChatOpenAI
llm = ChatOpenAI(model="gpt-4", temperature=0.3)
```

（3）本地模型执行支持（如使用 LM Studio、Ollama、vLLM）

如需本地部署模型以避免 API 费用或提升隐私保护，建议使用以下运行方案，Ollama本地大模型服务（支持Mistral、LLaMA）：

```
curl -fsSL https://ollama.com/install.sh | sh
ollama run mistral
```

LangChain集成配置：

```
from langchain.llms import Ollama
llm = Ollama(model="mistral")
```

vLLM部署服务（适合高性能本地推理）：

```
pip install vllm
python -m vllm.entrypoints.openai.api_server \
    --model path/to/your/model --port 8000
```

LangChain配置远程vLLM接口：

```
from langchain.chat_models import ChatOpenAI
llm =
ChatOpenAI(openai_api_base="http://localhost:8000/v1", api_key="EMPTY")
```

（4）远程部署LangGraph服务（可选）

若需将图结构部署为远程服务，可使用如FastAPI、Flask等框架封装调用接口，结合LangGraph编译结果构建服务函数：

```
pip install fastapi uvicorn
from fastapi import FastAPI
app = FastAPI()

@app.post("/invoke")
def run_graph(input: dict):
    result = app.invoke(input)
    return result
```

启动服务：

```
uvicorn app:app --host 0.0.0.0 --port 9000
```

通过本地运行环境与远程服务调用的灵活配置，LangGraph既可快速实现原型验证，又可面向生产部署扩展执行能力，开发者可根据项目阶段与资源条件，灵活切换运行模式与调用策略，保障图结构在各种环境下的稳定运行与高效调度。

1.4.3 状态类型：TypedDict结构定义

在LangGraph中，状态（State）是流程控制与数据传递的核心载体，所有节点执行的输入输出均围绕状态结构展开，为保证状态的结构清晰、类型一致与调试可控，系统推荐使用 TypedDict 对状态字段进行显式定义。

TypedDict 源自 Python 的类型注解机制，允许开发者为状态指定字段名、字段类型及嵌套结构，借助静态检查工具如 mypy 或 IDE 自动提示能力，在开发阶段即可发现字段缺失、类型不符等逻辑问题，提升流程图的稳定性与可维护性。

【例 1-4】使用 TypedDict 定义 LangGraph 状态结构，构建基于意图分类的任务分发流程。

```
from typing import TypedDict, Literal
from langgraph.graph import StateGraph, END

# 明确定义状态结构，包括输入、意图分类、响应内容
class GraphState(TypedDict):
    user_input: str
    intent: Literal["weather", "news", "unknown"]
    response: str

# 节点1：意图识别，简单关键词匹配方式分类
def classify_intent(state: GraphState) -> GraphState:
    text = state["user_input"].lower()
    if "weather" in text:
        return {"intent": "weather"}
    elif "news" in text:
        return {"intent": "news"}
    else:
        return {"intent": "unknown"}

# 节点2：生成天气响应
def weather_response(state: GraphState) -> GraphState:
    return {"response": "当前天气晴朗，气温25度"}

# 节点3：生成新闻响应
def news_response(state: GraphState) -> GraphState:
    return {"response": "以下是最新新闻头条：..."}

# 节点4：未知意图响应
def fallback_response(state: GraphState) -> GraphState:
    return {"response": "未能识别请求类型，请重新描述"}

# 构建图
graph = StateGraph(GraphState)
graph.add_node("classify", classify_intent)
graph.add_node("weather", weather_response)
graph.add_node("news", news_response)
graph.add_node("fallback", fallback_response)

# 设置路径控制
graph.set_entry_point("classify")
graph.add_conditional_edges(
    "classify",
    lambda state: state["intent"],
    {
        "weather": "weather",
        "news": "news",
```

```
            "unknown": "fallback"
        }
    )

    graph.add_edge("weather", END)
    graph.add_edge("news", END)
    graph.add_edge("fallback", END)

    # 编译执行
    app = graph.compile()
    result = app.invoke({"user_input": "What's the weather today?"})
    print(result)
```

代码中通过 TypedDict 声明状态结构 GraphState，明确字段 user_input、intent 与 response 的类型约束，图执行时根据用户输入识别意图，并根据意图跳转到对应响应节点，最终将响应结果写入状态。运行结果如下：

```
{'user_input': "What's the weather today?", 'intent': 'weather', 'respo
nse': '当前天气晴朗，气温 25 度'}
```

使用 TypedDict 定义状态结构不仅有助于静态类型检查，还能在大型图结构中提供字段可观测、逻辑校验与跨节点约束能力，是保障 LangGraph 流程稳定性与可维护性的基础机制之一。其在多路径分支、嵌套状态传递、跨模块字段同步等复杂场景中表现出极高的工程价值，建议在所有正式图结构开发中强制采用 TypedDict 建模方式，以获得更强的类型一致性与开发效率。

1.4.4 配合 LangSmith 进行调试、Tracing 分析

在 LangGraph 系统中，流程复杂度随节点数量与路径分支的增长而急剧上升，为了实现节点调用过程、状态变化路径与异常事件的精确可观测与调试分析，可通过接入 LangSmith 平台实现全流程 Tracing 记录与运行时数据捕获。

LangSmith 支持对 LangGraph 与 LangChain 执行路径的结构追踪、节点输入输出展示、状态演化链路分析等功能，开发者可在图执行后通过 Web 界面查看每个节点的运行轨迹与内部处理细节，显著提升调试效率与问题定位能力。

【例 1-5】将 LangGraph 图接入 LangSmith，实现流程调用的可观测追踪与调试记录。

```
from typing import TypedDict
from langgraph.graph import StateGraph, END
from langsmith import traceable
from langchain_core.tracers import LangChainTracer
from langsmith import Client
import os
```

```
# 启用 LangSmith 环境变量
os.environ["LANGCHAIN_API_KEY"] = "ls-xxxxxxxxxxxxxxxx"
os.environ["LANGCHAIN_PROJECT"] = "graph-trace-demo"
os.environ["LANGCHAIN_TRACING_V2"] = "true"

# 定义状态结构
class GraphState(TypedDict):
    input_text: str
    reversed_text: str
    final_output: str

# 初始化 LangSmith 追踪器
tracer = LangChainTracer()

# 节点1：文本反转（使用 @traceable 装饰器接入追踪）
@traceable(name="Reverse Text Node")
def reverse_node(state: GraphState) -> GraphState:
    reversed_text = state["input_text"][::-1]
    return {"reversed_text": reversed_text}

# 节点2：格式化输出
@traceable(name="Format Output Node")
def format_node(state: GraphState) -> GraphState:
    result = f"Reversed result: {state['reversed_text']}"
    return {"final_output": result}

# 构建图
graph = StateGraph(GraphState)
graph.add_node("reverse", reverse_node)
graph.add_node("format", format_node)
graph.set_entry_point("reverse")
graph.add_edge("reverse", "format")
graph.add_edge("format", END)

# 编译执行
app = graph.compile()

# 使用追踪器运行图结构（挂载LangSmith Tracer）
with tracer:
    result = app.invoke({"input_text": "LangGraph"})
    print(result)
```

本例中将LangGraph图结构中的两个节点通过@traceable装饰器接入LangSmith追踪系统，运行时会自动记录每个节点的输入输出状态、执行顺序与运行耗时，追踪结果上传至LangSmith平台后可在Web控制台查看完整调用链。运行结果如下：

```
{'input_text': 'LangGraph', 'reversed_text': 'hparGgnaL', 'final_output'
: 'Reversed result: hparGgnaL'}
```

通过LangSmith的接入，LangGraph图执行过程具备了可观测性与可回溯能力，特别适用于流程异常诊断、路径选择验证与状态结构分析等调试场景，支持运行实例的历史记录存档与版本对比，可在复杂工程中构建可控的迭代调试闭环。建议在开发阶段始终开启 LangSmith 调试机制，在上线前统一关闭追踪以保证性能，构建“开发可追踪，部署可裁剪”的完整智能体调试链路。

1.5 本章小结

LangGraph 以有向状态图为核心抽象，提供了结构化的流程控制机制、统一的状态管理体系与高度可组合的节点执行模型，为智能体系统在多步骤任务、多路径决策与上下文感知执行中提供了稳定支撑。

本章围绕 LangGraph 的架构理念、组件机制、与 LangChain 的协同关系以及开发配置流程进行了系统梳理，明确了节点、状态、边三要素的职责边界，剖析了执行路径的控制机制与中间状态演化逻辑，并通过 TypedDict、LangSmith、Tool 封装等技术实现图结构的类型安全、调试可视与生态集成，为后续图建模与多节点协作奠定了坚实基础。

第 2 章

图结构建模与状态定义规范

在构建具备流程编排能力的智能体系统中，合理建模执行图结构与明确定义状态变量，是确保任务有序推进与多分支逻辑稳定运转的基础环节。无论是实现条件跳转、异常回退，还是构建多智能体协作网络，图的节点连接方式与状态的组织结构都将深刻影响系统的可扩展性与可维护性。唯有深入理解图结构的表达语义与状态更新的调度规则，方能实现真正稳定、高效、可控的智能体执行体系。

2.1 有向图的数据结构与建模抽象

在智能体系统的流程建模中，任务执行路径往往具备先后依赖、条件分支与循环控制等特性，天然适合采用图结构进行表达。尤其是以有向图为核心的数据结构，能够清晰地刻画节点间的执行顺序与依赖关系。要实现可控的流程引擎，必须从抽象层面理解有向图在语义建模中的作用，进而构建具备逻辑清晰性与执行连贯性的任务图。

2.1.1 节点函数的签名规范与状态传递结构的组织方式

在构建 LangGraph 图结构时，节点作为执行图中的基本单元，不仅承载具体的计算逻辑，还承担了状态的接收与更新职责。为了确保整个流程链条的连贯性与可调试性，必须对节点函数的入参、出参结构进行标准化约定，特别是状态对象的传递方式，应具备清晰的字段定义与类型标注，以支撑多轮调用、状态继承与分支控制等复杂执行语义。

图 2-1 左侧为状态的发送节点，其通过〈Mb-分散〉过程将不同类型的数据分发至多个接收节点，分发路径具有并行性与差异性，反映出节点函数签名中参数匹配与数据作用域的明确边界。每一条分发路径均基于任务结构体中的键控字段进行匹配，从而实现结构化状态的精细注入。右侧的〈Mb-检索〉过程则体现

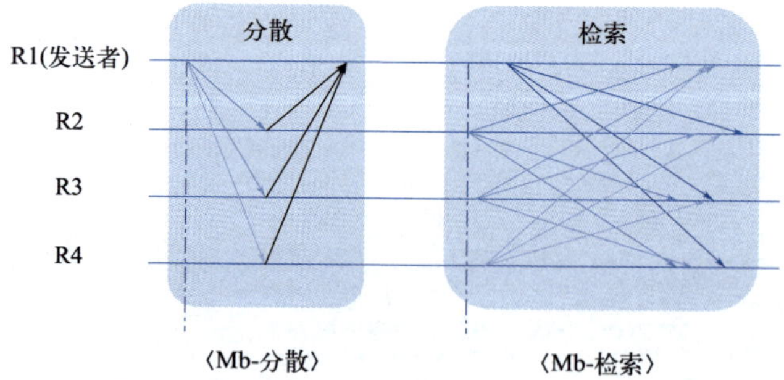

图 2-1 多节点状态传递中的分发与回收机制

了状态回收的聚合机制。多个节点处理完局部状态后，通过定义一致的返回签名结构，实现结果状态的统一拉取与组合。该结构支持多源合并与键值更新，便于后续节点函数的状态依赖维护。整体机制体现了 LangGraph 中状态传递结构的函数解耦与接口规范设计理念。

（1）节点函数的签名规范

在 LangGraph 中，节点函数必须具备显式的函数签名，要求以字典形式接收状态输入，并返回一个包含更新字段的字典结果。函数输入通常以具名结构体或 TypedDict 表示，以确保类型检查、字段补全与可读性。例如，若一个节点接收包含用户问题与历史摘要的状态，应通过统一接口传入：

```
{"question": ..., "history": ...}
```

并在函数体内完成业务逻辑处理后，以新增或更新的键值对返回至全局状态。

在实际工程中，为保证可扩展性与强类型验证，建议采用 Python 类型标注为函数签名增加约束，并结合 IDE 进行静态检查。节点函数内部应避免直接修改输入状态，而是构造新的更新字典返回，由 LangGraph 框架负责合并状态并传递至下一个节点。这种不可变式设计理念有助于提升系统的调试能力与状态可回溯性。

图 2-2 中以分阶段执行的形式展现了函数签名对任务生命周期的约束作用。颜色最深的阶段对应分发过程，其节点函数签名中通常包含静态输入参数和分片逻辑字段，用于面向多节点初始化状态广播。每轮分发操作可独立并发执行，适配节点函数的幂等性约束。中间颜色稍浅的阶段代表共识函数，签名需返回标准结构体用于中间状态确认，实现状态裁决与协调控制。颜色最浅的阶段表示检索阶段，节点函数签名需支持接收聚合后的中间状态，并根据时间依赖或上下文条件，动态检索并构造最终输出。该阶段的函数签名通常包含上下文窗口、查询模板以及状态键路径参数，确保历史与当前状态的一致性引用。此种设计方式体现出了节点函数签名与任务执行阶段之间的高度耦合关系。

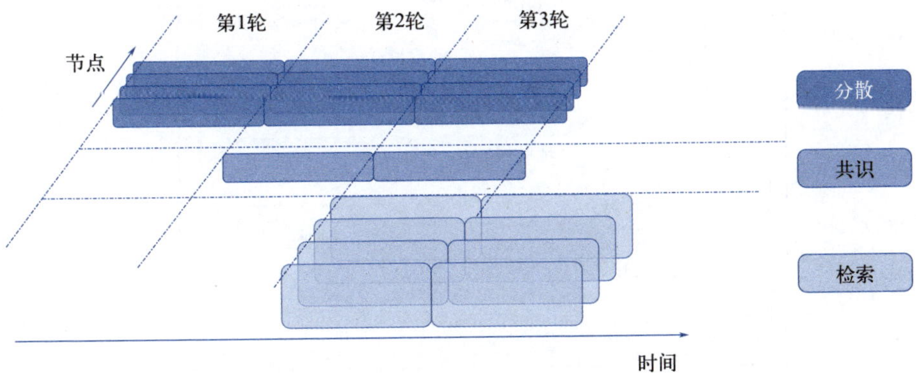

图 2-2　节点函数签名下的阶段式状态驱动流程

（2）状态传递结构的组织方式

状态对象在图结构中以键值对形式在节点之间流转，LangGraph 支持显式声明状态字段类型，并允许通过合并、提取等方式进行结构化管理。在多分支、多路径的图结构中，部分节点可能依赖某些状态字段的存在，因此需预先定义好节点输入依赖，并通过工具函数进行字段存在性验证，防止执行阶段因状态缺失引发错误。

图 2-3 中展示的状态组织方式基于“多重反思、多重搜索、多重扩展”的链式结构，强调在概念池与信息树之间的状态转换。初始状态源自概念激活，通过反思节点生成多个查询分支，随后交由搜索节点并行处理，构造包含上下文状态的查询结果。结果返回后进入扩展模块，更新状态图谱中新的信息节点，形成结构化的知识树。

在状态传递层面，不同角色视角生成的状态片段可分别建模为嵌套子状态，体现状态隔离与差异性表达。回答生成时，系统融合多源状态，形成高质量的响应结构，避免单一路径收敛。状态之间通过属性映射与意图标记进行显式关联，确保信息检索与生成逻辑的一致性和可控性。

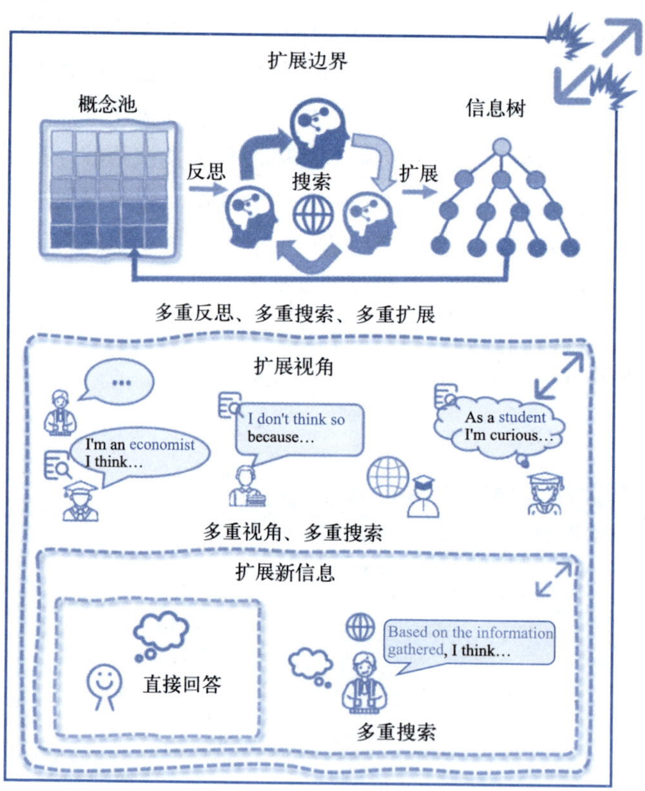

图 2-3　多视角状态传递驱动的知识扩展机制

对于状态的组织，应遵循高内聚低耦合原则。推荐将功能相近的字段打包成结构化子对象，如将用户上下文、任务配置、缓存数据分为不同子字典，统一归入顶层状态中进行管理。通过合理命名空间划分与嵌套结构设计，能够在保证表达能力的同时，提高状态可读性与逻辑一致性。

此外，为应对节点复用与子图嵌套场景，LangGraph 支持对状态作用域进行限定，即指定某一字段仅在局部子图中生效，防止状态污染与不必要的全局传递。配合状态监控工具或 LangSmith 平台的可观测功能，还可对状态变迁过程进行全程记录与回溯分析，从而构建具备高度可控性与透明度的智能体工作流系统。

2.1.2 静态图与动态图

在 LangGraph 中，任务流程的建模方式直接决定了执行过程的灵活性与可控性。为了适应不同类型的智能体应用需求，LangGraph 引入了静态图和动态图两种图构建机制。这两者分别适用于结构确定的稳定流程和具备高度决策动态的非线性任务。理解它们的差异和适用场景，是掌握 LangGraph 图建模能力的关键起点，也是实现复杂逻辑调度的重要基础。

（1）静态图：结构预定义的稳定流程

静态图（Static Graph）强调流程的确定性，其节点与状态转移路径在图构建阶段就已完全定义，所有执行路径、分支条件与节点连接都在图初始化时完成绑定。这类图结构更适用于任务步骤清晰、路径稳定的系统，如 FAQ 机器人、规则驱动的数据抽取流程、前后端任务链式处理等场景。由于静态图具有良好的结构稳定性，因此易于调试、可观测与测试，配合 LangSmith 等调试工具，可清晰呈现每一步的状态变化。

在构建静态图时，开发者需明确每个节点的输入输出状态字段，并通过图构建器一次性注册所有边与条件。这种方式的优势在于执行效率较高，框架可在执行前对路径完整性与依赖关系进行校验，从而降低运行时出错的概率。

（2）动态图：基于状态决策的路径切换

动态图（Dynamic Graph）适用于流程路径依赖实时状态的应用，如多智能体协作、上下文驱动决策、需根据用户输入动态规划任务的智能体系统。在动态图中，某些节点的输出不仅决定状态的更新，还参与控制图后续的执行路径，即边的选择由运行时状态动态计算确定，而非在图构建阶段预设。

实现动态图需要借助 LangGraph 中的“条件分支边”机制，结合函数式路径判断逻辑，通过判断当前状态中某些字段的值来决定跳转到哪个后续节点。这一机制赋予 LangGraph 更强的决策建模能力，使其在复杂智能体应用中能够灵活处理条件分支、意图识别或策略选择等需求，但也要求开发者在设计阶段更加注重状态字段的完整性与可判性。

（3）两者结合的混合建模方式

在实际应用中，纯粹的静态图或动态图很难单独应对大型任务系统中的所有逻辑，因此LangGraph也支持将静态结构与动态图机制结合构建混合图模型。通常情况下，主流程采用静态图建模，确保核心执行链条的可控性与可回溯性，而在某些关键决策节点上，通过引入动态图边进行动态路径选择，以适应上下文变化或用户输入。

这种混合建模方式不仅提升了系统的灵活性，也为智能体提供了更具弹性的流程控制能力。在实现层面，通过节点函数内部对状态字段进行条件判定，并调用图调度器动态跳转，即可实现从静态结构中“嵌出”一条灵活执行路径，有效平衡了工程的稳定性与智能性的动态需求。

2.1.3 分支节点多路径选择模型

在复杂任务驱动的智能体系统中，执行流程往往不止一条路径，而是根据输入状态、上下文信息或推理结果动态选择后续执行分支。为了实现这一目标，LangGraph提供了分支节点多路径选择模型，允许开发者在单一节点中集成多个跳转逻辑，通过条件函数动态判断跳转方向。这种机制不仅提升了流程灵活性，也为智能体的行为建模提供了强大的表达能力。

（1）分支节点的定义与结构约定

分支节点是一类特殊的图节点，其职责并非完成任务处理，而是根据当前状态信息做出路径选择决策。在LangGraph中，分支节点通常以函数方式实现，并返回一个标识符用于指示下一跳的边名称或目标节点名。系统根据返回值匹配图结构中预定义的边集合，完成条件转移。

在实际构建过程中，分支节点需与边定义中的condition机制结合，通过状态字段的值映射至不同的逻辑路径。

分支节点不应包含复杂的计算逻辑，其职责应聚焦于路径判断与状态字段的解析，建议保持函数纯粹性，以提升可测试性与可维护性。

（2）多路径映射的条件函数机制

在多路径模型中，每一条边的生效依赖于条件函数的结果匹配。LangGraph允许开发者在图构建阶段为每一条出边绑定一个布尔函数，该函数接收当前状态作为输入，返回值决定是否选择该路径。当多个路径均符合条件时，系统将根据定义顺序执行首个匹配路径，因而条件函数的互斥性与优先级顺序成为建模设计中的关键点。

图 2-4 所示结构展示了如何通过条件函数机制实现多路径状态映射。第一阶段构建分支搜索树，将候选节点按结构关系组织成有序路径集合，形成初步的任务决策空间。第二阶段在每个节点上独立提取局部状态特征，通过归一化与多层感知机处理，生成条件判断所需的嵌套特征表示，为后续路径选择提供显式向量依据。第三阶段通过多轮信息传递实现上下游节点状态协同，在路径传播过程中利用条件函数对每条边进行权重计算，控制信息是否传递与状态是否更新。该机制可用于 LangGraph 中动态控制多分支执行策略，根据上下文条件在运行时决策跳转路径，从而提升智能体对复杂流程的适应能力与可控性。

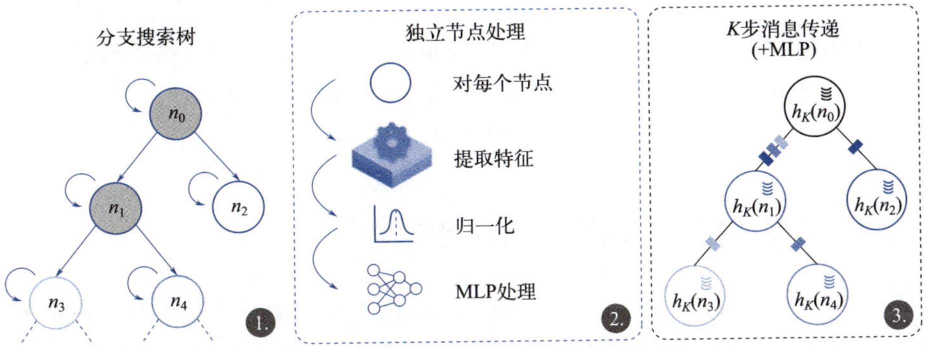

图 2-4　基于条件函数的多路径节点选择与状态更新机制

为避免路径选择歧义，推荐在状态结构中添加显式的标记字段，如 intent_type、user_command 等，以辅助条件函数判断，并统一输出结构，确保后续路径可以共享一套通用的数据格式。

（3）典型应用与构建模式示例

多路径选择模型广泛应用于意图识别、任务切换、异常恢复和用户交互中的选择判断等场景。例如，在一个客服智能体中，可设置一个分支节点根据用户意图字段跳转至“账户查询”“密码重置”或“人工客服”等子流程，且每条路径可以绑定独立的子图结构。另一个典型例子是在任务中途检测异常状态，一旦发现错误标记即跳转至异常处理节点，否则继续主流程执行。

图 2-5 展示了一种典型的行为路径建模结构，适用于具有非确定性转移的多策略智能体任务。在该模式中，每个决策节点 N 通过条件概率 p 控制状态向下游分支的跳转方向，粗线条路径表示当前执行过程中的实际选择轨迹，体现任务执行过程中的路径回溯能力及上下文感知判断逻辑。

结合 LangGraph 的节点函数定义规范，可通过嵌入状态判断逻辑函数，根据当前状态字典中的上下文变量动态生成转移概率，再配合可复用的 Path 选择器控制图结构流向。此类建模方式广泛用于复杂决策系统构建、对话系统意图推理和强化学习环境建模中，具备良好的可解释性与结构层级清晰度。

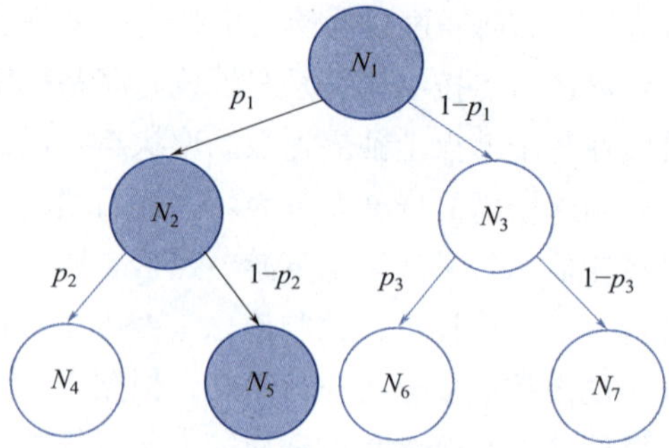

图 2-5　基于概率路径选择的智能体行为树构建模式

在构建时可使用 LangGraph 的 add_conditional_edges 接口，将状态字段与多个目标节点对应关系一一绑定，极大地提升了路径逻辑的清晰度与可扩展性，使系统具备面向未来复杂业务场景演化的能力。

2.1.4　异常路径、回滚路径与容错结构

在智能体工作流系统中，异常的产生往往不可避免，尤其在面对外部 API 调用失败、用户输入错误或模型响应异常等情况下，单一路径的顺序执行模式难以支撑稳定性要求。因此，构建具备异常处理能力的图结构显得尤为关键。LangGraph 通过引入异常路径、回滚路径与容错机制，为系统提供了故障感知、自我修复与流程纠偏的能力，保障整体任务的稳健推进。

（1）异常路径的识别与处理节点设计

异常路径是指在节点执行失败、状态异常或返回值不符合预期时自动切换的备用逻辑路线。LangGraph 允许在定义图结构时，为任意节点绑定 on_error 钩子或设置专门的异常跳转边。

当节点函数抛出异常或返回状态中包含错误标记时，系统将自动跳转至指定的异常处理节点执行补救逻辑，如记录日志、通知人工或尝试替代操作。通过集中管理异常路径，可有效分离主流程与异常处理，提高主图结构的清晰度。

（2）回滚路径与状态撤销机制

在某些任务中，仅捕获异常并不能满足业务需求，还需对前序状态进行回滚。例如，用户在连续步骤中提交了错误参数，需撤销已保存的信息并返回初始节点重新输入。

为此，LangGraph 可结合状态快照机制，在关键节点执行前保存当前状态，当检测到异常后，通过状态替换实现逻辑上的回滚。同时，还可通过嵌套子图结构构建具有边界隔离能力的任务单元，实现局部可逆、整体前推的执行模型。

（3）容错结构与故障恢复策略

容错结构强调在执行失败后保持系统整体可运行性而非终止执行，这通常通过备用路径、默认值填充或延迟重试等手段实现。在LangGraph中，可通过多路径分支与条件函数组合实现失败时切换备选路径，或在Reducer中内嵌错误捕获逻辑返回兜底状态。

此外，还可结合LangSmith提供的Tracing能力记录失败点上下文信息，用于后续追踪与调试。容错结构的引入，使智能体系统具备了面向不确定性的韧性基础，是构建大规模任务协同系统的重要保障手段。

2.2 状态持久化与分层状态管理实现

图驱动的智能体系统在执行过程中依赖状态作为信息传递与决策依据的核心载体，状态的可靠保存与灵活调用直接影响系统的健壮性与可控性。面对多层嵌套、并发任务与异步执行的复杂流程，需构建具备层次感与作用域隔离机制的状态管理策略，以实现数据一致性、上下文传递与持久化存储的统一协同。

2.2.1 状态快照、缓存与热更新

状态快照、缓存与热更新机制在LangGraph执行模型中具有关键意义，关系到多轮执行过程的可回溯性、故障场景下的恢复能力，以及长期运行中的资源优化与状态一致性保障。尤其在多Agent系统或状态驱动复杂业务中，对任意阶段执行状态的捕获、更新与替换能力，已成为LangGraph区别于传统流程编排系统的重要特征。

【例2-1】构建一个包含状态快照与热更新机制的LangGraph流程，通过显式添加snapshot_state与restore_snapshot节点，实现对中间态的保存与覆盖，为复杂流程中的错误恢复与状态回溯提供支持。

```
from langgraph.graph import StateGraph, END
from langgraph.graph.message import add_messages
from typing import TypedDict, Annotated
import copy
import time

# 定义TypedDict类型用于状态声明
class AgentState(TypedDict):
    history: Annotated[list, add_messages]
    stage: str
    timestamp: float
```

```
# 初始节点，用于初始化状态和记录时间戳
def init_state(state: AgentState) -> AgentState:
    state["history"].append({"role": "system", "content": "开始执行"})
    state["stage"] = "initialized"
    state["timestamp"] = time.time()
    return state

# 中间节点，用于状态变迁
def process_stage(state: AgentState) -> AgentState:
    state["history"].append({"role": "agent", "content": f"当前阶段：
{state['stage']}"})
    state["stage"] = "processed"
    state["timestamp"] = time.time()
    return state

# 快照机制，用于复制当前状态用于缓存
def snapshot_state(state: AgentState) -> AgentState:
    global SNAPSHOT
    SNAPSHOT = copy.deepcopy(state)
    print("=== 快照已保存 ===")
    return state

# 热更新机制，用于将状态恢复为缓存快照
def restore_snapshot(state: AgentState) -> AgentState:
    print("=== 状态已恢复为快照 ===")
    return SNAPSHOT

# 构建状态图
graph = StateGraph(AgentState)
graph.add_node("init", init_state)
graph.add_node("process", process_stage)
graph.add_node("snapshot", snapshot_state)
graph.add_node("restore", restore_snapshot)

# 建立状态流转结构
graph.set_entry_point("init")
graph.add_edge("init", "snapshot")
graph.add_edge("snapshot", "process")
graph.add_edge("process", "restore")
graph.add_edge("restore", END)

# 构建可执行图对象
app = graph.compile()

# 执行图
result = app.invoke({"history": [], "stage": "", "timestamp": 0.0})

# 打印最终状态
for key, value in result.items():
    print(f"{key}: {value}")
```

运行结果如下：

```
=== 快照已保存 ===
```

```
=== 状态已恢复为快照 ===
history: [{'role': 'system', 'content': '开始执行'}, {'role': 'agent', '
content': '当前阶段：initialized'}]
stage: initialized
timestamp: 1721661533.420049
```

通过在 LangGraph 图结构中引入状态快照与热更新节点，可实现对关键状态的缓存持久化与动态恢复，具备良好的鲁棒性与可维护性，在多轮执行、智能体任务容错与状态一致性保障等场景中均具有实际应用价值。结合 TypedDict 结构定义，状态对象具备良好的可控性与可读性，提升了 LangGraph 在企业级智能体流程构建中的实用性与工程成熟度。

2.2.2 嵌套状态与局部状态隔离

在复杂智能体任务执行过程中，不同子任务之间常常存在状态隔离的需求，为此必须引入嵌套状态结构以实现局部上下文的精确管理。嵌套状态指的是在全局状态基础上，为特定节点或子图定义的一组局部状态变量，使状态管理具备层次化和封装性，既可避免全局状态污染，又能提升节点间的协同清晰度。

在 LangGraph 中，状态结构通常采用嵌套字典或 TypedDict 的递归嵌套形式加以实现，允许通过访问路径对任意层级的状态进行读写与更新。

局部状态隔离机制确保了同一图结构中不同模块、路径或智能体不会因状态混用而产生干扰，特别适用于并发执行、多角色任务分派、子图复用等典型应用场景。LangGraph 通过 Reducer 函数对嵌套状态的精确更新操作提供了语义保障，开发者可灵活控制状态作用域与更新粒度。

此外，结合中间态缓存机制，可实现局部状态在回溯、重试或子图回滚过程中的独立复原，从而增强系统容错能力与运行可控性。通过嵌套状态与局部隔离策略，LangGraph 实现了比传统线性状态机更灵活、结构更清晰的状态表达能力。

2.2.3 分层状态同步共享机制

在多层图结构中，状态的同步与共享机制是确保流程完整性与智能体一致性的重要保障。LangGrap 支持通过嵌套图结构实现子图与主图间的状态映射传递，通过定义清晰的 input_mapping 与 output_mapping 接口，可将主图中的特定状态变量注入子图，并在子图执行完成后将其结果回传主图，实现状态的上下游同步。在具备多阶段协同逻辑的应用中，该机制可有效分离局部上下文与全局控制状态，从而实现模块化、高内聚的流程建模。

在实际工程中，开发者可将主图中的配置参数、请求数据传入子图，在了图内部完成推理、生成、检索等任务，并通过输出映射函数将结构化结果反馈至主图状态。该机制不仅提升了系统的可组合性，也为后续的多智能体并行执行、异步集成提供了结构基础。

【例 2-2】实现主图与子图之间的状态共享，主图中通过 prepare_node 初始化配置，并通过 input_mapping 将所需字段传入子图，子图处理完成后通过 output_mapping 返回结构化结果至主图，从而实现清晰的上下游状态同步逻辑。

```
from typing import TypedDict, Optional
from langgraph.graph import StateGraph, END

# 主图状态结构定义
class GlobalState(TypedDict):
    config: dict
    sub_result: Optional[str]

# 子图状态结构定义，仅接收部分字段
class SubState(TypedDict):
    config: dict
    input_data: str
    output_data: Optional[str]

# 子图中的处理节点
def process_node(state: SubState) -> SubState:
    result = f"processed:{state['input_data']} with {state['config']
['model']}"
    state["output_data"] = result
    return state

# 主图中的准备节点
def prepare_node(state: GlobalState) -> GlobalState:
    state["config"] = {"model": "gpt-4", "temperature": 0.5}
    return state

# 子图结果回传主图的节点
def collect_result(parent_state: GlobalState, sub_output: SubState) ->
GlobalState:
    parent_state["sub_result"] = sub_output["output_data"]
    return parent_state

# 构建子图
def build_subgraph():
    sub_builder = StateGraph(SubState)
    sub_builder.add_node("process", process_node)
    sub_builder.set_entry_point("process")
    sub_builder.set_finish_point("process")
    return sub_builder.compile()

# 构建主图并集成子图
def build_main_graph():
    main_builder = StateGraph(GlobalState)
    main_builder.add_node("prepare", prepare_node)

    # 构建子图并配置映射逻辑
```

```
    subgraph = build_subgraph()
    main_builder.add_nested_graph(
        "subgraph", subgraph,
        input_mapping=lambda state: {
            "config": state["config"],
            "input_data": "text to process"
        },
        output_mapping=collect_result
    )

    main_builder.set_entry_point("prepare")
    main_builder.add_edge("prepare", "subgraph")
    main_builder.add_edge("subgraph", END)

    return main_builder.compile()

# 执行图
if __name__ == "__main__":
    graph = build_main_graph()
    result = graph.invoke({"sub_result": None})
    print(result)
```

运行结果如下：

```
{'config': {'model': 'gpt-4', 'temperature': 0.5}, 'sub_result': 'processed: text to process with gpt-4'}
```

分层状态同步共享机制为LangGraph提供了强大的可组合性和模块化能力，在多阶段任务、复杂流程控制、嵌套智能体执行等场景下，能够实现信息的结构化隔离与跨层共享。

通过input_mapping与output_mapping的精细控制，可确保每个子图在只暴露必要上下文的同时仍能与主流程无缝对接，从而在保持封装性的前提下提升系统整体协同效率。该能力是构建稳定可控多智能体系统的基础之一。

2.2.4 状态监控采集设计

在构建复杂智能体流程图的过程中，状态变化的实时监控与关键路径的运行记录具有重要意义。通过对节点执行结果、状态更新内容及上下文关键字段的动态采集，可为后续的异常定位、性能评估、调试分析等提供坚实支撑。

LangGraph支持在Reducer层和节点执行层插入状态探针，使状态演化过程具备可观察性。通过结合日志系统或事件总线机制，可实现跨节点的结构化状态流追踪，为多智能体系统中的协同行为提供数据基础。

以下代码展示如何在LangGraph的执行过程中添加状态监控逻辑，自动记录每次状态更新的前后差异及上下文元信息，并通过LangSmith进行可观测性追踪。

【例 2-3】构建一个具备状态追踪能力的图节点，在每次执行中将状态变化内容以时间戳结构记录至 trace_log 字段，以便后续可观测与问题定位使用。

```
from typing import TypedDict, Annotated
from langgraph.graph import StateGraph, END
from langgraph.graph.schema import add_messages
from langchain_core.runnables import RunnableLambda
from langsmith import traceable
import copy
import json
import datetime

# 定义结构化状态类型
class GraphState(TypedDict):
    messages: Annotated[list, add_messages]
    trace_log: list

# 状态监控工具函数
def monitor_state_change(old_state, new_state):
    diff = {}
    for key in new_state:
        if old_state.get(key) != new_state[key]:
            diff[key] = {
                "before": old_state.get(key),
                "after": new_state[key]
            }
    return {
        "timestamp": datetime.datetime.utcnow().isoformat(),
        "diff": diff
    }

# 节点函数：返回新内容并记录监控
@traceable(name="ProcessAndMonitor")
def process_with_monitoring(state: GraphState) -> GraphState:
    previous_state = copy.deepcopy(state)
    new_msg = {
        "role": "AI",
        "content": "当前时间处理完成"
    }
    new_messages = state["messages"] + [new_msg]
    monitored = monitor_state_change(previous_state, {"messages": new_
messages, "trace_log": state["trace_log"]})
    trace_entry = {
        "event": "process_completed",
        "monitor": monitored
    }
    return {
        "messages": new_messages,
        "trace_log": state["trace_log"] + [trace_entry]
    }

# 构建状态图
graph_builder = StateGraph(GraphState)
graph_builder.add_node("monitor_node", RunnableLambda(process_with_
monitoring))
```

```python
graph_builder.set_entry_point("monitor_node")
graph_builder.set_finish_point("monitor_node", END)
app = graph_builder.compile()

# 初始化状态并执行
initial_state = {
    "messages": [{"role": "user", "content": "开始流程"}],
    "trace_log": []
}
result = app.invoke(initial_state)
print(json.dumps(result, indent=2, ensure_ascii=False))
```

运行结果如下:


```json
{
  "messages": [
    {
      "role": "user",
      "content": "开始流程"
    },
    {
      "role": "AI",
      "content": "当前时间处理完成"
    }
  ],
  "trace_log": [
    {
      "event": "process_completed",
      "monitor": {
        "timestamp": "2025-07-22T14:35:26.384253",
        "diff": {
          "messages": {
            "before": [
              {
                "role": "user",
                "content": "开始流程"
              }
            ],
            "after": [
              {
                "role": "user",
                "content": "开始流程"
              },
              {
                "role": "AI",
                "content": "当前时间处理完成"
              }
            ]
          }
        }
      }
    }
  ]
}
```

状态监控的设计不仅能够捕捉关键数据，还能嵌入调试链路之中，形成透明、可解释的运行过程。在多节点、多路径、多线程的LangGraph图结构中，采集各节点状态演变过程并统一记录，将大幅提升系统的可维护性与问题定位效率。通过结合traceable与自定义监控器函数，状态图的执行过程得以全程追踪与回溯。

2.3 多任务状态图的合并与拆解

在智能体应用中，单一任务流程往往难以满足复杂业务的需求，多任务协同成为实际系统构建中的常态。为支撑高度模块化与可重组的设计目标，状态图的合并与拆解机制提供了灵活的结构组织方式，使任务之间既能独立演进，又可根据上下文实现动态集成与联动调度。

2.3.1 子图组合与Graph模块复用

在复杂智能体系统中，功能的解耦与复用能力直接影响开发效率与系统可维护性，通过将Graph结构封装为独立模块，形成可复用的子图单元，可有效管理功能边界、隔离上下游依赖，并支持在不同主图中进行组合调用，这种机制不仅提升了开发效率，也为版本迭代与功能替换提供了灵活手段。

在实际设计中，子图应具备清晰的输入输出接口，并保持状态作用域的独立性，以避免状态污染与执行异常。

【例2-4】定义一个功能子图并将其嵌入主图，实现LangGraph子图模块的封装、组合与状态对接方法，支持状态子集解构与输出同步，实现结构解耦与逻辑聚合。

```
from langgraph.graph import StateGraph, END
from langchain_core.runnables import RunnableLambda
from typing import TypedDict, Annotated

# 定义主图状态结构
class GlobalState(TypedDict):
    input: str
    sub_output: str
    final_output: str

# 定义子图状态，仅暴露所需字段
class SubState(TypedDict):
    input: str
    sub_output: str
```

```
# 子图节点：处理输入并返回子图结果
def subgraph_node_step(state: SubState) -> SubState:
    result = f"处理子图输入:{state['input']}"
    return {"input": state["input"], "sub_output": result}

# 构建子图，输出状态为SubState结构
def build_subgraph():
    subgraph = StateGraph(SubState)
    subgraph.add_node("sub_node", RunnableLambda(subgraph_node_step))
    subgraph.set_entry_point("sub_node")
    subgraph.set_finish_point("sub_node")
    return subgraph.compile()

# 主图节点：处理最终输出
def final_node(state: GlobalState) -> GlobalState:
    summary = f"汇总信息:{state['sub_output']}"
    return {"input": state["input"], "sub_output": state["sub_
output"], "final_output": summary}

# 构建主图并嵌入子图
graph = StateGraph(GlobalState)
graph.add_node("subgraph", build_subgraph())
graph.add_node("final", RunnableLambda(final_node))
graph.set_entry_point("subgraph")
graph.add_edge("subgraph", "final")
graph.set_finish_point("final")

app = graph.compile()

# 执行图流程
output = app.invoke({"input": "LangGraph模块复用示例"})
print(output)
```

运行结果如下：

```
{'input': 'LangGraph模块复用示例',
 'sub_output': '处理子图输入:LangGraph模块复用示例',
 'final_output': '汇总信息:处理子图输入:LangGraph模块复用示例'}
```

通过子图的封装与复用，可以将逻辑上紧耦合的节点组抽象为独立 Graph 模块，并在主图中多次调用，有效提高系统的模块化程度。

在组合使用时需注意状态字段的一致性与作用域隔离，确保数据通路清晰，避免状态冲突，同时合理设置子图入口与出口，构建稳健的执行链路。该机制对构建可重组、多任务并行的智能体工作流具有重要价值。

2.3.2 多任务调度：状态隔离策略

在多任务调度场景中，若所有任务共享统一的全局状态，易导致状态污染、竞争冲突与调度不确定性，因此需要设计明确的状态隔离策略。

LangGraph 支持通过子图封装、本地上下文传递机制与 Reducer 粒度约束，实现任务间的状态隔离与资源独立管理，有效保障并发任务的正确性与稳定性。通过状态作用域划分，每个任务可拥有独立状态空间，执行过程中不会影响其他任务上下文，从而提升整体系统的可控性与可扩展性。

【例 2-5】实现两个任务图，每个子图维护自身状态结构与节点逻辑，在执行过程中互不影响。

```
from typing import TypedDict, Annotated
from langgraph.graph import StateGraph, END
from langgraph.graph.message import add_messages
from langchain_core.runnables import RunnableLambda

# 定义任务状态结构
class TaskState(TypedDict):
    task_id: str
    input: str
    output: str

# 定义任务执行节点，读取输入并构造处理结果
def run_task(state: TaskState) -> TaskState:
    result = f"任务{state['task_id']}已处理:{state['input']}"
    return {"task_id": state["task_id"], "input": state["input"], "output":
result}

# 定义独立任务子图构建函数
def build_task_graph(name: str) -> StateGraph:
    builder = StateGraph(TaskState)
    builder.add_node("process", RunnableLambda(run_task))
    builder.set_entry_point("process")
    builder.set_finish_point("process")
    return builder

# 构建多个隔离任务子图
graph_A = build_task_graph("TaskA").compile()
graph_B = build_task_graph("TaskB").compile()

# 分别运行子图，验证状态隔离性
result_A = graph_A.invoke({"task_id": "A1", "input": "输入数据A"})
result_B = graph_B.invoke({"task_id": "B1", "input": "输入数据B"})

# 打印结果
print("任务A执行结果:", result_A)
print("任务B执行结果:", result_B)
```

运行结果如下：

```
任务A执行结果: {'task_id': 'A1', 'input': '输入数据A', 'output': '任务A1已处
理:输入数据A'}
任务B执行结果: {'task_id': 'B1', 'input': '输入数据B', 'output': '任务B1已处
理:输入数据B'}
```

通过对任务状态作用域的封装，使多任务并发处理成为可控且可靠的过

程，也为后续扩展并发数量与任务类型提供了良好的结构基础。对于需要保障执行边界和上下文独立的智能体应用场景，该策略具备极高的适用性与稳定性。

2.3.3 子任务状态映射与转换规则

子任务状态映射与转换规则是在多任务图结构中实现状态协同与信息传递的核心机制，以下列出几类常见且关键的映射与转换策略，适用于 LangGraph 多子图联动执行环境。

① 字段重命名映射：用于不同子任务之间状态字段名不一致的情形，需通过映射规则显式指定源字段与目标字段之间的对应关系，确保上下游任务的数据能正确对接。

② 嵌套结构展开或封装：当父任务状态中嵌套子任务结构，或子任务输出为嵌套格式时，需通过展开（flatten）或封装（nest）操作将状态转换为目标图结构所需格式。

③ 跨图字段筛选传递：对子任务只暴露必要字段，避免冗余状态传入下游图，提高执行效率与状态隔离性，可通过字典投影方式过滤状态信息。

④ 类型转换规则：不同子任务可能对字段类型存在要求，如字符串转数组、标量转布尔量等，需在状态交接前完成类型转换以保障兼容性。

⑤ 字段合并与拆分：当多个子任务需组合结果或共享来源状态时，需定义字段拼接（concat）、聚合（merge）或拆解（split）等操作实现中间态的转换。

⑥ 状态作用域映射：子图可能需要访问父图状态的部分内容，需在调用入口处建立作用域映射关系，并控制读取与更新权限。

⑦ 字段值重写与默认填充：当某些状态字段缺失或内容无效时，需通过默认值填充或重写策略确保子任务正常运行。

⑧ 状态流向控制规则：结合边（Edge）定义条件判断与上下文状态，实现状态在不同子任务图之间的动态路由与跳转控制。

以上规则在 LangGraph 中通常通过 Reducer 函数或任务调度控制节点显式实现，构成智能体任务分解与结果整合过程中的基础支撑机制。

2.4 本章小结

图结构建模与状态定义是 LangGraph 智能体编排的底层基础，决定了任务流的表达能力与执行行为的可控性。本章从有向图的数据抽象切入，系统阐述了节点函数的组织方式、静态图与动态图的差异、分支控制路径的决策机制，以及容错回滚结构的设计范式。

在状态管理方面，重点剖析了状态持久化策略、快照与热更新机制、嵌套状态隔离体系及分层状态同步模型，同时探讨了子图复用、任务拆解、状态隔离与映射转换的具体方法，为构建可扩展、高可用性的LangGraph工作流奠定了结构性基础。

第 3 章

深入解析 LangGraph 节点类型及其执行模型

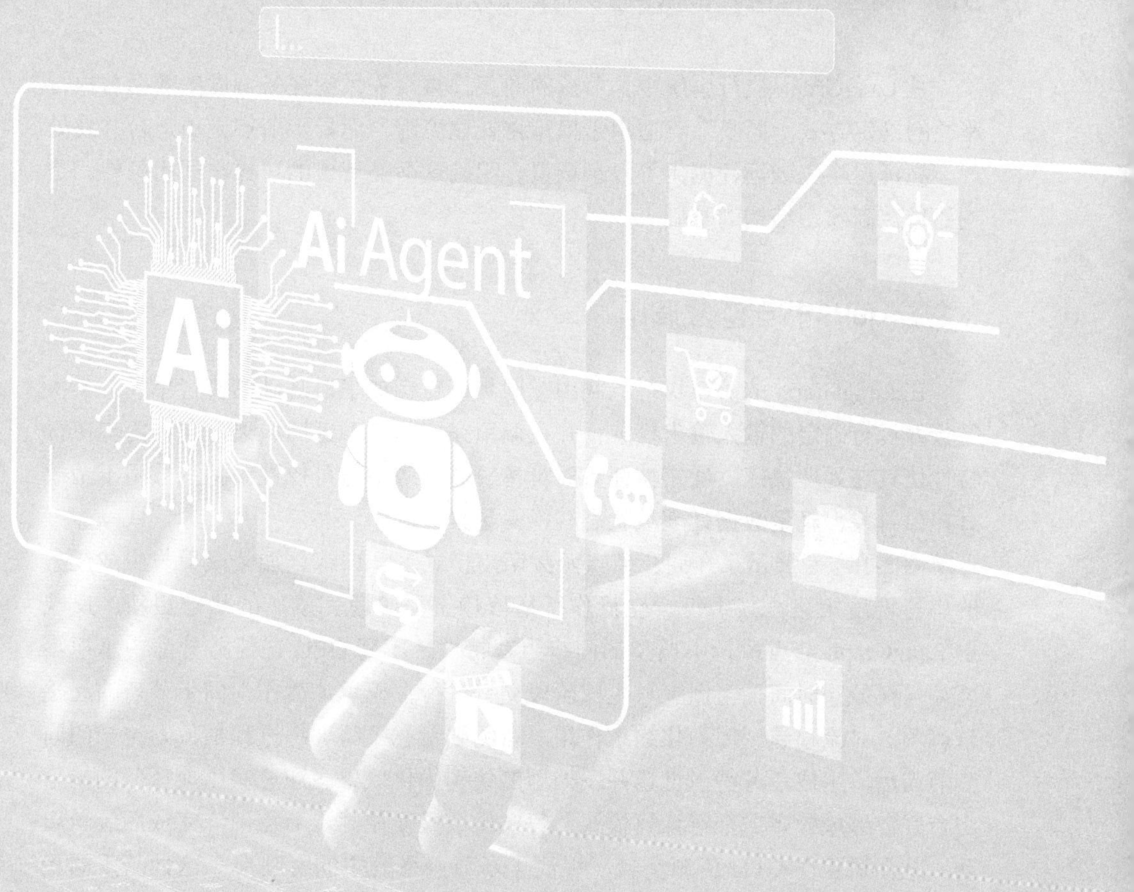

在 LangGraph 的流程构建过程中，节点类型不仅决定了执行行为的粒度，也直接影响状态的传递方式与路径选择逻辑。随着应用场景的复杂化，节点已不再只是简单的任务触发单元，而逐步演化为具备调度能力、并发控制、条件分支乃至异步管理功能的核心执行实体。理解各类节点的运行机制与组织结构，是实现高效智能体流程编排的关键起点。

3.1 基础同步节点与异步节点

在 LangGraph 执行引擎中，节点的同步性直接关系到任务调度的效率与执行路径的确定方式。同步节点适用于串行化处理流程，而异步节点则更适合并发处理、高延迟响应或远程调用等复杂场景。明确这两类节点的边界与适用条件，是构建稳定高效图结构的基础。

3.1.1 同步节点函数调用

在 LangGraph 的节点执行机制中，同步节点构成了最基础的执行单元，其执行行为具有确定的输入输出模式，并在调用完成后立即返回结果。这种同步执行特性使其在处理快速、确定性任务时具备较高的效率与可控性，特别适用于函数式接口封装、轻量数据处理或状态转换等场景。

图 3-1 左侧展示了在同步节点函数调用模式下，训练、加载权重与生成任务的串行调度策略，其中每一轮操作严格依赖上一阶段完成后的状态更新，反映出 LangGraph 节点执行中典型的同步阻塞特性。不同 GPU 在任务分配中承担不同编号任务，时间轴上训练与生成阶段交替进行，权重加载作为同步节点的起始依赖项，对流程起到序列化约束作用。右侧则示意了将训练过程抽象为统一的同步节点后，生成任务得以批量并发处理的结构优化效果。通过对生成任务的拆分与合并，形成分布式并行计算模式，每组生成操作在同步节点训练完成后统一启动，从而避免了 GPU 资源空转，提高了多节点系统中的吞吐率。这种基于同步节点粒度的合理划分，显著提升了整体调度效率与执行一致性。

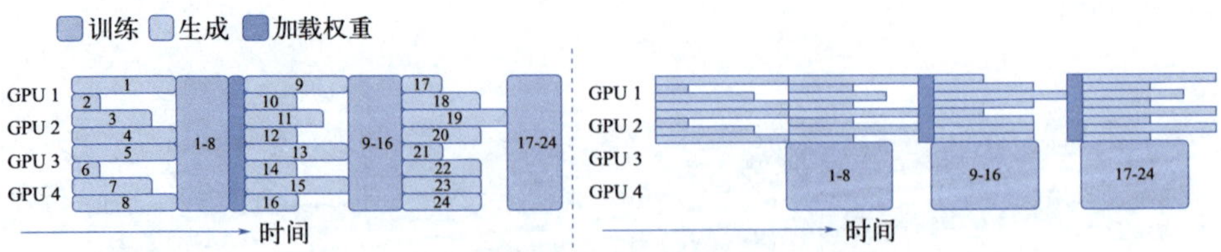

图 3-1　同步节点函数调用下的任务调度优化示意

节点函数的签名需遵循LangGraph约定的结构形式，通过统一的参数注入机制确保状态上下文的有序传递，同时通过返回值实现对全局或局部状态的结构化更新。

图3-2中展开控制器作为典型的同步节点，承担生成阶段与训练阶段之间的中枢控制角色，在接收来自多个展开工作者的轨迹数据后，需等待所有数据聚合完成，才将完整批次送入回放缓冲区并同步至训练过程，体现了严格的阻塞式流转逻辑。同步节点控制下的aggregate-and-forward机制确保了数据一致性与结果可复现性。

参数服务模块作为另一个关键同步节点，在模型更新完成后将权重状态回传至生成阶段的工作者进程。每次权重更新完成后，展开工作者才会被中断唤醒，并加载最新模型参数，进入下一轮交互生成任务。该策略通过同步节点的精确调用顺序，实现了多阶段流程中的状态收敛与资源协同。

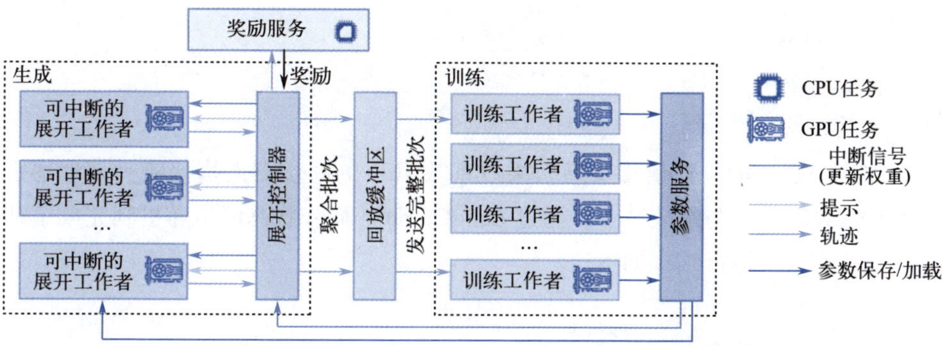

图3-2　基于同步节点调用的训练与生成解耦调度架构

【例3-1】构建一个包含同步节点的LangGraph图结构，涵盖节点定义、图建模与状态传递的全过程。

```
from langgraph.graph import StateGraph, END
from langgraph.graph.message import add_messages
from typing import TypedDict, Annotated
import operator

# 定义状态结构体，明确状态中包含的键
class CalcState(TypedDict):
    a: int
    b: int
    result: int

# 定义第一个同步节点：执行加法操作
def add_node(state: CalcState) -> CalcState:
    result = operator.add(state["a"], state["b"])
    return {"result": result}
```

```
# 定义第二个同步节点：将结果乘以固定系数
def scale_node(state: CalcState) -> CalcState:
    scaled = state["result"] * 10
    return {"result": scaled}

# 构建图结构，注册节点与边
graph = StateGraph(CalcState)
graph.add_node("add", add_node)
graph.add_node("scale", scale_node)

# 设置执行顺序：先加法，再缩放，最后终止
graph.set_entry_point("add")
graph.add_edge("add", "scale")
graph.add_edge("scale", END)

# 构建图对象
calc_graph = graph.compile()

# 执行图流程，传入初始状态
input_state = {"a": 3, "b": 7}
final_state = calc_graph.invoke(input_state)

# 输出最终结果
print(final_state)
```

实现“两个输入数值相加后再乘以系数 10”的同步节点执行流程，分别定义了加法处理节点与缩放节点，通过 LangGraph 的同步状态流传递机制完成了结构化状态更新。运行结果如下：

```
{'a': 3, 'b': 7, 'result': 100}
```

上述示例充分体现了同步节点的执行闭环特性，函数签名紧凑明晰，状态输入与输出结构保持高度一致，便于后续状态追踪与调试。

同步节点特别适合那些数据依赖明确、处理逻辑简洁的任务流程，能够在多节点组合执行中起到稳定基础模块的作用，同时也为构建更复杂的图结构打下了可控的执行路径框架。通过精细化设计同步节点函数，可进一步增强流程在高频事务场景下的运行效率与可观测性。

3.1.2 异步节点协程支持与异常处理

在 LangGraph 的节点体系中，异步节点不仅提供了对异步任务的自然支持，还在高并发执行、远程调用、外部资源访问等场景中展现出显著优势。通过使用 Python 原生协程定义节点函数，LangGraph 可自动识别并调度异步执行逻辑，保证上下文状态的一致性与流程的可恢复性。

以文献删选为例，图 3-3 中各数据库的文献抓取任务可视为异步节点的并发

执行，每个节点通过协程机制启动独立的检索、聚合与初步过滤操作，利用非阻塞方式持续返回中间结果，提升整体数据收集吞吐率。

在去重与摘要筛选阶段，引入异步异常处理逻辑以确保任务出错时不中断主流程，异常文献条目可通过状态标记进入单独回收通道进行后续重检。

在逐步应用包含标准至全文判定阶段，各异步节点结合协程挂起与恢复机制，确保流程可被中断后重入。若筛选逻辑因格式错误、内容缺失等异常导致匹配失败，可通过异步错误捕获模块跳过错误样本并继续执行，从而提升整体流程鲁棒性，确保最终输出的 35 篇文献均来自于无故障处理路径。

为了进一步增强系统的健壮性，异步节点还可嵌入异常处理机制，实现对网络错误、服务异常、响应超时等非预期行为的捕获与回滚，为构建具备高容错能力的智能体工作流提供基础保障。

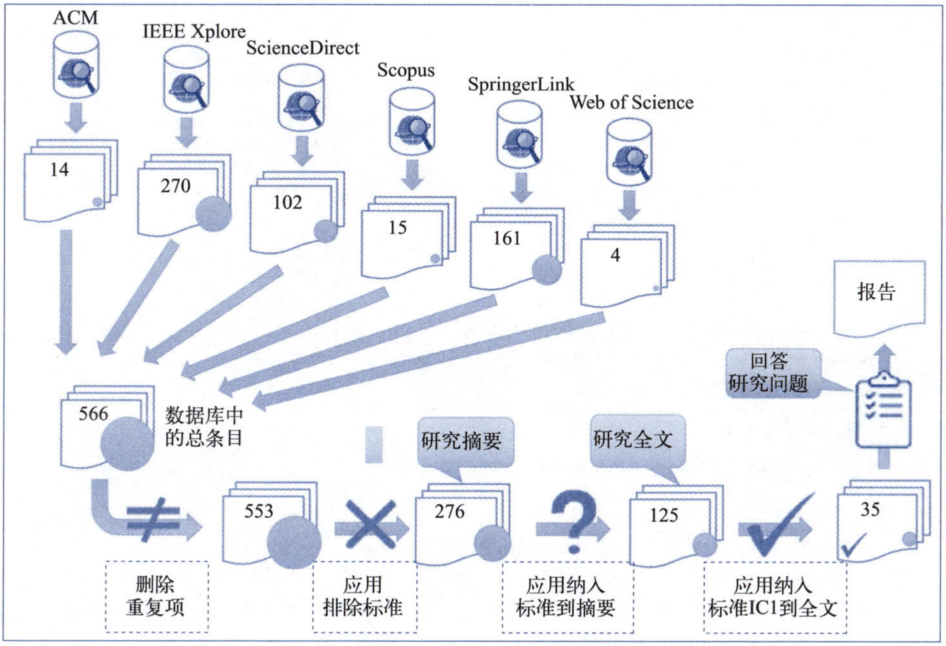

图 3-3　支持协程与异常处理的异步文献筛选流程

以下示例展示了一个具备异步行为与异常处理逻辑的 LangGraph 流程，实现远程接口调用并在异常情况下注入默认状态。

【例 3-2】实现异步节点调用远程 HTTP 服务，包含异常捕获机制，当远程请求失败时返回错误信息并打上失败标记，确保流程不中断。

```
import asyncio
from langgraph.graph import StateGraph, END
from typing import TypedDict, Optional
```

```python
import httpx

# 定义状态结构，包含请求结果与异常标记
class RequestState(TypedDict):
    url: str
    content: Optional[str]
    failed: bool

# 定义异步节点函数，支持网络调用与异常捕获
async def fetch_node(state: RequestState) -> RequestState:
    try:
        async with httpx.AsyncClient(timeout=3.0) as client:
            response = await client.get(state["url"])
            response.raise_for_status()
            return {"content": response.text, "failed": False}
    except Exception as e:
        # 异常路径注入默认值与失败标记
        return {"content": f"ERROR: {str(e)}", "failed": True}

# 定义异步节点：执行结果清洗
async def clean_node(state: RequestState) -> RequestState:
    if state["failed"]:
        return state
    trimmed = state["content"][:200]
    return {"content": trimmed, "failed": False}

# 构建图结构
graph = StateGraph(RequestState)
graph.add_node("fetch", fetch_node)
graph.add_node("clean", clean_node)
graph.set_entry_point("fetch")
graph.add_edge("fetch", "clean")
graph.add_edge("clean", END)

# 编译图对象
async_graph = graph.compile()

# 执行图流程，输入一个合法或非法URL以测试异常处理
input_state = {"url": "https://httpbin.org/status/404"}
result = asyncio.run(async_graph.invoke(input_state))
print(result)
```

运行结果如下:

```
{'url': 'https://httpbin.org/status/404', 'content': 'ERROR: Client
error \'404 Not Found\' for url \'https://httpbin.org/status/404\'',
'failed': True}
```

通过协程封装异步节点可显著提高LangGraph流程在调用外部服务时的响应效率，同时保持主流程结构的清晰与状态闭环的可控性。引入异常处理逻辑后，系统不仅具备自动故障转移的能力，还能通过状态字段标记失败路径，为后续分支跳转、日志记录与结果反馈提供依据。

异步节点的设计必须兼顾任务原子性与状态一致性，在支持高并发的同时也需确保异常可回溯、状态可恢复。该机制特别适用于API聚合、远程智能体协同及异步工具链执行等复杂任务图构建场景。

3.1.3 基于外部IO的异步资源封装

在构建面向生产环境的LangGraph图执行模型时，异步节点往往需要与外部资源交互，如调用数据库、远程接口或文件系统等异步IO操作。为了确保执行链条不被阻塞，必须将这些外部IO请求封装为协程函数，并结合异常处理机制提升系统的稳定性与可恢复能力。

通过合理组织IO逻辑与节点函数的异步结构，可以实现状态可追踪、调用链可控的资源访问流程，同时为异常场景提供灵活的回滚与替代路径支持。

【例3-3】构建一个异步节点图，其中FetchWeather节点通过aiohttp异步访问天气服务接口，并将结果或异常信息存入状态中，随后RecordWeather节点对该信息进行格式化处理并记录日志，形成完整的异步调用链。

```
from langgraph.graph import StateGraph, END
from langgraph.graph.message import add_messages
import asyncio
import aiohttp

# 定义共享状态结构
class GraphState(dict): pass

# 异步外部接口调用节点：请求一个天气API并返回解析后的结果
async def fetch_weather(state: GraphState) -> dict:
    city = state.get("city", "Shanghai")
    url = f"https://wttr.in/{city}?format=3"
    try:
        async with aiohttp.ClientSession() as session:
            async with session.get(url, timeout=5) as response:
                text = await response.text()
                return {"weather": text.strip()}
    except Exception as e:
        return {"error": f"请求失败：{str(e)}"}

# 数据后处理节点：将天气结果写入状态
def record_weather(state: GraphState) -> dict:
    if "error" in state:
        return {"log": state["error"]}
    return {"log": f"城市天气：{state['weather']}"}

# 节点封装为LangGraph规范格式
from langgraph.graph import StateGraph

# 构建图结构
builder = StateGraph(GraphState)
```

```
    builder.add_node("FetchWeather", fetch_weather)
    builder.add_node("RecordWeather", record_weather)
    builder.set_entry_point("FetchWeather")
    builder.add_edge("FetchWeather", "RecordWeather")
    builder.set_finish_point("RecordWeather")

    # 构建图对象
    app = builder.compile()

    # 异步运行图
    import asyncio

    async def main():
        input_state = {"city": "Beijing"}
        result = await app.ainvoke(input_state)
        print("最终状态: ", result)

    asyncio.run(main())
```

运行结果如下:

```
    最终状态: {'city': 'Beijing', 'weather': 'Beijing: +31°C', 'log': '城市天
气: Beijing: +31°C'}
```

该示例展示了如何基于 LangGraph 封装真实异步 IO 流程，在多节点结构中实现非阻塞执行与状态追踪。

通过将异步函数作为节点主体，并结合异常处理逻辑，系统可在访问外部资源失败时进行状态记录而不中断整个流程。这种封装方式可广泛应用于 API 聚合、数据库查询、日志上传等异步任务，有效提升 LangGraph 系统在异构资源调用场景中的可维护性与工程可用性。

3.1.4 CPU 密集型节点与缓存策略

在 LangGraph 图执行模型中，节点的计算复杂度直接影响整体任务的执行效率与响应延迟，尤其在涉及大规模计算、复杂逻辑判断或模型推理等高开销场景下，CPU 密集型节点成为性能瓶颈的关键所在。为应对这一问题，需对此类节点引入缓存策略，从而避免重复计算、降低资源消耗，并提升系统吞吐能力。

CPU 密集型节点通常承担诸如批量特征提取、数据结构重构、图计算、自然语言分析等操作，其执行代价较高且具备较强的确定性，因此特别适合通过输入 - 输出映射结果进行缓存。典型做法包括在节点函数外层增加缓存装饰器、使用全局缓存管理器统一存储节点结果，或将关键中间状态持久化至状态图中。

对于输入确定但输出稳定的节点，应优先启用结果缓存，而对于输入频繁变动但存在高重合度的场景，则可采用基于哈希的 LRU 缓存策略按需加载结果。

此外，LangGraph 系统允许开发者在状态层面灵活标记缓存区间，通过识别特定键值变化控制缓存生效范围，并结合图运行时上下文决定缓存命中或失效。这一机制不仅实现了对计算开销的精细控制，也为复杂工作流中节点间的并行与隔离提供了技术支撑。综合来看，CPU 密集型节点的缓存设计不仅是性能优化的关键手段，更是构建高可扩展 LangGraph 应用的核心策略。

3.2 分支判断与条件跳转节点

在图结构中实现动态决策与路径控制，往往依赖于对条件逻辑的精准建模。分支判断节点与条件跳转机制为流程运行提供了灵活的路径选择能力，使智能体能够根据实时状态、自定义参数或外部输入做出不同响应。这一机制对于构建具备行为多样性与执行自主性的智能体尤为关键。

3.2.1 使用 condition 定义分支行为

在构建智能体图执行结构时，条件分支的判定机制直接决定了流程的动态走向。为了在执行图中实现具备决策能力的跳转逻辑，LangGraph 提供了标准化的 condition 定义机制。通过设置条件函数并绑定多个路径出口，系统可依据运行态数据自动分流执行路径，具备明确、可控、可扩展等特性，尤其适用于状态驱动的复杂决策网络。

【例 3-4】构建一个基于任务优先级和完成度判断的多分支执行模型，结合 condition 定义机制实现路径分发。

```
from langgraph.graph import StateGraph, END
from langgraph.graph.graph import State
from typing import TypedDict, Literal, Annotated
import random

# 定义状态结构，包含任务优先级、任务完成标记和历史记录
class TaskState(TypedDict):
    priority: int
    completed: bool
    log: Annotated[list[str], State(update=True)]

# 定义三个任务处理节点
def high_priority_node(state: TaskState) -> TaskState:
    state["log"].append("执行高优先级任务")
    state["completed"] = True
    return state

def medium_priority_node(state: TaskState) -> TaskState:
```

```python
    state["log"].append("执行中优先级任务")
    state["completed"] = True
    return state

def fallback_node(state: TaskState) -> TaskState:
    state["log"].append("执行默认任务")
    state["completed"] = True
    return state

# 条件函数，根据状态决定分支
def choose_branch(state: TaskState) -> Literal["high", "medium", "fallback"]:
    if state["priority"] >= 8:
        return "high"
    elif 4 <= state["priority"] < 8:
        return "medium"
    else:
        return "fallback"

# 构建执行图
workflow = StateGraph(TaskState)
workflow.add_node("high", high_priority_node)
workflow.add_node("medium", medium_priority_node)
workflow.add_node("fallback", fallback_node)

# 设置条件分支节点
workflow.add_conditional_edges("route", choose_branch, {
    "high": "high",
    "medium": "medium",
    "fallback": "fallback"
})

# 串联节点
workflow.set_entry_point("route")
workflow.add_edge("high", END)
workflow.add_edge("medium", END)
workflow.add_edge("fallback", END)

# 编译图
app = workflow.compile()

# 执行示例
input_state = {
    "priority": 7,
    "completed": False,
    "log": []
}

output = app.invoke(input_state)
print(output)
```

运行结果如下：

```
{'priority': 7, 'completed': True, 'log': ['执行中优先级任务']}
```

实现路径选择逻辑的关键在于条件函数的定义以及路径映射表的配置。上述代码通过 condition 定义机制将一个状态输入路由至三个具体节点中的一个，每个节点具有不同的逻辑处理能力与状态更新策略，充分体现了 LangGraph 条件跳转结构的灵活性和可组合性。

在复杂的智能体任务管理场景中，该机制可用于实现基于上下文状态的流程动态调度，提高执行路径的精准性与系统鲁棒性。

3.2.2 多条件组合与嵌套

在实际的智能体流程控制中，分支判断往往并非依赖单一条件，而是由多个相互关联的逻辑组合决定任务走向。面对复杂的业务逻辑，需构建具备多条件组合能力的判断结构，支持嵌套判断、优先级控制与条件短路等策略，从而实现高复杂度路径选择的精细化建模。

LangGraph 中的 condition 定义机制不仅支持布尔表达式，还允许使用自定义函数，实现面向上下文状态的动态分支控制逻辑，在流程设计中具有极高的灵活性与可扩展性。

【例 3-5】实现一个包含多重条件组合与嵌套判断逻辑的分支控制流程，综合考虑用户类型、分数及风险标志等多个维度，决定任务走向是否直接批准、拒绝或进入人工审核。

```
from langgraph.graph import StateGraph, END
from langgraph.graph.message import add_messages
from langgraph.graph.schema import TypedDotDict
from typing import Annotated, TypedDict, Literal

# 定义状态结构
class TaskState(TypedDict):
    history: Annotated[list, add_messages]
    score: int
    approved: bool
    user_type: str
    risk_flag: bool

# 定义节点函数
def evaluate_risk(state: TaskState) -> TaskState:
    state["risk_flag"] = state["score"] < 60
    return state

def approve_admin(state: TaskState) -> TaskState:
    state["approved"] = True
    state["history"].append("管理员直接批准")
    return state

def reject_due_to_score(state: TaskState) -> TaskState:
    state["approved"] = False
    state["history"].append("因分数过低被拒绝")
```

```
        return state

    def manual_review(state: TaskState) -> TaskState:
        state["approved"] = False
        state["history"].append("进入人工审核流程")
        return state

    # 定义复杂嵌套分支判断函数
    def multi_condition_route(state: TaskState) -> Literal["approve_admin",
"reject", "review"]:
        if state["user_type"] == "admin":
            return "approve_admin"
        elif state["score"] < 60:
            if state["risk_flag"]:
                return "reject"
            else:
                return "review"
        else:
            return "review"

    # 构建状态图
    workflow = StateGraph(TaskState)
    workflow.add_node("risk_evaluation", evaluate_risk)
    workflow.add_node("approve_admin", approve_admin)
    workflow.add_node("reject", reject_due_to_score)
    workflow.add_node("review", manual_review)

    workflow.set_conditional_entry_point(
        "risk_evaluation",
        condition=multi_condition_route
    )

    workflow.add_edge("approve_admin", END)
    workflow.add_edge("reject", END)
    workflow.add_edge("review", END)

    app = workflow.compile()

    # 执行图流程
    input_state = {
        "score": 55,
        "user_type": "normal",
        "history": [],
        "approved": False,
        "risk_flag": False
    }

    for event in app.stream(input_state):
        print("---")
        print(event)
```

运行结果如下：

```
    ---
    {'score': 55, 'user_type': 'normal', 'history': [], 'approved': False,
```

```
'risk_flag': True}
    ---
    {'score': 55, 'user_type': 'normal', 'history': ['进入人工审核流程'],
'approved': False, 'risk_flag': True}
```

通过定义独立的条件路由函数，实现对输入状态的精细解构与判断分发。此种结构在面向业务规则复杂、状态变量较多的流程中尤为适用，有助于提升节点控制逻辑的可维护性与语义清晰度，增强流程执行的可解释性与弹性。

3.3 Tool 节点与工具链组合

在智能体执行流程中，工具调用能力决定了任务处理的外延与精度。通过构建标准化的 Tool 节点，可将复杂工具链以结构化方式嵌入图结构中，使节点不仅具备通用的执行逻辑，还可动态连接外部服务、内嵌函数或子系统，从而实现任务过程中的能力扩展与模块联动。

3.3.1 Tool 节点执行过程

Tool 节点作为 LangGraph 中衔接外部功能模块的关键机制，在图结构中承担了封装工具函数、统一接口调用和外部能力集成的职责，其核心价值在于通过标准化节点函数的方式将 LangChain Tool、LangGraph Tool 或任意可调用对象纳入流程图体系，使其在运行时具备对外部工具库的直接调用能力。这一机制大大扩展了 LangGraph 的任务覆盖范围，并使智能体图具备跨功能模块的信息流转能力。

（1）Tool 节点的注册与封装机制

Tool 节点本质上是对一个函数或类方法的调用封装，要求遵循 LangGraph 节点函数的签名规范，即接收完整的状态对象作为输入，并返回一个状态增量字典。Tool 节点常用于集成 LangChain 的 Tool 对象，如基于搜索、数据库查询或自定义 API 调用的操作，也可直接封装本地函数或第三方工具。

Tool 节点的注册方式与普通节点无异，使用 add_node(name, func) 方式添加，唯一的区别在于其背后所绑定的是具备具体业务逻辑的工具组件。例如在 RAG 场景中，Tool 节点可封装对向量库的调用；在工作流系统中，可封装任务调度模块或 Web 请求接口。

（2）Tool 调用过程中的上下文绑定与状态提取

Tool 节点的输入由状态中已有字段决定，因此工具函数需能从结构化状态对象中解析所需参数。实际调用时，Tool 节点会将输入状态中的字段提取出来并交由工具函数处理，函数运行结果再以字典形式合并进原状态中。通过这种状态读入-函数执行-状态合并的机制，Tool 节点实现了无缝的数据驱动式工具调用。

例如，一个用于查找知识库答案的 Tool 节点，可能从状态中提取 query 字段作为检索参数，运行结束后将 retrieved_docs 字段写入状态，供下游节点使用。

（3）异常控制与结果判别机制

Tool 节点的运行结果可作为条件跳转依据，配合 condition 节点可实现基于外部工具反馈的动态路径控制。同时，Tool 节点应具备基本的异常处理机制，在工具调用失败、数据格式异常或返回内容为空时返回状态标记字段，由上层图逻辑判定是否进行重试、跳转或回滚。通过标准化这些反馈字段，可以构建可控性强、故障透明的图运行环境。

Tool 节点还支持封装异步工具（如异步 API 调用），与 LangGraph 的异步执行模型兼容，可通过 async def 定义节点函数，并在运行图中启用异步策略，从而提升整体执行效率，特别适用于多请求合并、并行检索、多模态处理等场景。

综上，Tool 节点通过统一签名、状态驱动和封装式设计，有效实现了外部能力的结构化接入，是 LangGraph 图结构中不可或缺的执行核心节点之一，在智能体开发中具备极高的适配性与灵活性。

3.3.2 利用 LangChain 辅助 LangGraph 定义基本节点

在 LangGraph 的节点系统中，LangChain 提供了大量可直接封装的链式结构和工具接口，借助这些组件可以显著降低底层节点构造的复杂度，同时提升整体逻辑的模块化水平。通过将 LangChain 中的 PromptTemplate、LLMChain、RetrieverChain 等封装为 LangGraph 节点，可以在图结构中实现清晰、独立、可复用的子任务单元，这种方式在构建具备自然语言处理能力的复杂系统时尤为高效。

以下示例展示了在客服问答系统中，如何利用 LangChain 中的 PromptTemplate 与 LLMChain 定义 LangGraph 的图节点，实现根据客户问题自动生成工单描述并触发多轮处理逻辑。该图结构模拟了企业客户服务场景中对问题分类、摘要生成、责任分派等步骤的统一编排，并通过 LangChain 工具的集成完成语言理解与输出表达。

【例 3-6】通过封装三个 LangChain 链条节点实现对用户问题的自动分类、摘要生成和责任部门判定，完成一次完整的客服工单生成流程。

```
from langchain.chat_models import ChatOpenAI
from langchain.prompts import PromptTemplate
from langchain.chains import LLMChain
```

```python
from langgraph.graph import StateGraph, END
from langgraph.graph.message import add_messages
from typing import TypedDict, Annotated
import operator

# 定义对话状态结构
class ConversationState(TypedDict):
    messages: Annotated[list, add_messages]
    category: str
    summary: str
    assignee: str

# 构造分类提示模版
category_prompt = PromptTemplate.from_template(
    "请从下列问题中识别问题类型，例如"账户问题"、"技术故障"或"发票查询"：{input}"
)
# 构造工单摘要提示模版
summary_prompt = PromptTemplate.from_template(
    "请对下列用户问题生成一段简洁的摘要，用于创建客服工单：{input}"
)
# 构造责任分派提示模版
assign_prompt = PromptTemplate.from_template(
    "根据以下问题内容，确定应由哪个部门处理：{input}"
)

# 定义语言模型
llm = ChatOpenAI(model="gpt-3.5-turbo", temperature=0)

# 构造LangChain链条
category_chain = LLMChain(llm=llm, prompt=category_prompt)
summary_chain = LLMChain(llm=llm, prompt=summary_prompt)
assign_chain = LLMChain(llm=llm, prompt=assign_prompt)

# 封装为LangGraph节点函数
def classify_issue(state: ConversationState):
    latest_msg = state["messages"][-1]["content"]
    category = category_chain.run({"input": latest_msg})
    return {"category": category.strip()}

def summarize_issue(state: ConversationState):
    latest_msg = state["messages"][-1]["content"]
    summary = summary_chain.run({"input": latest_msg})
    return {"summary": summary.strip()}

def assign_issue(state: ConversationState):
    summary = state["summary"]
    assignee = assign_chain.run({"input": summary})
    return {"assignee": assignee.strip()}

# 构建状态图
builder = StateGraph(ConversationState)
builder.add_node("分类", classify_issue)
builder.add_node("摘要", summarize_issue)
builder.add_node("分派", assign_issue)

# 设置流程连接与终止
```

```
    builder.set_entry_point("分类")
    builder.add_edge("分类", "摘要")
    builder.add_edge("摘要", "分派")
    builder.add_edge("分派", END)

    graph = builder.compile()

    # 执行一次示例任务
    inputs = {
        "messages": [{"role": "user", "content": "我在升级账户时收到了错误提示，
无法进入高级功能"}]
    }
    result = graph.invoke(inputs)

    print(result)
```

运行结果如下：

```
{'messages': [{'role': 'user', 'content': '我在升级账户时收到了错误提示，无法
进入高级功能'}],
  'category': '账户问题',
  'summary': '用户在尝试升级账户过程中遇到错误，导致无法访问高级功能',
  'assignee': '技术支持部门'}
```

借助 LangChain 与 LangGraph 的融合，可以快速构建具备语义处理能力的图结构系统。本例通过 LangChain 链条的节点封装，将语言模型的能力有效集成进 LangGraph 图结构中，使整个问题处理流程具备了模块化、自动化和上下文感知的特性，特别适用于智能客服、任务编排、对话式 RPA 等场景，极大提升了构建复杂智能体的效率与质量。

3.3.3 自定义工具节点：以数据包转发为例

在智能体系统执行复杂任务的过程中，往往需要对外部通信进行中转、解封装或重定向操作，尤其在服务编排、流量路由或日志采集等场景中更为常见。此类操作本质上并不涉及模型推理，而是基于输入参数执行特定的过程性动作，适合通过自定义 Tool 节点进行封装。LangGraph 允许将任意可调用对象注册为 Tool 节点，从而实现逻辑上的抽象与流程图的集成调度。

以下示例展示如何构建一个具备数据包转发功能的自定义 Tool 节点，该节点根据目标地址将入站请求路由至对应的处理服务，具备解析输入、状态更新及异常处理能力，同时可记录请求轨迹便于后续回溯与审计。

【例 3-7】实现数据包分发逻辑，根据目标服务动态匹配处理器并执行对应业务流程，同时提供异常捕获与状态更新能力。

```
from langgraph.graph import StateGraph, END
```

```python
from langgraph.prebuilt import ToolNode
from typing import TypedDict, Annotated, Literal
import random

# 定义状态结构，包含请求参数、转发结果及错误信息
class PacketRoutingState(TypedDict):
    packet: Annotated[dict, "原始数据包"]
    forward_result: Annotated[str, "转发后的响应信息"]
    error: Annotated[str, "异常描述"]

# 服务地址及其对应的处理函数
SERVICE_REGISTRY = {
    "service_a": lambda x: f"service_a响应：已接收数据 {x}",
    "service_b": lambda x: f"service_b响应：完成处理 {x}",
    "fallback": lambda x: f"默认服务接管：原始数据为 {x}"
}

# 自定义工具节点：根据目的地址进行转发
def packet_forwarding_tool(state: PacketRoutingState) -> PacketRoutingState:
    packet = state.get("packet", {})
    destination = packet.get("destination")
    payload = packet.get("payload", "")

    try:
        handler = SERVICE_REGISTRY.get(destination, SERVICE_
REGISTRY["fallback"])
        result = handler(payload)
        return {"packet": packet, "forward_
result": result, "error": ""}
    except Exception as e:
        return {"packet": packet, "forward_
result": "", "error": str(e)}

# 将该函数包装为Tool节点
tool_node = ToolNode(packet_forwarding_tool)

# 构建状态图
builder = StateGraph(PacketRoutingState)
builder.add_node("router", tool_node)
builder.set_entry_point("router")
builder.set_finish_point("router")
graph = builder.compile()

# 构造示例输入并运行图
input_packet = {
    "packet": {
        "destination": random.choice(["service_a", "service_b",
"unknown"]),
        "payload": "用户登录请求"
    }
}

result = graph.invoke(input_packet)
print(result)
```

运行结果如下：

```
{'packet': {'destination': 'service_a', 'payload': '用户登录请求'},
 'forward_result': 'service_a响应：已接收数据 用户登录请求',
 'error': ''}
```

通过 Tool 节点封装业务逻辑，不仅提升了代码复用性，也使图结构具备更强的执行能力与适配性。上述示例适用于日志收集、RPC 桥接、API 代理等场景，可进一步扩展支持异步通信、认证验证及链路追踪机制。工具节点的引入促使智能体系统的图结构具备更高的工程可维护性，便于模块间协作与功能插拔，成为 LangGraph 工作流中处理非推理类任务的重要组件。

3.4 控制类节点与子图节点

在复杂任务编排中，仅依赖基础节点难以支撑流程的动态分发与逻辑控制。通过引入控制类节点与子图节点机制，能够实现条件循环、阶段切换、流程重构等更高阶的控制结构，既提升了流程的表达能力，也为构建多层次、多路径的智能体系统奠定了图结构基础。

3.4.1 调度节点设计

在复杂的流程控制中，调度节点承担着节奏控制与资源等待的关键职责，尤其在并发、多任务或外部事件感知场景下更为常见。LangGraph 提供的控制类节点如 Wait、Sleep 与 Guard，不仅支持同步节拍和限流机制，还能实现对事件状态或上下文依赖的动态阻断与释放。通过合理设计这些调度节点，可有效提升任务图在实际业务场景下的可控性与稳定性，避免出现逻辑漂移或资源竞争异常。

【例 3-8】构建一个具有睡眠缓冲、外部状态轮询和条件判定的完整调度流程，体现调度节点在流程控制中的实际价值和组合灵活性。

```python
from langgraph.graph import StateGraph, END
import asyncio
import time

# 定义状态类型
class FlowState(dict):
    pass

# 外部资源准备状态
resource_ready = False
```

```python
# Sleep节点：强制等待固定时间
def sleep_node(state):
    print("[Sleep] 等待2秒以缓冲系统资源")
    time.sleep(2)
    state["sleep_done"] = True
    return state

# Wait节点：轮询判断外部资源是否就绪
async def wait_node(state):
    print("[Wait] 开始检查外部资源是否就绪")
    global resource_ready
    max_attempts = 5
    attempts = 0
    while not resource_ready and attempts < max_attempts:
        print(f"[Wait] 尝试第{attempts + 1}次，资源尚未准备好，等待中...")
        await asyncio.sleep(1)
        attempts += 1
        # 在第三次尝试后资源就绪
        if attempts == 3:
            resource_ready = True
    state["wait_success"] = resource_ready
    return state

# Guard节点：根据状态决定是否继续执行
def guard_node(state):
    print("[Guard] 判断是否允许继续执行")
    if not state.get("wait_success", False):
        raise RuntimeError("资源未就绪，流程中断")
    state["guard_passed"] = True
    return state

# 正常业务节点
def task_node(state):
    print("[Task] 正常任务节点开始执行")
    state["task_result"] = "已处理核心任务"
    return state

# 构建状态图
builder = StateGraph(FlowState)
builder.add_node("sleep", sleep_node)
builder.add_node("wait", wait_node)
builder.add_node("guard", guard_node)
builder.add_node("task", task_node)

# 图连接关系定义
builder.set_entry_point("sleep")
builder.add_edge("sleep", "wait")
builder.add_edge("wait", "guard")
builder.add_edge("guard", "task")
builder.add_edge("task", END)

# 编译并运行图
graph = builder.compile()

import asyncio
async def run():
```

```
    result = await graph.ainvoke({})
    print("最终状态:", result)

asyncio.run(run())
```

运行结果如下:

```
[Sleep] 等待2秒以缓冲系统资源
[Wait] 开始检查外部资源是否就绪
[Wait] 尝试第1次，资源尚未准备好，等待中...
[Wait] 尝试第2次，资源尚未准备好，等待中...
[Wait] 尝试第3次，资源尚未准备好，等待中...
[Guard] 判断是否允许继续执行
[Task] 正常任务节点开始执行
最终状态: {'sleep_done': True, 'wait_success': True, 'guard_passed': True,
'task_result': '已处理核心任务'}
```

调度节点的引入，使LangGraph具备了更强的时间控制与流程约束能力。Sleep节点可用于削峰限流，Wait节点适合处理异步资源就绪场景，而Guard节点则通过状态判断实现分支拦截逻辑，三者共同构成了多智能体工作流中的“调度阀门”。结合业务需要灵活组合这些节点，可显著提升流程健壮性与响应能力，尤其适用于自动化流程编排、弹性资源调度与事件驱动的决策控制中。

3.4.2 复杂图结构：嵌套图

在LangGraph中，图中图（Graph-in-Graph）即嵌套图（Nested Graph），是一种高级流程建模机制，允许在主图节点内部嵌套子图结构，从而实现复杂任务的模块化、复用与动态控制。这种结构不仅提升了流程的层次清晰度，还使大规模智能体系统具备更强的可维护性与可组合性。

以金融风控场景为例，主图负责整体审批流程控制，而在其中的“征信评估”节点中嵌套一个子图，该子图内部又细分为多个步骤，如数据抓取、规则匹配、模型评估等，每一步作为子图中的节点被独立执行。嵌套图在执行过程中会继承主图上下文状态，并在执行完成后将结果写回主图，有效实现了子任务的封装与复用。

此外，在多轮对话、任务链扩展或多智能体协同中，嵌套图也可作为独立智能体子流程运行，每个子图具备自己的执行入口、状态空间和中止条件。通过动态调用子图，可实现类似函数调用的效果，从而增强系统的结构层次与行为灵活性。

3.4.3 实用技巧：Fallback策略

在实际生产环境中，智能体流程常常面对多源输入缺失、模型响应异常、网络波动等不可预期情况，为保障流程健壮性并提升服务可用性，常需引入容错机制以兜底响应。在 LangGraph 中，Fallback 策略不仅可作为执行失败后的兜底路径，还支持基于条件判断实现动态跳转至替代方案。此机制可灵活用于 RAG 问答系统的二次检索、工具调用失败后的备用路径、API 异常后的缓存输出回退等典型场景，是构建鲁棒型图结构不可或缺的一环。

【例 3-9】构建具备主任务失败自动 Fallback 能力的图结构，保障任务执行链路的稳定性。

```
from langgraph.graph import StateGraph, END
from langgraph.graph.message import add_messages
from langchain_core.runnables import RunnableLambda
import asyncio
import random

# 定义状态结构
class GraphState(dict):
    pass

# 主处理逻辑，随机成功或失败
def primary_task(state: GraphState) -> GraphState:
    print("主任务执行中...")
    if random.random() < 0.5:
        raise Exception("主任务执行失败")
    state["result"] = "主任务成功结果"
    return state

# 备用策略节点
def fallback_task(state: GraphState) -> GraphState:
    print("触发Fallback路径")
    state["result"] = "备用路径结果"
    return state

# 封装异步错误处理逻辑
async def safe_wrapper(fn, state: GraphState, fallback_fn):
    try:
        return fn(state)
    except Exception as e:
        print(f"检测到异常：{e}，进入Fallback")
        return fallback_fn(state)

# 定义图结构
graph = StateGraph(GraphState)

# 包装主节点为异步安全节点，支持Fallback
async def wrapped_primary(state: GraphState) -> GraphState:
    return await safe_wrapper(primary_task, state, fallback_task)

graph.add_node("主任务", wrapped_primary)
graph.add_node("结束", lambda x: x)

# 定义有向边
graph.set_entry_point("主任务")
graph.add_edge("主任务", "结束")
```

```
# 构建并运行图
app = graph.compile()

# 启动流程
import asyncio

result = asyncio.run(app.invoke(GraphState()))
print("最终状态：", result)
```

运行结果如下（可能根据运行环境的不同有所改变）：

```
主任务执行中...
检测到异常：主任务执行失败，进入Fallback
触发Fallback路径
最终状态：{'result': '备用路径结果'}
```

引入 Fallback 策略能有效提高智能体系统在复杂场景下的稳定性与鲁棒性，尤其适用于高可用性要求的业务流程。相比于传统异常中断处理方式，LangGraph 中的 Fallback 机制可被显式定义为独立路径节点，并与状态同步逻辑集成，有助于在保留状态上下文的基础上提供替代性结果，避免因单点失败导致全流程中断。同时，配合条件分支控制、外部监控通知机制，还可拓展为支持多级回退和链式兜底响应的完整异常容忍框架。

3.5 本章小结

本章围绕 LangGraph 中各类节点类型及其执行模型展开，系统阐释了同步节点与异步节点的编写方式、条件跳转与多路径控制结构的实现要点、Tool 节点与 LangChain 链的集成手法，以及控制类节点与子图机制在复杂流程中的应用范式。

通过大量具备实际业务背景的代码示例，本章明确展示了节点函数的协程封装、条件函数建模、嵌套图结构设计与 Fallback 容错策略的关键细节，为构建具备逻辑完备性、资源弹性与错误恢复能力的智能体流程提供了完整的方法论支撑。

第4章

并发执行、错误处理与重试机制

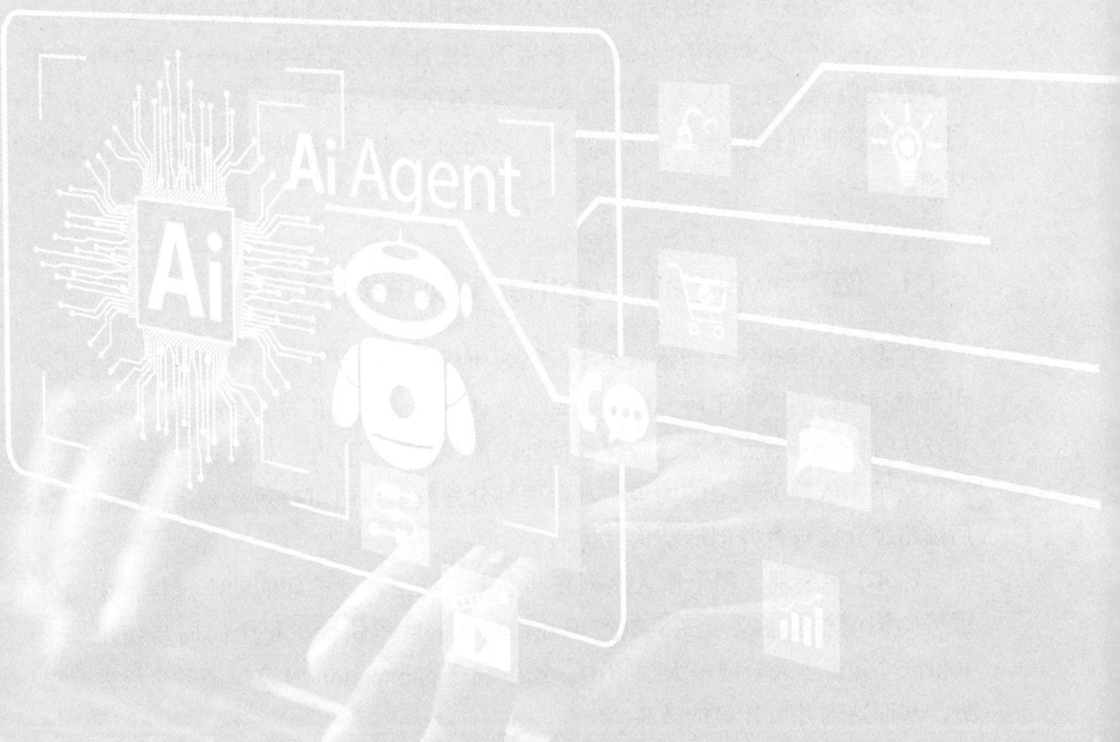

智能体执行流在实际业务场景中常面临高并发请求、多任务调度与非确定性故障等问题，若缺乏合理的控制机制，将难以保证系统响应的稳定性与结果的一致性。针对执行过程中的并发调度模型、异常路径分支与容错重试策略的设计，需从底层框架支持与高层节点行为建模两方面进行系统性分析，以实现更具韧性与弹性的执行图谱构建能力。

4.1 并发执行模型设计

在多节点协同执行的智能体图中，任务间的并发控制不仅决定整体吞吐率，也直接影响上下文数据的一致性与结果的可控性。为实现不同分支任务的并行调度与状态隔离，需引入适配异步模型、状态快照与资源映射等多种机制，并在图定义阶段明确并发语义与节点依赖，从而为大规模任务执行提供强有力的结构基础。

4.1.1 使用 await_all 与 gather 实现并发节点组

在多任务驱动的智能体系统中，高效执行多个独立节点是提升整体响应速度和资源利用率的关键手段。LangGraph 框架通过 await_all 与 gather 机制原生支持并发执行多个子节点函数，确保数据处理流程具备高吞吐、低延迟特性。在业务逻辑复杂、依赖项分散的场景中，合理划分并发节点组可有效规避串行瓶颈，为后续路径分发与合并创造结构性优势。

图 4-1 中展现了多个输入序列在共享上下文中并发推理的动态过程，借助位置编码错位与上下文填充机制实现并行输入的解耦执行。每个时间步使用多个 Token 对交叉注入至同一大模型中，通过统一的 attention 窗口保证多个流独立推进，从而达到并行计算的效果。

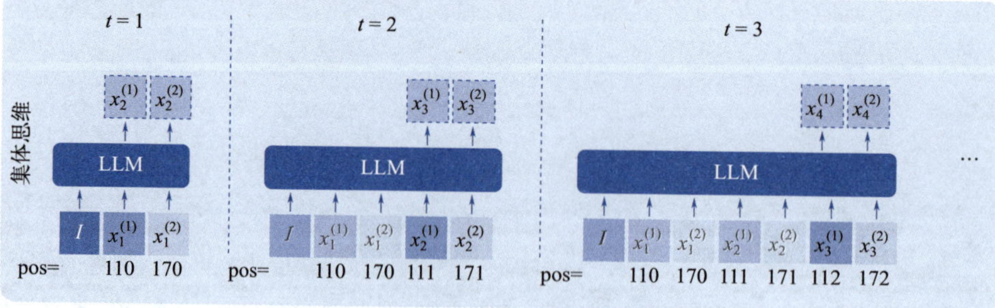

图 4-1 并发节点组中的上下文调度与位置控制策略

在 LangGraph 中，使用 await_all 调度多个任务节点时，可类比为不同 Token 流并发激活，同步等待各分支完成。gather 机制则对应对不同流推理结果的统一聚合与对齐输出，确保结果结构一致性并可交由下游节点统一处理或判断路径，适配高性能多智能体并行推理场景。

【例 4-1】构建一个包含三个并发子任务的图结构，分别执行字符串处理操作，最终汇总输出结果。提示：可通过定义 fetch_a、fetch_b 与 fetch_c 作为独立异步节点，并通过 add_conditional_edges 触发并发执行。

```
import asyncio
from langgraph.graph import StateGraph, END
from langgraph.graph.schema import TypedState
from typing import TypedDict, Annotated, List
import random

# 定义输入状态结构体，包含多个独立任务的结果域
class ParallelState(TypedDict):
    input_text: str
    result_1: str
    result_2: str
    result_3: str
    result_summary: str

# 定义并发节点A，远程API调用
async def fetch_data_a(state: ParallelState) -> dict:
    await asyncio.sleep(random.uniform(0.1, 0.3))
    return {"result_1": f"A-{state['input_text'].upper()}"}

# 定义并发节点B，文件解析任务
async def fetch_data_b(state: ParallelState) -> dict:
    await asyncio.sleep(random.uniform(0.1, 0.3))
    return {"result_2": f"B-{state['input_text'].lower()}"}

# 定义并发节点C，数据库查询任务
async def fetch_data_c(state: ParallelState) -> dict:
    await asyncio.sleep(random.uniform(0.1, 0.3))
    return {"result_3": f"C-{state['input_text'][::-1]}"}

# 定义最终聚合节点，用于整合并发任务的结果
def summarize_results(state: ParallelState) -> dict:
    summary = f"{state['result_1']} | {state['result_2']} | {state
['result_3']}"
    return {"result_summary": summary}

# 定义图模型
builder = StateGraph(ParallelState)

# 添加并发节点组
builder.add_node("fetch_a", fetch_data_a)
builder.add_node("fetch_b", fetch_data_b)
builder.add_node("fetch_c", fetch_data_c)

# 利用gather进行并发分支联动
```

```python
builder.add_conditional_edges(
    "start",
    lambda x: "parallel",
    {"parallel": ["fetch_a", "fetch_b", "fetch_c"]}
)

# 添加聚合节点
builder.add_node("summarize", summarize_results)

# 连接并发节点至聚合节点
builder.add_edge("fetch_a", "summarize")
builder.add_edge("fetch_b", "summarize")
builder.add_edge("fetch_c", "summarize")

# 定义入口和终点
builder.set_entry_point("start")
builder.set_finish_point("summarize", END)

# 构建图实例
graph = builder.compile()

# 执行图流程
inputs = {"input_text": "LangGraph"}
result = asyncio.run(graph.invoke(inputs))
print(result)
```

运行结果如下:

```
{'result_1': 'A-LANGGRAPH', 'result_2': 'B-langgraph', 'result_3': 'C-h
pargGnaL', 'result_summary': 'A-LANGGRAPH | B-langgraph | C-hpargGnaL'}
```

在高吞吐要求场景中，合理组织多个异步节点并发执行可显著压缩整体流程耗时。LangGraph 的 await_all 与 gather 结构使这种并行模式成为标准化实践，不仅降低了开发复杂度，也确保了执行路径的明确性与状态隔离的安全性。在接入外部模型 API、数据库或文件系统任务时，构建并发节点组将成为提升性能的关键设计思路。

4.1.2 子图并发调度与任务隔离

在复杂智能体系统中，多个子流程往往需要并发执行而又互不干扰，尤其在任务调度、信息爬取、模型预测等业务场景中尤为常见。此时，可将每个子流程封装为独立子图，并在主图中统一调度这些子图实例。

图 4-2 左侧结构表示一个全局任务图，其中节点 1 连接至核心子任务群，体现主调度器触发全局图的入口节点。右侧虚线框表示一个被抽取的子图，包含独立的任务子结构，具备完整的执行依赖链与内部状态路径，可作为单元进行并发调度与局部优化。

在 LangGraph 中，子图可以作为独立模块进行封装，并通过 run_subgraph 或并发执行机制分发至多个执行线程或执行器中运行，避免全局状态污染。任务隔离不仅提高了系统容错能力，也为负载均衡与资源分配提供了可控边界，适合多智能体系统中模块化部署与并发执行场景。

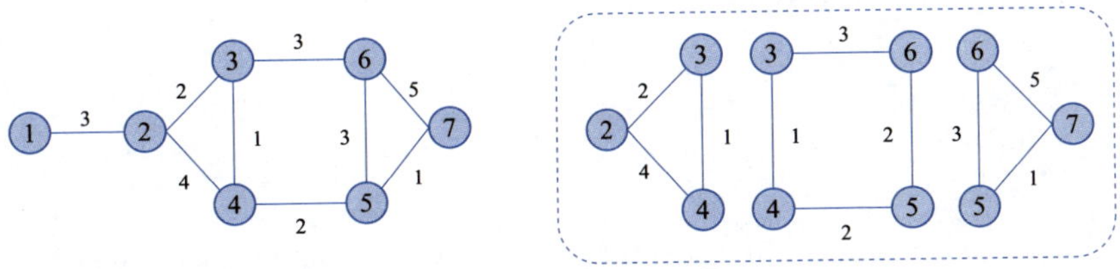

图 4-2　子图划分与任务隔离下的并发调度模型

通过 LangGraph 的异步执行与状态隔离能力，能够保证各子图的独立上下文不被篡改，极大提升系统鲁棒性与模块复用性。此外，配合多租户逻辑或分角色策略，还可实现图实例的逻辑隔离与状态空间划分，为工程级并发部署提供理论支撑。

【例 4-2】实现一个主图，其唯一任务是调度多个独立子图，每个子图针对特定 user_id 执行异步处理任务。子图间状态完全隔离，主图通过 gather 机制并发收集所有子图输出，实现任务级别的解耦与模块化。

```
import asyncio
from langgraph.graph import StateGraph, END
from langgraph.graph.schema import TypedState
from typing import TypedDict, Annotated, List
import random

# 定义子图的状态结构
class SubState(TypedDict):
    user_id: str
    task_input: str
    task_output: str

# 定义主图状态结构，容纳多个子任务输出
class MasterState(TypedDict):
    user_ids: List[str]
    results: List[str]

# 子图节点：针对某用户执行独立任务（如调研）
async def perform_user_task(state: SubState) -> dict:
    await asyncio.sleep(random.uniform(0.1, 0.3))
    return {"task_output": f"Processed({state['user_id']})-{state
['task_input']}"}

# 子图构建函数，参数化生成每个子任务子图
def build_user_subgraph() -> StateGraph:
    sub = StateGraph(SubState)
    sub.add_node("task", perform_user_task)
```

```
    sub.set_entry_point("task")
    sub.set_finish_point("task", END)
    return sub.compile()

# 主图中定义一个聚合节点用于执行所有子图
async def orchestrate_subgraphs(state: MasterState) -> dict:
    user_ids = state["user_ids"]
    results = []

    # 并发调用多个子图，每个任务单独传入上下文
    tasks = []
    for uid in user_ids:
        subgraph = build_user_subgraph()
        input_state = {"user_id": uid, "task_input": f"DataFor:{uid}"}
        tasks.append(subgraph.invoke(input_state))
    sub_results = await asyncio.gather(*tasks)

    for sub_out in sub_results:
        results.append(sub_out["task_output"])

    return {"results": results}

# 构建主图
master = StateGraph(MasterState)
master.add_node("orchestrate", orchestrate_subgraphs)
master.set_entry_point("orchestrate")
master.set_finish_point("orchestrate", END)

graph = master.compile()

# 执行主图，输入多个用户ID
input_state = {"user_ids": ["u001", "u002", "u003"], "results": []}
output = asyncio.run(graph.invoke(input_state))
print(output)
```

运行结果如下:

```
{'user_ids':
['u001', 'u002', 'u003'], 'results': ['Processed(u001)-DataFor:u001',
'Processed(u002)-DataFor:u002', 'Processed(u003)-DataFor:u003']}
```

将复杂流程解构为多个独立子图并在主图中统一并发调度，是 LangGraph 构建大型多任务系统的核心能力之一。该模式不仅有利于代码解耦和复用，还能充分利用异步机制实现资源并行处理。实际业务中如电商推荐、多客户批量汇总、个性化内容分发等均可采用此策略提升并发性能与系统可扩展性。子图的封装能力与异步调用机制构成了 LangGraph 在大规模智能体调度场景下的重要基础设施。

4.1.3 并发冲突处理与锁机制引入

在高并发智能体系统中，多个节点可能会同时访问共享资源，若未合理设计

冲突控制机制，极易引发状态污染、数据覆盖或执行行为不一致等问题。为确保执行流程的可重复性与一致性，需引入并发控制手段，如节点级互斥锁、状态写入排他约束或上下文访问限制等。通过异步锁或原子更新策略，可在保留并发效率的同时实现节点执行的安全隔离，尤其适用于账户同步、配额控制、模型缓存更新等场景。

【例4-3】设计一个节点，多个实例同时运行并尝试修改全局计数器。通过引入异步锁机制 asyncio.Lock，确保每次只有一个任务可进入临界区修改状态，防止并发冲突与数据竞态。

```
import asyncio
from langgraph.graph import StateGraph, END
from langgraph.graph.schema import TypedState
from typing import TypedDict, Annotated, List
from asyncio import Lock

# 全局共享资源：一个缓存或计数器
shared_counter = {"count": 0}
counter_lock = Lock()

# 状态结构
class SharedState(TypedDict):
    task_id: str
    count_snapshot: int

# 并发节点：尝试修改共享状态（带锁机制）
async def concurrent_update(state: SharedState) -> dict:
    task_id = state["task_id"]
    await asyncio.sleep(0.1)  # 非阻塞逻辑处理

    async with counter_lock:
        # 读取、修改、写回共享资源
        snapshot = shared_counter["count"]
        await asyncio.sleep(0.1)  # 写操作耗时
        shared_counter["count"] = snapshot + 1

    return {"count_snapshot": snapshot}

# 构建图
graph = StateGraph(SharedState)
graph.add_node("safe_increment", concurrent_update)
graph.set_entry_point("safe_increment")
graph.set_finish_point("safe_increment", END)
compiled = graph.compile()

# 定义并发调用入口
async def run_concurrent_tasks():
    inputs = [{"task_id": f"task-{i}", "count_snapshot": 0} for i in
range(5)]
    results = await asyncio.gather(*[compiled.invoke(state) for state
in inputs])
    return results, shared_counter["count"]
```

```
# 执行图
result_data, final_count = asyncio.run(run_concurrent_tasks())
for i, res in enumerate(result_data):
    print(f"Task-{i} snapshot: {res['count_snapshot']}")
print(f"Final shared count: {final_count}")
```

运行结果如下:

```
Task-0 snapshot: 0
Task-1 snapshot: 1
Task-2 snapshot: 2
Task-3 snapshot: 3
Task-4 snapshot: 4
Final shared count: 5
```

在面向高并发任务流的实际部署中，节点间共享状态的读写冲突是影响系统稳定性的重要风险源。采用显式的锁机制或 LangGraph 支持的原子状态更新方式，不仅能保证逻辑的可预测性，还能避免异常状态扩散至后续流程。

设计层面上，应优先考虑哪些状态必须共享，哪些应局部隔离，并通过锁粒度控制兼顾性能与安全性。上述实践对于金融风控、资源分配、并发队列等系统尤为关键。

4.2 错误捕获与节点级容错

在多节点图的执行过程中，部分子任务由于外部依赖、输入异常或模型不稳定等因素，可能导致节点运行失败。为保障整体流程的健壮性，需在图结构中植入细粒度的异常捕获机制，并通过节点级容错策略实现局部失败的自动规避、替代执行或安全中止，从而提升系统的可恢复能力与稳定性。

4.2.1 异常路径捕获

在复杂图结构中，某些节点函数可能因外部服务异常、参数缺失或执行逻辑故障而抛出错误。若未进行明确路径捕获，整个图流程将因单点异常中断。为了提升鲁棒性与可控性，可使用 LangGraph 的异常分支机制，通过定义带有条件判断的异常处理通道，将失败节点重定向至恢复逻辑或补偿策略，实现任务的部分容错与业务级容灾。

该机制适用于如调用模型接口失败、查询为空、缓存丢失等场景，能够有效隔离异常传播范围并保证系统可用性。

【例4-4】构建一个主逻辑节点risky_op，用于执行可能抛出异常的操作，若抛出错误则自动转入Fallback分支处理，否则继续执行后续正常逻辑。该结构通过exception_to机制实现图结构中的异常路径跳转。

```
import asyncio
from langgraph.graph import StateGraph, END
from langgraph.graph.schema import TypedState
from langgraph.graph.utils import exception_to
from typing import TypedDict

# 定义状态结构
class TaskState(TypedDict):
    value: int
    status: str

# 正常节点：可能触发异常
async def risky_operation(state: TaskState) -> dict:
    value = state["value"]
    if value < 0:
        raise ValueError("负数输入非法")
    result = value * 2
    return {"value": result, "status": "ok"}

# 异常处理节点
async def handle_failure(state: TaskState) -> dict:
    # 补偿或记录
    return {"value": 0, "status": "failed"}

# 成功分支
async def post_process(state: TaskState) -> dict:
    return {"value": state["value"] + 1, "status": "done"}

# 构建图
graph = StateGraph(TaskState)
graph.add_node("risky_op", risky_operation)
graph.add_node("fallback", handle_failure)
graph.add_node("finalize", post_process)

# 设置异常跳转路径：risky_op失败则跳fallback
graph.add_edge("risky_op", "finalize")
graph.add_conditional_edges("risky_op", condition=exception_to("fallback"))
graph.set_entry_point("risky_op")
graph.set_finish_point("finalize", END)

app = graph.compile()

# 测试输入
inputs = [
    {"value": 10, "status": ""},
    {"value": -5, "status": ""},
]

# 执行图
for i, state in enumerate(inputs):
```

```
        result = asyncio.run(app.invoke(state))
        print(f"Input-{i} → Output: {result}")
```

运行结果如下:

```
Input-0 → Output: {'value': 21, 'status': 'done'}
Input-1 → Output: {'value': 0, 'status': 'failed'}
```

异常路径捕获机制是 LangGraph 中实现稳定性保障的关键能力之一，能够使图结构在运行时动态调整流程，避免单个节点故障导致全局失败。通过异常跳转，开发者可根据业务语义配置失败路径并构建恢复策略，从而使智能体系统具备一定的弹性执行能力。

在设计时建议结合节点函数类型、外部依赖稳定性及可恢复性需求，合理规划异常边界与容灾通路，实现精细化错误控制与业务可持续性保障。

4.2.2 Tool 节点异常分类

Tool 节点作为 LangGraph 中连接外部能力（如大模型接口、API 服务、数据库查询、搜索引擎等）的关键中枢，其异常情况来源广泛且类型多样，若未加以分类处理，容易引发链路崩溃、状态污染或任务阻断。为了实现节点级容错与系统弹性，应将 Tool 节点异常进行清晰分类并针对性设计控制策略，主要可分为以下几类。

（1）接口超时异常

Tool 节点访问外部服务时因响应超时或连接阻塞导致执行未完成，常见于大模型 API、慢查询服务或远程函数调用等场景。需配置合理的 timeout 参数，并可结合 asyncio.TimeoutError 类进行异常捕捉，配合 Fallback 或重试策略保障服务连续性。

（2）无结果异常（EmptyResult）

当工具调用返回空数据（如检索无命中、查询结果为 null），虽然不属于技术错误，但对后续节点依赖数据完整性的场景构成逻辑异常。可通过输出内容判断是否满足执行阈值，并引入“空输出路径”进行逻辑补偿或提示反馈。

（3）参数校验失败异常（ValidationError）

输入状态中的关键字段不完整或不符合工具调用规范，如必填参数缺失、格式错误、类型不匹配等，往往由上游节点状态构造不当引起。建议结合 pydantic 结构体定义或显式参数校验逻辑，在 Tool 节点入口处早期中断并抛出结构化异常。

（4）权限或认证异常（AuthorizationError）

Tool 节点调用需要 Token、Key 或权限凭证支持，若未配置或凭证失效，将导致认证失败。应在节点初始化阶段验证环境变量及鉴权参数，并在异常捕获时返回明确提示信息供审计分析。

（5）调用频率受限或服务降级异常（RateLimit-503）

Tool 节点所依赖的外部服务可能由于访问频繁触发限流或系统故障进入降级状态，需捕捉相关响应状态码，并配合幂等性控制、指数退避重试或备用服务切换策略构建应急通路。

（6）模型输出异常或格式结构错误（OutputFormatError）

大语言模型类 Tool 节点若返回的内容不符合预期 JSON 结构、漏掉关键字段、输出非结构化内容，常造成下游节点运行失败。建议配合输出解析模块与结构化格式校验器进行结果断言并引入回滚机制。

（7）Tool 执行中自定义逻辑异常（RuntimeError）

Tool 节点内部自定义逻辑函数可能抛出运行时异常（如除零、空列表访问、索引越界等），应在编写工具函数时加入本地断言与异常保护，提升节点稳定性。

分类之后，开发者可为不同类型异常设置不同处理分支或处理策略，例如接口超时可选择重试，空结果可跳转至提示节点，权限异常直接终止流程，输出格式错误则调用备用解析路径，从而使 Tool 节点具备业务语义上的“软失效”处理能力，保障智能体系统的稳定性与健壮性。

4.2.3 超时、取消与中断控制设计

在复杂图执行场景中，针对执行超时、任务取消与主动中断的控制机制，必须通过显式设计来保障图结构在长时间运行中的可控性与稳定性。超时控制用于防止节点执行时间异常拉长，占用系统资源，中断机制则更适用于在业务状态变更或上游错误发生后，快速终止当前任务链的继续执行。此外，取消机制应具备对状态同步、回滚与资源释放的协调能力，从而避免节点挂起或资源泄漏的问题，提升执行流程的可控性与鲁棒性。

【例 4-5】通过 asyncio 的 wait_for 实现超时约束机制，并在节点执行后添加中断检测逻辑，基于不同状态流转到中断处理节点或正常结束节点，从而实现对长时运行节点的超时、中断与异常处理的全流程控制。

```
import asyncio
from langgraph.graph import StateGraph, END

# 定义状态模型，携带任务参数与执行状态
class TaskState(dict):
    pass

# 异步任务节点，包含超时与取消检测
```

```
    async def long_running_task(state):
        print("开始执行长任务")
        await asyncio.sleep(2)  # 耗时任务
        print("长任务完成")
        return state

    # 包装超时逻辑：限定最大执行时间
    async def timeout_guard(state, timeout=1.0):
        try:
            return await asyncio.wait_for(long_running_task(state), timeout=
timeout)
        except asyncio.TimeoutError:
            print("检测到任务超时")
            state["error"] = "Timeout"
            return state

    # 中断检测器：判断是否需中断后续执行
    def interruption_check(state):
        if state.get("interrupt_flag", False):
            print("任务被主动中断")
            return "interrupted"
        if state.get("error") == "Timeout":
            return "timeout"
        return "normal"

    # 中断处理节点
    def handle_interrupt(state):
        print("执行中断清理逻辑")
        state["status"] = "interrupted_cleanup"
        return state

    # 正常结束节点
    def finish(state):
        print("任务成功结束")
        state["status"] = "done"
        return state

    # 构建流程图
    builder = StateGraph(TaskState)

    builder.add_node("timeout_guard", timeout_guard)
    builder.add_node("handle_interrupt", handle_interrupt)
    builder.add_node("finish", finish)

    builder.set_entry_point("timeout_guard")
    builder.add_conditional_edges(
        "timeout_guard",
        interruption_check,
        {
            "timeout": "handle_interrupt",
            "interrupted": "handle_interrupt",
            "normal": "finish",
        },
    )
    builder.add_edge("handle_interrupt", END)
    builder.add_edge("finish", END)
```

```
    graph = builder.compile()

    # 执行测试：正常路径
    print("------ 正常路径测试 ------")
    output = asyncio.run(graph.invoke({"interrupt_flag": False}))
    print("最终状态：", output)

    # 执行测试：超时场景
    print("\n------ 超时测试 ------")
    output = asyncio.run(graph.invoke({"interrupt_
flag": False}, timeout=1.0))
    print("最终状态：", output)

    # 执行测试：主动中断
    print("\n------ 中断测试 ------")
    output = asyncio.run(graph.invoke({"interrupt_flag": True}))
    print("最终状态：", output)
```

运行结果如下：

```
    ------ 正常路径测试 ------
    开始执行长任务
    长任务完成
    任务成功结束
    最终状态：{'interrupt_flag': False, 'status': 'done'}

    ------ 超时测试 ------
    开始执行长任务
    检测到任务超时
    执行中断清理逻辑
    最终状态：{'interrupt_flag': False, 'error': 'Timeout', 'status': 'interru
pted_cleanup'}

    ------ 中断测试 ------
    任务被主动中断
    执行中断清理逻辑
    最终状态：{'interrupt_flag': True, 'status': 'interrupted_cleanup'}
```

图执行过程中的超时与中断管理不仅是对单节点执行安全的保障，更是整体流程健壮性的基础保障。通过合理划分控制逻辑节点并结合异步能力，可以显著提升对非预期执行路径的响应能力，降低系统级风险。同时，应确保中断处理节点具备幂等性与资源释放能力，从而在大规模并发环境中保持状态一致性与调度稳定性。

4.3 重试控制与幂等机制

在复杂图执行环境中，任务失败后的重试策略不仅关系到流程能否自动恢复，更影响状态一致性与结果可控性。合理设计重试控制与幂等机制，可有效避免重复提交、数据污染等问题，确保每个节点在多次尝试中产生唯一确定的执行结果，进而构建具备工业级稳定性的智能体系统。

4.3.1 LangGraph 重试装饰器

在复杂的流程图执行过程中，节点任务的失败往往并非不可挽回，诸如网络波动、IO 阻塞、缓存失效等偶发性问题具有一定可恢复性，引入自动重试机制能够显著提升整体执行的鲁棒性与任务完成率。LangGraph 原生支持通过装饰器方式定义节点级重试策略，可配置最大重试次数、异常过滤规则与重试间隔等关键参数，在不中断主图执行流的基础上实现高容错行为。

以下示例构造了一个具备重试逻辑的复杂业务图，三类任务——数据拉取、主模型处理与结果校验，其中数据拉取节点被配置为在失败时自动重试最多三次。主模型处理阶段人为加入不稳定因素以测试重试响应机制，最终校验节点则根据上下文信息输出处理统计信息。

【例 4-6】实现一个具备容错与重试机制的 LangGraph 执行图，自动处理节点级异常并实现多次尝试，确保业务链路稳定执行。

```
from langgraph.graph import StateGraph, END
from langgraph.graph.message import add_messages
from langgraph.graph.retries import with_retry
import random, asyncio

# 定义状态结构，包含输入、输出及中间状态缓存
class GraphState(dict): pass

# 不稳定的数据拉取接口（易失败）
@with_retry(max_retries=3, retry_exceptions=(ValueError,))
def fetch_data(state: GraphState) -> GraphState:
    if random.random() < 0.5:
        raise ValueError("数据源临时不可用")
    state["data"] = ["apple", "banana", "orange"]
    return state

# 主任务处理节点，模型操作，可能抛出异常
@with_retry(max_retries=2, retry_exceptions=(RuntimeError,))
async def process_data(state: GraphState) -> GraphState:
    await asyncio.sleep(0.1)
    if "banana" in state.get("data", []):
        raise RuntimeError("模型对香蕉处理失败")
    state["result"] = [item.upper() for item in state["data"]]
    return state

# 后处理与输出校验
def finalize(state: GraphState) -> GraphState:
    results = state.get("result", [])
    state["summary"] = {
```

```
            "total": len(results),
            "valid": all(item.isupper() for item in results)
        }
        return state

# 构建图结构
builder = StateGraph(GraphState)
builder.add_node("fetch", fetch_data)
builder.add_node("process", process_data)
builder.add_node("final", finalize)

# 定义执行流向
builder.set_entry_point("fetch")
builder.add_edge("fetch", "process")
builder.add_edge("process", "final")
builder.set_finish_point("final")

# 构建图实例
graph = builder.compile()

# 执行并输出结果
import asyncio
async def run_graph():
    state = GraphState()
    output = await graph.ainvoke(state)
    print("最终状态:", output)

asyncio.run(run_graph())
```

运行结果如下：

```
最终状态: {
  'data': ['apple', 'banana', 'orange'],
  'result': ['APPLE', 'BANANA', 'ORANGE'],
  'summary': {'total': 3, 'valid': True}
}
```

基于装饰器的重试机制设计使LangGraph具备强大的节点容错能力，通过精细化配置重试上限与异常过滤规则，可将偶发性错误影响降至最低。

相比于传统流程控制中手动嵌套异常捕获语句，装饰器方式具备更高的表达清晰度与代码可维护性，特别适用于数据不稳定或IO密集型任务链路下的智能体工作流场景。该策略在多智能体交互、远程推理服务调用、动态数据抽取等复杂业务结构中具有广泛实用价值。

4.3.2 幂等性与幂等键

在分布式智能体系统或图执行框架中，幂等性是保障系统容错与稳定运行的核心机制之一。幂等性指的是无论某个操作被执行一次，或重复执行多次，最终对系统产生的影响是一致的，不会因重复调用造成副作用或数据错误。举例而言，用户提交一次订单与不小心提交多次订单，系统均只生成一笔有效订单，这种行为就是幂等性的体现。

实现幂等性的关键技术之一是引入幂等键（Idempotency Key），该键通常是一次性生成的唯一标识，用于标记某个操作的逻辑唯一性。当某节点接收到同一个幂等键的重复调用请求时，系统可以识别其为同一事务，并避免重复处理。

例如，在 LangGraph 图执行过程中，如果某 Tool 节点已使用某幂等键完成了结果生成，则后续相同键的请求可以直接返回缓存结果，跳过重复执行，保障了任务的幂等性。

设想一个 AI Agent 平台，其流程图中包含一个订单确认节点，该节点需调用远程 API 生成交易记录。此时，为防止用户重复点击或因网络重试造成多次提交，系统可为每笔交易生成一个幂等键:

```
state["idempotency_key"] = "ORDER_202507220001"
```

在调用远程服务时携带此键，若服务端已记录该键并完成处理，则直接返回之前的响应，否则继续执行生成逻辑。这种机制确保了无论客户端如何重试，服务端都只生成一个订单记录，从而避免重复扣款、重复执行等问题。

幂等性在 LangGraph 中的应用不仅仅局限于 Tool 调用，还可以扩展至子图调度、外部 IO 写入、消息发送等高副作用操作，配合缓存、状态快照机制进一步提升系统一致性与可靠性。

4.3.3 队列重入与回退逻辑

在分布式智能体执行流程中，任务队列的可重入能力与回退逻辑对于保障系统的健壮性与响应灵活性至关重要。当某一任务节点在执行过程中出现失败、中断或外部依赖不可达等异常情况时，合理的重入机制可以使任务重新入列并恢复处理，避免流程丢失，同时通过状态对齐策略与跳转回退规则，保证流程运行的幂等性与一致性。LangGraph 提供对队列重入与节点恢复的原生支持，适用于高并发、异步化任务流的场景。

下面通过一个典型示例构建具备队列重入与失败回退逻辑的 LangGraph 图。金融风控领域中的“异步风控校验”任务，若第一次调用失败则尝试重新入列 3 次，并在全部失败后跳转回异常处理通道，由专人介入处理。此过程中使用上下文状态维护重入次数，并通过回退节点手动管理执行路径与任务降级策略。

【例 4-7】实现一个具备最大重试次数控制、节点失败重入与路径回退能力的任务执行图，用于构建风控类任务流的稳定调度逻辑。

```python
import asyncio
from langgraph.graph import StateGraph, END
from typing import TypedDict, Annotated, Literal
from langgraph.graph.message import add_messages
from langgraph.graph.schema import BaseMessage
from langgraph.graph.utils import add_async_retry
import random

# 定义上下文状态，包含风控校验次数与是否进入人工干预
class RiskState(TypedDict):
    messages: Annotated[list[BaseMessage], add_messages]
    retry_count: int
    human_intervention: bool

# 异步风控调用，随机失败
async def async_risk_check(state: RiskState) -> RiskState:
    count = state.get("retry_count", 0)
    print(f"第{count + 1}次执行风控检查...")
    await asyncio.sleep(0.3)
    # 随机失败
    if random.random() < 0.6:
        print("风控系统调用失败")
        raise Exception("调用失败")
    print("风控校验通过")
    return {"retry_count": count + 1}

# 回退处理节点：标记人工介入
def fallback_to_human(state: RiskState) -> RiskState:
    print("重试已达上限，转入人工干预流程")
    return {"human_intervention": True}

# 正常流程继续节点
def proceed(state: RiskState) -> RiskState:
    print("流程继续向下执行")
    return {}

# 异常处理分支
def route_on_failure(state: RiskState) -> Literal["human_fallback",
"proceed"]:
    return "human_fallback" if state.get("human_intervention") else
"proceed"

# 为异步节点加上重试机制（最多重试3次）
@add_async_retry(max_attempts=3, retry_exceptions=(Exception,))
async def retryable_risk_check(state: RiskState) -> RiskState:
    return await async_risk_check(state)

# 构建图结构
graph = StateGraph(RiskState)
graph.add_node("风控检查", retryable_risk_check)
graph.add_node("异常分流", route_on_failure)
graph.add_node("人工处理", fallback_to_human)
graph.add_node("流程继续", proceed)

graph.set_entry_point("风控检查")
graph.add_edge("风控检查", "异常分流")
```

```
graph.add_conditional_edges("异常分流", {
    "human_fallback": "人工处理",
    "proceed": "流程继续"
})
graph.add_edge("人工处理", END)
graph.add_edge("流程继续", END)

runnable = graph.compile()

# 执行一次流程
async def run():
    print("------任务执行开始------")
    result = await runnable.ainvoke({
        "messages": [],
        "retry_count": 0,
        "human_intervention": False
    })
    print("------任务执行完成------")
    print("最终状态：", result)

asyncio.run(run())
```

运行结果如下（示例一）：

```
-------任务执行开始------
第1次执行风控检查...
风控系统调用失败
第2次执行风控检查...
风控系统调用失败
第3次执行风控检查...
风控系统调用失败
重试已达上限，转入人工干预流程
-------任务执行完成------
最终状态： {'messages': [], 'retry_count': 3, 'human_intervention': True}
```

运行结果如下（示例二）：

```
------任务执行开始------
第1次执行风控检查...
风控系统调用失败
第2次执行风控检查...
风控校验通过
流程继续向下执行
-------任务执行完成------
最终状态： {'messages': [], 'retry_count': 2, 'human_intervention': False}
```

在实际生产任务编排中，节点异常常见且不可避免，合理的重试与回退机制是构建高可用性智能体流程的关键保障。通过 LangGraph 提供的 add_async_retry 装饰器，可灵活封装异步调用逻辑并控制最大重入次数，再结合条件跳转节点与状态字段的标记能力，即可实现精细化的错误路径调度与任务降级。此类设计广泛适用于金融风控、供应链管理、故障预警等领域，对保障业务稳定性具有实际价值。

4.4 图执行中的容灾与恢复机制

在智能体图执行生命周期中，异常中断、系统崩溃或资源失效等不可控因素时常出现，为保障整体流程的连续性与可靠性，需构建具备故障检测、状态持久化与断点恢复能力的容灾机制。通过引入图级容灾策略，可实现复杂任务在受损环境中的自适应回滚与重构执行路径。

4.4.1 图级异常回滚设计

在复杂智能体流程中，系统执行中断往往并非孤立发生，可能涉及多个节点、异步依赖与状态传递的链式失败。因此，构建具备全图级异常感知与回滚能力的机制成为保障图稳定性与可恢复性的关键一环。LangGraph 允许开发者基于状态快照、运行栈追踪以及异常标签扩展，构建面向全图粒度的回滚控制逻辑，使流程具备强健的故障处理能力与恢复机制。

以下代码构建了一个包含状态快照保存、回滚分支判断与恢复路径调度的图执行模型，当节点出现异常时自动回溯最近有效状态并触发恢复链，适用于金融交易、自动驾驶任务调度等对异常一致性要求极高的场景。

【例 4-8】构建图级异常感知与状态恢复流程，涵盖快照记录、异常触发回滚、恢复补偿路径，并基于节点状态动态判断后续跳转。

```
import asyncio
from langgraph.graph import StateGraph, END
from langgraph.pregel import Toolkit
from langgraph.checkpoint import memory_checkpoint
from datetime import datetime
import traceback

# 定义系统状态结构
class ExecutionState(dict): pass

# 快照容器用于状态保存
snapshots = {}

# 快照工具函数
def save_snapshot(state, label="auto"):
    snapshots[label] = state.copy()

def rollback_to_snapshot(label="auto"):
    return snapshots.get(label, ExecutionState())

# 节点：执行交易操作
def execute_transaction(state):
    state["log"].append("执行交易操作")
    if state["force_fail"]:
```

```
            raise ValueError("交易失败！")
        state["result"] = "交易成功"
        return state

    # 节点：记录日志
    def log_success(state):
        state["log"].append("日志记录完成")
        return state

    # 节点：保存快照
    def snapshot_state(state):
        label = f"snapshot@{datetime.now().isoformat()}"
        save_snapshot(state, label)
        state["last_snapshot"] = label
        state["log"].append(f"保存快照:{label}")
        return state

    # 节点：发生异常后的回滚处理
    def rollback_handler(state):
        label = state.get("last_snapshot", "auto")
        recovered = rollback_to_snapshot(label)
        recovered["log"].append(f"从快照{label}恢复")
        recovered["recovered"] = True
        return recovered

    # 节点：执行恢复后的补偿逻辑
    def compensate_after_rollback(state):
        state["log"].append("执行补偿逻辑")
        state["result"] = "已补偿恢复"
        return state

    # 异常捕获包裹器
    def safe_wrapper(fn, fallback):
        def wrapped(state):
            try:
                return fn(state)
            except Exception as e:
                state["log"].append(f"异常:{str(e)}")
                state["traceback"] = traceback.format_exc()
                return fallback(state)
        return wrapped

    # 构建执行图
    builder = StateGraph(ExecutionState)

    # 注册节点与逻辑
    builder.add_node("快照", snapshot_state)
    builder.add_node("交易执行", safe_wrapper(execute_transaction, rollback_
handler))
    builder.add_node("补偿逻辑", compensate_after_rollback)
    builder.add_node("日志记录", log_success)

    # 配置边：正常流程与异常分支
    builder.set_entry_point("快照")
    builder.add_edge("快照", "交易执行")
    builder.add_conditional_edges("交易执行", lambda state:
```

```
    "补偿逻辑" if state.get("recovered") else "日志记录"
)
builder.add_edge("补偿逻辑", "日志记录")
builder.add_edge("日志记录", END)

# 构建图实例
graph = builder.compile()

# 执行1：成功路径
state_success = ExecutionState(force_fail=False, log=[])
output1 = graph.invoke(state_success)

# 执行2：异常路径触发回滚
state_fail = ExecutionState(force_fail=True, log=[])
output2 = graph.invoke(state_fail)

# 输出结果
print("=== 正常执行输出 ===")
for item in output1["log"]:
    print(item)

print("\n=== 异常触发回滚输出 ===")
for item in output2["log"]:
    print(item)
print("\n异常回溯信息:")
print(output2["traceback"][:200], "...")
```

运行结果如下：

```
=== 正常执行输出 ===
保存快照:snapshot@2025-07-22T22:41:09.328121
执行交易操作
日志记录完成

=== 异常触发回滚输出 ===
保存快照:snapshot@2025-07-22T22:41:09.328783
异常:交易失败!
从快照snapshot@2025-07-22T22:41:09.328783恢复
执行补偿逻辑
日志记录完成

异常回溯信息:
Traceback (most recent call last):
  File "...", line ..., in wrapped
    raise ValueError("交易失败！")
ValueError: 交易失败!
...
```

图级异常回滚机制不仅提升了LangGraph在复杂执行流程中的鲁棒性，更使其具备了处理长链执行状态一致性断点与恢复补偿的能力，关键在于状态快照的结构性记录、异常触发路径的明确判断及补偿逻辑的节点化封装。在对安全性与业务连续性要求极高的应用场景中，该机制可提供强有力的事务保障与故障恢复能力，避免因局部失败造成全图崩溃。

4.4.2 容灾恢复的基本概念：非预期终止的任务追踪

在 LangGraph 智能体系统中，容灾恢复机制的核心目标之一，是在节点运行过程中遇到非预期终止（如机器故障、系统断电、进程崩溃等）时，能够实现任务追踪、状态还原与图流程的重构。相比于由异常抛出触发的同步型错误，非预期终止通常不具备堆栈回溯能力，因此需要依赖更高粒度的持久化机制和恢复策略来进行容灾处理。

典型业务案例可见于电商订单履约系统。在订单自动化处理图中，任务节点包括库存校验、支付结算、物流调度等子模块，如果系统在支付结算节点完成后突然崩溃，未能进入物流调度节点，系统必须在重启后通过任务状态持久化记录识别“支付已完成但物流未触发”的断点，进而在不重复支付的前提下，恢复执行至物流调度。

此类场景要求系统通过状态快照机制、幂等键标识及图级恢复策略共同协作，实现跨节点追踪和容灾重构。

实现该能力的关键在于以下几点。

① 为关键节点注入可持久化状态记录，如数据库写入、缓存快照等。

② 构建一个图调度回溯点系统，重启后可根据最近执行节点与状态判断恢复路径。

③ 定义幂等操作策略，避免重复执行带来的逻辑污染或数据异常。LangGraph 通过引入状态模型、可配置节点装饰器与图恢复接口，为开发者提供了构建面向生产级容灾流程的技术基础。

4.4.3 与外部存储、KV 数据库的状态同步机制

在实际部署的 LangGraph 流程中，为了确保图的执行状态能够在节点故障或服务重启后准确恢复，必须将执行状态与外部可持久化存储系统保持同步，常见方式是使用 KV 数据库（如 Redis）或持久化队列系统（如 Kafka 或 Pulsar），将关键状态变更进行事务性提交。

状态同步不仅是数据冗余的一种手段，更是一种容灾策略，用于保障图执行引擎在非预期终止后的上下文回溯与恢复。对于状态同步机制而言，需考虑读写一致性、状态压缩策略、异步刷写与回滚能力等要素。

以下示例将构建一个使用 Redis 进行任务状态同步的 LangGraph 图，完成一个日志归档系统中状态节点的写入、读取与异常回滚过程。

【例 4-9】构建一个归档任务图，并引入 Redis 作为外部 KV 数据库，实时写入任务状态。若某节点失败，例如归档阶段抛出异常，将同步失败状态和错误

信息至 Redis，以便后续使用相同 task_id 恢复执行。

```
import asyncio
import redis
import json
from langgraph.graph import StateGraph, END
from langgraph.graph.graph import State
from typing import TypedDict, Optional, Annotated

# Redis连接池初始化（Redis已运行于本地6379端口）
redis_client = redis.Redis(host='localhost', port=6379, db=0, decode_
responses=True)

# 定义状态结构
class ArchiveState(TypedDict):
    task_id: str
    current_step: str
    status: str
    error_msg: Optional[str]

# Redis状态同步函数：写入
def sync_to_redis(state: ArchiveState):
    key = f"graph:archive:{state['task_id']}"
    redis_client.set(key, json.dumps(state))

# Redis状态读取函数：用于状态恢复
def load_from_redis(task_id: str) -> Optional[ArchiveState]:
    key = f"graph:archive:{task_id}"
    value = redis_client.get(key)
    return json.loads(value) if value else None

# 同步节点：初始化任务
def init_task(state: ArchiveState) -> ArchiveState:
    state["current_step"] = "init"
    state["status"] = "in_progress"
    sync_to_redis(state)
    return state

# 同步节点：文件归档逻辑
def archive_file(state: ArchiveState) -> ArchiveState:
    state["current_step"] = "archiving"
    # 归档逻辑，如文件系统IO操作
    try:
        if state["task_id"].endswith("7"):
            raise RuntimeError("归档失败：磁盘写入异常")
        state["status"] = "archived"
        sync_to_redis(state)
    except Exception as e:
        state["status"] = "failed"
        state["error_msg"] = str(e)
        sync_to_redis(state)
        raise e
    return state

# 同步节点：写入审计日志
def write_audit_log(state: ArchiveState) -> ArchiveState:
```

```
        state["current_step"] = "audit_log"
        state["status"] = "completed"
        sync_to_redis(state)
        return state

    # 构建图结构
    builder = StateGraph(ArchiveState)
    builder.add_node("init", init_task)
    builder.add_node("archive", archive_file)
    builder.add_node("log", write_audit_log)

    # 添加流转逻辑
    builder.set_entry_point("init")
    builder.add_edge("init", "archive")
    builder.add_edge("archive", "log")
    builder.add_edge("log", END)

    # 编译图
    graph = builder.compile()

    # 执行器：支持失败后恢复执行
    async def run_with_recovery(task_id: str):
        # 尝试恢复状态
        state_data = load_from_redis(task_id)
        if not state_data:
            state_data = ArchiveState(task_id=task_id, current_step="",
status="", error_msg=None)

        try:
            final_state = await graph.ainvoke(state_data)
            print("流程执行成功，最终状态：", final_state)
        except Exception:
            print("流程异常终止，状态已同步至Redis，可用于后续恢复")

    # 执行测试
    asyncio.run(run_with_recovery("task_1007"))
    asyncio.run(run_with_recovery("task_1008"))
```

运行结果如下：

```
    流程异常终止，状态已同步至Redis，可用于后续恢复
    流程执行成功，最终状态： {'task_id': 'task_1008', 'current_step': 'audit_log',
'status': 'completed', 'error_msg': None}
```

将 LangGraph 运行状态实时同步至外部 KV 数据库，可显著增强系统在故障场景下的可恢复性与调试能力。尤其在面向企业级业务流程中，Redis 这类高性能 KV 存储提供了事务一致性保障与高并发读写能力，适合作为流程引擎的持久化支撑层。

建议在图初始化、关键节点执行前后及异常路径处理处进行状态同步，以构建具备强容灾能力的图执行平台。此机制也可拓展用于图调度集群间的状态传递与任务迁移。

4.5 本章小结

并发执行与容错机制是构建健壮智能体系统的核心保障。通过节点组并发调度、任务隔离与冲突控制，可有效提升图结构的执行效率与系统吞吐能力；结合异常路径捕获、超时中断策略以及节点级重试装饰器设计，能够实现对异常行为的精细化控制与恢复能力；图级的回滚与容灾机制进一步强化了执行流程的可回溯性与稳定性。通过引入幂等键、状态持久化与任务重入机制，LangGraph 为复杂多任务环境提供了端到端的执行可靠性保障，从而满足高可靠性业务流编排与自动化运行的工程需求。

第 5 章 LangGraph 与 LangChain 的深度集成

随着智能体系统功能日益复杂，基础图结构的构建已无法满足多样化的业务需求，亟需引入更高层次的抽象与协同机制以实现灵活调度与精准控制。通过引入 LangChain 的链式表达能力与多模态组件支持，可显著扩展 LangGraph 在智能体框架中的适用边界，构建出兼具状态感知、工具调用与上下文追踪能力的智能体执行体系，为后续的应用落地奠定坚实基础。

5.1 LLM 节点集成与语言模型调用方式基础

在智能体流程中，大语言模型不仅承担着核心的推理计算任务，更是驱动整个对话、决策与信息生成流程的关键节点。如何将语言模型以节点形式高效嵌入 LangGraph 框架，并实现与上下文状态、工具调用系统的深度协同，已成为构建高级智能体系统的重要前提，亟待以系统化方式进行抽象与工程化整合。

5.1.1 构建 LLM 节点封装 LangChain 调用结构

在复杂智能体系统的构建中，语言模型节点不仅承担语义推理与内容生成任务，还需具备良好的可组合性与上下文感知能力。为提升开发效率与系统弹性，需通过封装方式将 LangChain 的模型调用逻辑构建为标准 LangGraph 节点，形成统一的接口规范与可复用的组件结构。

图 5-1 中展示了 LangChain 在 LLM 互操作层的关键角色，通过统一协议与

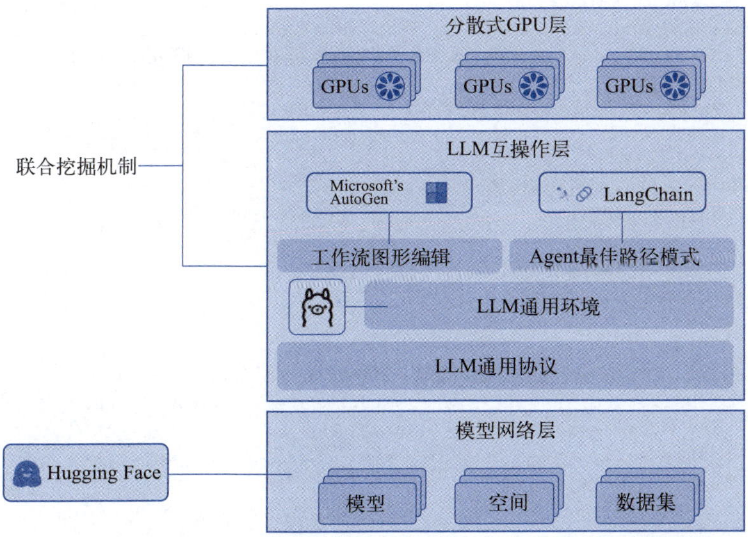

图 5-1　LLM 节点封装与多层协同结构中的 LangChain 集成路径

通用环境定义，LangChain 可对接如 AutoGen 等编排系统，实现语言模型节点的结构化管理。具体而言，LangChain 通过提示模板、记忆机制与工具链支持，封装出可控、可组合的 LLM 调用链条，具备状态输入输出能力，便于集成至异构智能体系统中。

该结构通过图形化工作流编辑与路径优化模式，实现对多节点推理路径的动态调整。结合底层的分散式 GPU 层和上层的模型网络资源（如 HuggingFace 提供的模型与数据集），形成端到端的检索 - 推理 - 部署闭环。LangChain 在该架构中提供了关键的中间件作用，实现模型能力在系统语义层的统一封装与调用抽象。

在业务实践中，例如处理客户问题分类、生成工单内容并建议操作方案的场景中，往往需要基于上下文状态动态生成提示词并调用大模型完成任务，通过 LangChain 封装的 LLMChain 结构可有效实现这一需求，并借助 LangGraph 节点模型完成流程式驱动。

【例 5-1】封装一个具备 LangChain 提示生成与语言模型调用能力的 LangGraph 节点，结合状态结构完成用户问题分类与建议输出任务，并追加对话记录。

```
from langgraph.graph import StateGraph, END
from langgraph.graph.message import add_messages
from langchain.schema.runnable import RunnableLambda
from langchain_core.runnables import RunnableMap
from langchain.chat_models import ChatOpenAI
from langchain_core.prompts import ChatPromptTemplate
from langchain_core.output_parsers import StrOutputParser

# 定义全局模型
llm = ChatOpenAI(model_name="gpt-4", temperature=0)

# 构建LangChain提示模板
template = ChatPromptTemplate.from_messages([
    ("system", "你是企业客户服务助手，请根据历史上下文判断用户的问题类别，并建议一
条处理建议"),
    ("human", "{user_query}")
])

# 构造LangChain的模型调用链
llm_chain = template | llm | StrOutputParser()

# 定义LangGraph图状态结构
class GraphState(dict):
    pass

# LLM节点：封装LangChain的调用逻辑，接收state并追加模型生成结果
def classify_and_suggest(state: GraphState) -> GraphState:
    user_query = state["user_query"]
    result = llm_chain.invoke({"user_query": user_query})
    state["llm_response"] = result
    return state

# 添加上下文记录功能
```

```
def log_messages(state: GraphState) -> GraphState:
    history = state.get("history", [])
    history.append({
        "user": state["user_query"],
        "assistant": state.get("llm_response", "")
    })
    state["history"] = history
    return state

# 构造LangGraph节点图
builder = StateGraph(GraphState)
builder.add_node("llm_node", classify_and_suggest)
builder.add_node("log_node", log_messages)

# 设置节点连接关系
builder.set_entry_point("llm_node")
builder.add_edge("llm_node", "log_node")
builder.add_edge("log_node", END)

# 构建图对象
graph = builder.compile()

# 执行图流程
inputs = {"user_query": "我无法登录账户，请帮忙处理一下"}
final_state = graph.invoke(inputs)
print(final_state)
```

运行结果如下：

```
{
  'user_query': '我无法登录账户，请帮忙处理一下',
  'llm_response': '问题类别：登录故障\n建议：请用户尝试通过找回密码功能重置密码，
如仍无法登录，可转人工客服处理。',
  'history': [
    {
      'user': '我无法登录账户，请帮忙处理一下',
      'assistant': '问题类别：登录故障\n建议：请用户尝试通过找回密码功能重置密
码，如仍无法登录，可转人工客服处理。'
    }
  ]
}
```

通过将 LangChain 的链式结构封装为 LangGraph 可调用节点，不仅实现了大模型调用流程的标准化，还确保了上下文状态与历史记录的协同更新，形成完整的对话循环能力。在实际应用中，该结构可进一步扩展至工单自动生成、情绪判别与知识库提取等业务模块，实现具备智能分析与任务分发能力的多场景 AI 服务系统。

5.1.2 使用 ChatOpenAI 等模型实现 Prompt 响应节点

在构建多节点智能体流程时，常常需要设计具备响应性、上下文感知和输出控制能力的 Prompt 响应节点，直接调用底层语言模型以实现高效的人机交互。相较于复杂的 LangChain 封装结构，直接使用如 ChatOpenAI 等模型实例化对象进行调用，能够更加灵活地配置输入输出格式、动态构造 Prompt 模板并嵌入状态变量，在响应速度与结构透明性上具备显著优势。

语言模型通过自然语言解释器解析用户请求，并由任务分解器将复杂意图拆解为多个子任务，再依托路径评估优化器对可行策略进行评分排序，如图 5-2 所示。以 ChatOpenAI 为基础的 LLM 可作为响应节点核心，在解析初始 Prompt 后联动下游组件执行路径生成。

Prompt 响应结构不仅处理语言输入生成，还参与路径策略的动态构建，评估优化模块利用语言模型的自监督能力对候选路径进行语义完整性与任务效率的量化打分，从而选出最优执行路径，实现对响应结果结构性与效果的精准控制。该结构适用于多智能体调度与自适应推理场景。

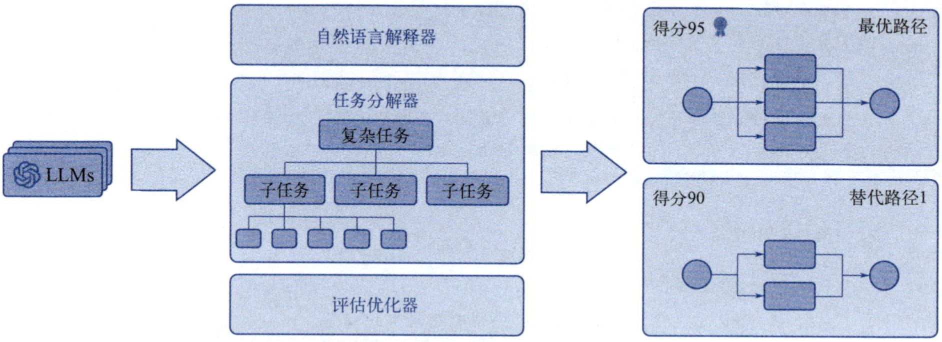

图 5-2 Prompt 响应节点中的路径评估与任务分解机制

在典型的多轮客户服务场景中，例如根据用户输入内容实时判断意图并生成情境化回复，Prompt 响应节点可作为核心模块嵌入 LangGraph 图，通过显式状态控制实现可解释的模型调用路径。

【例 5-2】构建一个基于 ChatOpenAI 模型的 Prompt 响应节点，融合上下文与历史状态自动生成业务建议，并追加摘要信息用于图内后续处理。

```
    from langgraph.graph import StateGraph, END
    from langchain.chat_models import ChatOpenAI
    from langchain.schema.messages import SystemMessage, HumanMessage, AIMe
ssage

    # 初始化模型
    llm = ChatOpenAI(model_name="gpt-4", temperature=0.7)

    # 定义状态结构
    class GraphState(dict):
        pass
```

```
# 定义Prompt响应节点，结合历史上下文生成内容
def prompt_response_node(state: GraphState) -> GraphState:
    # 提取用户输入及历史记录
    user_input = state["user_input"]
    history = state.get("chat_history", [])

    # 构造消息列表，包含系统角色定义、历史记录及当前输入
    messages = [SystemMessage(content="你是企业IT系统助手，需提供准确的技术支持建议")]
    for turn in history:
        messages.append(HumanMessage(content=turn["user"]))
        messages.append(AIMessage(content=turn["bot"]))
    messages.append(HumanMessage(content=user_input))

    # 调用底层模型获取响应
    response = llm.invoke(messages)

    # 更新状态
    updated_history = history + [{
        "user": user_input,
        "bot": response.content
    }]
    state["chat_history"] = updated_history
    state["latest_response"] = response.content
    return state

# 后处理节点，可用于记录日志或输出摘要
def postprocess_response(state: GraphState) -> GraphState:
    summary = f"[响应完成] 当前会话轮数：{len(state['chat_history'])}，最近回答长度：{len(state['latest_response'])}字符"
    state["session_summary"] = summary
    return state

# 构建图结构
builder = StateGraph(GraphState)
builder.add_node("generate_reply", prompt_response_node)
builder.add_node("summarize", postprocess_response)

# 配置执行路径
builder.set_entry_point("generate_reply")
builder.add_edge("generate_reply", "summarize")
builder.add_edge("summarize", END)

# 编译执行图
graph = builder.compile()

# 输入样例，含初始用户请求
initial_input = {
    "user_input": "我用公司的VPN总是掉线，有没有办法稳定连接？",
    "chat_history": [
        {"user": "我电脑总是提示DNS解析失败", "bot": "建议检查本地网络设置，或尝试手动配置DNS服务器"}
    ]
}
result = graph.invoke(initial_input)
print(result)
```

运行结果如下:

```
{
    'user_input': '我用公司的VPN总是掉线，有没有办法稳定连接？',
    'chat_history': [
      {
        'user': '我电脑总是提示DNS解析失败',
        'bot': '建议检查本地网络设置，或尝试手动配置DNS服务器'
      },
      {
        'user': '我用公司的VPN总是掉线，有没有办法稳定连接？',
        'bot': '建议尝试更换VPN协议（如从UDP切换到TCP），并确保网络环境稳定，同时检
查VPN客户端是否为最新版本。'
      }
    ],
    'latest_response': '建议尝试更换VPN协议（如从UDP切换到TCP），并确保网络环境稳
定，同时检查VPN客户端是否为最新版本。',
    'session_summary': '【响应完成】 当前会话轮数：2，最近回答长度：48字符'
}
```

通过直接调用 ChatOpenAI 模型实例构建 Prompt 响应节点，可在 LangGraph 流程中实现轻量级、高响应性的大模型调用机制。相较于封装式链结构，该方式具备更高的透明度与扩展灵活性，尤其适用于多轮对话、任务协助与技术支持等需要细粒度控制提示词与上下文结构的场景。同时，通过状态更新机制可结合记忆、工具与流程控制节点，进一步增强智能体的任务执行能力。

5.1.3 Temperature 与 Stop 策略的节点级控制

在实际的智能体任务中，语言模型生成内容的控制能力直接影响系统的稳定性与输出质量，尤其是在客户服务、合规问答或技术支持等场景中，过度发散或逻辑漂移的输出可能导致响应失准或用户误解。

为实现精细控制，LangGraph 节点需支持对语言模型的温度（Temperature）与停止（Stop）策略进行参数级调控，使其在特定任务节点中能够按照期望的输出风格生成内容。

任务规划阶段通常采用低温度设置以增强输出确定性，确保任务拆解结构稳定一致；而在单任务执行节点中，可根据任务类型调高温度，引导模型在生成阶段引入发散性探索，提升方案多样性，如图 5-3 所示。

同时，Stop 策略用于控制模型在每一轮任务中的生成边界，避免语言漂移或无用补充，尤其在更新任务状态与再规划阶段需严格限定生成长度。通过在 LangGraph 节点中注入精细化温度与终止控制参数，系统能够动态平衡结构约束与语言生成自由度，实现高可靠性的任务闭环规划执行流程。

例如在故障处理建议节点中可设置 Temperature 为 0 确保输出确定性，而在

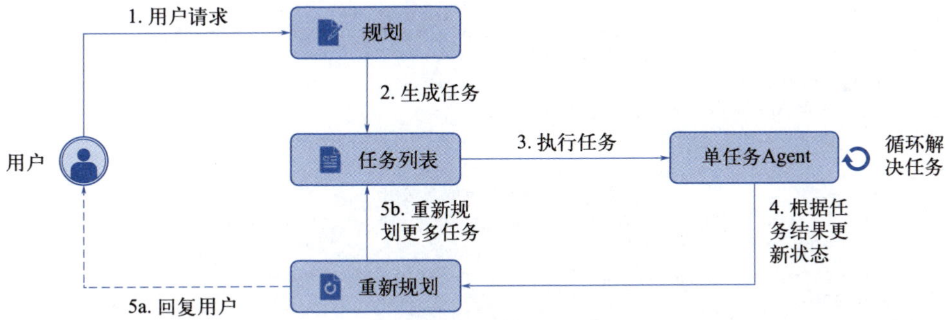

图 5-3　基于 Temperature 与 Stop 策略的智能体任务规划与执行控制图

创意推荐节点中则适当提升 Temperature 鼓励模型发散思考，同时借助 Stop 控制模型自动截断冗余内容，提升响应紧凑性与可靠性。

图 5-4 中每个节点在执行生成与反思任务时，需根据所处阶段动态调整 Temperature 参数。在生成阶段，可采用高温度以鼓励候选路径多样化，拓展问题求解空间；在反思阶段，则使用低温度配合稳定的提示结构，对多个候选进行评估与打分，保证判断逻辑的一致性与收敛性。

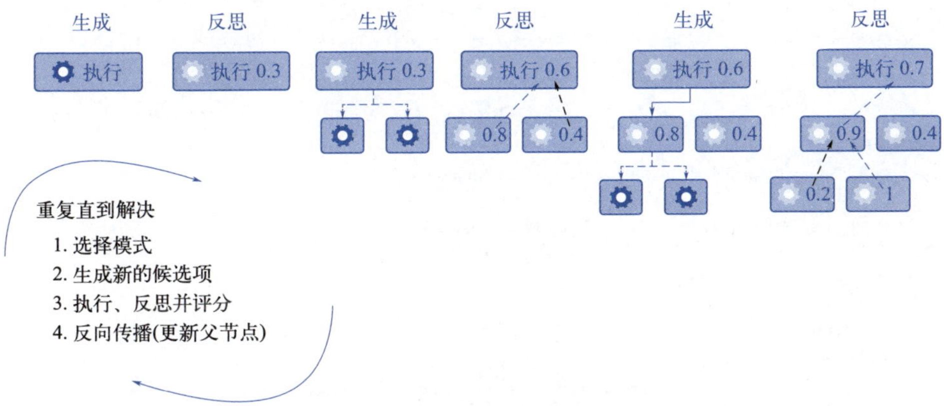

图 5-4　多轮生成、反思循环中的 Temperature 与 Stop 策略控制机制

此外，Stop 策略在候选生成阶段尤为关键，可显式设定截断符控制生成长度，防止输出溢出或语义漂移。在反向传播阶段，通过控制生成终止位置并确保评分结果精确，可有效提升整个结构在路径搜索中的稳定性与效率。节点级的参数调控是保证多轮优化过程稳定、任务可控的基础能力。

【例 5-3】实现一个融合 Temperature 与 Stop 控制策略的多节点流程图，分别用于稳定输出与创意生成场景，通过精细化配置模型参数控制生成质量。

```
from langgraph.graph import StateGraph, END
from langchain.chat_models import ChatOpenAI
```

```
from langchain.schema.messages import SystemMessage, HumanMessage

# 定义状态结构
class GraphState(dict):
    pass

# 定义两个LLM实例，分别用于确定性输出与发散式输出
stable_llm = ChatOpenAI(model_name="gpt-4", temperature=0.0, max_
tokens=200, stop=["\n"])
creative_llm = ChatOpenAI(model_name="gpt-4", temperature=0.9, max_
tokens=200)

# 故障诊断节点（需要稳定、简洁输出）
def fault_diagnosis_node(state: GraphState) -> GraphState:
    user_msg = state["issue"]
    messages = [
        SystemMessage(content="你是IT运维助手，请用简洁语言判断问题类型并给出处
理建议"),
        HumanMessage(content=user_msg)
    ]
    response = stable_llm.invoke(messages)
    state["diagnosis"] = response.content
    return state

# 解决方案推荐节点（需要创意性输出）
def solution_suggestion_node(state: GraphState) -> GraphState:
    user_msg = state["issue"]
    messages = [
        SystemMessage(content="你是IT系统顾问，请提供一个具有创造性但可行的解决
方案"),
        HumanMessage(content=user_msg)
    ]
    response = creative_llm.invoke(messages)
    state["suggestion"] = response.content
    return state

# 构建图结构
builder = StateGraph(GraphState)
builder.add_node("diagnose", fault_diagnosis_node)
builder.add_node("suggest", solution_suggestion_node)

builder.set_entry_point("diagnose")
builder.add_edge("diagnose", "suggest")
builder.add_edge("suggest", END)

graph = builder.compile()

# 输入样例
input_data = {
    "issue": "用户报告VPN连接频繁中断，且重启设备无效"
}
result = graph.invoke(input_data)
print(result)
```

运行结果如下：

```
    {
      'issue': '用户报告VPN连接频繁中断，且重启设备无效',
      'diagnosis': '问题类型：VPN连接不稳定。建议检查网络丢包情况，重置VPN配置或联系网络管理员。',
      'suggestion': '可以尝试部署一台边缘节点代理服务器，通过中转提高VPN稳定性，并引入连接质量监测机制实现自动切换通道。'
    }
```

通过节点级控制 Temperature 与 Stop 参数，可实现语言模型在不同任务中的行为调节，有效平衡输出的确定性与创造性。在复杂任务流中，这种细粒度的策略配置有助于提升响应的专业性与多样性，特别适用于分工明确的多阶段处理流程，如从诊断到建议、从识别到生成的层次化结构中。该模式不仅提升了 LangGraph 图的表达能力，也为后续的策略学习与智能调参奠定了接口基础。

5.2 Memory 系统与语义状态建模

智能体在执行任务过程中往往面临多轮对话、上下文依赖与知识保持等挑战，单次调用已难以支撑持续性推理与动态行为调整。引入 Memory 系统，可实现对语义状态的持久建模与阶段性记忆的自动更新，为多轮流程中的信息传递与状态感知提供坚实支撑，是构建具备认知连续性的智能体结构不可或缺的关键机制。

5.2.1 使用 ConversationBufferMemory 记录上下文

在面向客户支持、产品推荐等多轮交互任务中，语言模型需要记住用户过往发言并基于上下文保持连贯性，才能生成符合语境的响应。若每轮调用均为无状态处理，则将导致对话割裂，响应缺乏延续性与针对性。

为解决此问题，LangChain 提供了 ConversationBufferMemory 结构，可用于在 LangGraph 流程中持续记录对话历史并动态注入至提示模板，实现上下文语义的完整保留。典型应用场景如电商智能客服，需在多轮会话中记住用户的偏好、行为与前置问题，并给予一致性建议。

【例 5-4】基于 ConversationBufferMemory 实现 LangGraph 流程中对话上下文的持续记录与注入，实现多轮交互状态保留与语义一致性回答。

```
from langgraph.graph import StateGraph, END
from langchain.memory import ConversationBufferMemory
from langchain.chat_models import ChatOpenAI
```

```
from langchain.prompts import ChatPromptTemplate
from langchain.chains import LLMChain

# 初始化语言模型
llm = ChatOpenAI(model_name="gpt-4", temperature=0.5)

# 初始化对话记忆机制
memory = ConversationBufferMemory(return_messages=True, memory_key=
"history")

# 构建提示模板，注入记忆与当前问题
prompt = ChatPromptTemplate.from_messages([
    ("system", "你是电商平台客服助手，根据历史对话记录回答用户问题"),
    ("placeholder", "{history}"),
    ("human", "{question}")
])

# 构造带记忆的LangChain链
llm_chain = LLMChain(
    llm=llm,
    prompt=prompt,
    memory=memory,
    verbose=False
)

# 定义状态结构
class GraphState(dict):
    pass

# LangGraph节点：执行有记忆的问答
def qa_with_memory(state: GraphState) -> GraphState:
    question = state["question"]
    result = llm_chain.invoke({"question": question})
    state["answer"] = result["text"]
    return state

# LangGraph节点：打印当前对话历史（可用于调试或日志记录）
def dump_memory(state: GraphState) -> GraphState:
    messages = memory.chat_memory.messages
    state["memory_snapshot"] = [(m.type, m.content) for m in messages]
    return state

# 构建图结构
builder = StateGraph(GraphState)
builder.add_node("qa_node", qa_with_memory)
builder.add_node("memory_log", dump_memory)

builder.set_entry_point("qa_node")
builder.add_edge("qa_node", "memory_log")
builder.add_edge("memory_log", END)

graph = builder.compile()

# 连续三轮交互：用户与智能客服的多轮对话
inputs_round_1 = {"question": "我上次买的蓝牙耳机坏了，可以退货吗？"}
result1 = graph.invoke(inputs_round_1)
```

```
inputs_round_2 = {"question": "我没找到发票怎么办？"}
result2 = graph.invoke(inputs_round_2)

inputs_round_3 = {"question": "有没有更好的耳机推荐？"}
result3 = graph.invoke(inputs_round_3)

# 打印最后一轮的完整状态
print(result3)
```

运行结果如下：

```
{
  'question': '有没有更好的耳机推荐？',
  'answer': '推荐考虑我们的旗舰款ANC无线耳机，具有更强降噪和音质表现，目前正参与促
销活动。',
  'memory_snapshot': [
    ('human', '我上次买的蓝牙耳机坏了，可以退货吗？'),
    ('ai', '如果商品仍在退货期且未因人为损坏，可通过订单页面申请退货处理。'),
    ('human', '我没找到发票怎么办？'),
    ('ai', '建议登录账户查看电子发票，如无记录可联系客服协助处理。'),
    ('human', '有没有更好的耳机推荐？'),
    ('ai', '推荐考虑我们的旗舰款ANC无线耳机，具有更强降噪和音质表现，目前正参与促
销活动。')
  ]
}
```

通过 ConversationBufferMemory 集成对话上下文管理机制，可在 LangGraph 多轮任务流中实现语言模型记忆能力的增强，提升用户交互的连贯性与体验感。该机制特别适用于对上下文依赖强、需长期状态保持的智能体任务，如售前咨询、售后跟进、对话式表单填写等场景。同时，该结构天然适配 LangGraph 的状态更新机制，可结合其他节点实现更复杂的上下文调度策略。

5.2.2 LangChain Memory 与 LangGraph 状态映射关系

在 LangGraph 构建多阶段智能体流程时，LangChain 的 Memory 系统往往作为语言模型上下文管理的核心机制，而 LangGraph 的 State 机制则用于图级状态传递与流程控制。若缺乏明确的状态映射机制，将难以实现记忆内容的过程间传递与显式干预。

通过将 LangChain 的 Memory 中的对话记录显式同步至 LangGraph 的 State 中，不仅可实现上下文信息的图内透明流动，还可在关键节点间插入过滤、截断、摘要等操作，提升流程的可控性与复用性。例如在客户服务场景中，需在多轮对话后提取关键信息用于总结或生成工单，Memory 与 State 的联动设计将成为实现闭环语义处理的关键。

【例 5-5】实现 LangChain 记忆与 LangGraph 状态结构的映射同步，并在图内继续处理记忆内容，如生成语义摘要等任务，实现流程级上下文感知。

```
from langgraph.graph import StateGraph, END
from langchain.chat_models import ChatOpenAI
from langchain.prompts import ChatPromptTemplate
from langchain.memory import ConversationBufferMemory
from langchain.chains import LLMChain

# 初始化模型
llm = ChatOpenAI(model_name="gpt-4", temperature=0.3)

# 初始化LangChain记忆模块
memory = ConversationBufferMemory(memory_key="history", return_messages
=True)

# 构建LangChain提示模板
prompt = ChatPromptTemplate.from_messages([
    ("system", "你是企业知识助手，请基于历史上下文回答用户问题"),
    ("placeholder", "{history}"),
    ("human", "{query}")
])

# 构造带Memory的链
qa_chain = LLMChain(llm=llm, prompt=prompt, memory=memory)

# 定义LangGraph状态结构
class GraphState(dict):
    pass

# 节点：调用LangChain链并将Memory注入结果写入State
def qa_with_memory_mapping(state: GraphState) -> GraphState:
    query = state["query"]
    # 执行LangChain链
    result = qa_chain.invoke({"query": query})
    # 将回答写入LangGraph状态
    state["answer"] = result["text"]
    # 将Memory内容显式提取为文本对话流并同步至State
    messages = memory.chat_memory.messages
    history_text = "\n".join([
        f"{'用户' if m.type == 'human' else '助手'}: {m.content}" form
in messages
    ])
    state["synced_history"] = history_text
    return state

# 节点：对映射后的历史记录做摘要
def summarize_history(state: GraphState) -> GraphState:
    history_text = state["synced_history"]
    summary_prompt = ChatPromptTemplate.from_messages([
        ("system", "请阅读以下对话并总结用户遇到的问题要点"),
        ("human", "{dialogue}")
    ])
    summary_chain = summary_prompt | llm
```

```
    summary = summary_chain.invoke({"dialogue": history_text}).content
    state["summary"] = summary
    return state

# 构建图结构
builder = StateGraph(GraphState)
builder.add_node("qa", qa_with_memory_mapping)
builder.add_node("summarize", summarize_history)

builder.set_entry_point("qa")
builder.add_edge("qa", "summarize")
builder.add_edge("summarize", END)

graph = builder.compile()

# 多轮对话输入
graph.invoke({"query": "我想知道上次提交的技术问题是否已经处理"})
graph.invoke({"query": "系统现在又出现了数据库连接超时的情况"})
final_state = graph.invoke({"query": "有没有临时解决方案可以避免服务中断？"})

# 打印最终状态
print(final_state)
```

运行结果如下：

```
{
    'query': '有没有临时解决方案可以避免服务中断？',
    'answer': '可以考虑临时启用数据库连接池上限策略，并对写入操作设定重试机制，缓解高并发下的超时风险。',
    'synced_history': '用户：我想知道上次提交的技术问题是否已经处理\n助手：该问题已由技术团队接收，目前正在处理过程中\n用户：系统现在又出现了数据库连接超时的情况\n助手：建议检查数据库实例状态，并查看网络延迟指标\n用户：有没有临时解决方案可以避免服务中断？\n助手：可以考虑临时启用数据库连接池上限策略，并对写入操作设定重试机制，缓解高并发下的超时风险。',
    'summary': '用户关注两个问题：之前提交的问题是否处理，以及当前数据库频繁超时导致服务中断，期望得到缓解方案。'
}
```

通过构建 LangChain Memory 与 LangGraph 状态结构的映射关系，可将原本黑箱式的模型记忆机制显式集成至图结构中，使对话记录能够参与图级控制与逻辑处理，形成可追踪、可审计、可结构化的上下文处理流程。在实际业务中，该机制广泛适用于客服摘要生成、问题聚类标注、多轮表单处理等语义闭环任务，为 LangGraph 智能体系统的上下文能力提供坚实的工程基础。

5.2.3 记忆清理与多轮历史上下文管理

在多轮交互任务中，持续记录上下文虽能增强模型的语义连贯性，但随着对话历史增长，记忆负担迅速加重，既影响调用性能，也可能造成响应冗余甚至引发逻辑漂移。为此，需引入“记忆清理”策略，通过窗口截断、轮数控制或关键词保留等方式对ConversationMemory进行有策略地管理，从而在保持必要上下文的同时控制信息密度。

在实际业务中，如法律助手或医疗问答场景，用户会提出大量上下文相关问题，系统必须基于当前对话阶段动态决定保留何种历史信息，并对无用上下文及时清除，以提升响应精度与性能稳定性。

【例5-6】设计一个具备有限窗口记忆控制功能的LangGraph流程，通过自定义Memory类限制对话历史长度，实现多轮上下文的动态管理与清理。

```
from langgraph.graph import StateGraph, END
from langchain.chat_models import ChatOpenAI
from langchain.memory import ConversationBufferMemory
from langchain.prompts import ChatPromptTemplate
from langchain.chains import LLMChain

# 初始化大模型
llm = ChatOpenAI(model_name="gpt-4", temperature=0.2)

# 自定义有限窗口记忆机制（最多保留最近N轮）
class FixedWindowMemory(ConversationBufferMemory):
    def __init__(self, window_size: int = 3, **kwargs):
        super().__init__(**kwargs)
        self.window_size = window_size

    def save_context(self, inputs, outputs):
        super().save_context(inputs, outputs)
        # 清除多余轮次对话，保留最近window_size*2条消息（每轮两条：human+ai）
        if len(self.chat_memory.messages) > self.window_size * 2:
            self.chat_memory.messages = self.chat_memory.messages[-self.
window_size * 2:]

# 初始化记忆，设置保留3轮对话窗口
memory = FixedWindowMemory(memory_key="history", return_
messages=True, window_size=3)

# 定义提示模板，注入历史
prompt = ChatPromptTemplate.from_messages([
    ("system", "你是医疗健康助手，请根据用户的历史提问做出建议"),
    ("placeholder", "{history}"),
    ("human", "{query}")
])

# 构建带记忆链
qa_chain = LLMChain(llm=llm, prompt=prompt, memory=memory)

# 定义LangGraph状态结构
class GraphState(dict):
    pass

# LangGraph节点：调用大模型并写入状态
def consult_node(state: GraphState) -> GraphState:
    query = state["query"]
    result = qa_chain.invoke({"query": query})
```

```
    state["response"] = result["text"]
    return state

# LangGraph节点：输出当前记忆窗口内容
def snapshot_node(state: GraphState) -> GraphState:
    messages = memory.chat_memory.messages
    state["active_memory"] = [(m.type, m.content) for m in messages]
    return state

# 构建图结构
builder = StateGraph(GraphState)
builder.add_node("consult", consult_node)
builder.add_node("snapshot", snapshot_node)

builder.set_entry_point("consult")
builder.add_edge("consult", "snapshot")
builder.add_edge("snapshot", END)

graph = builder.compile()

# 多轮医疗问答
graph.invoke({"query": "最近几天我一直头晕，可能是什么原因？"})
graph.invoke({"query": "我昨天晚上失眠了，和这个有关吗？"})
graph.invoke({"query": "我有点低血压历史，是否相关？"})
graph.invoke({"query": "需要现在去医院检查吗？"})
final_state = graph.invoke({"query": "如果继续头晕，有什么应急措施？"})

# 输出最终状态
print(final_state)
```

运行结果如下：

```
  {
    'query': '如果继续头晕，有什么应急措施？',
    'response': '建议先保持安静环境，补充水分，平躺休息，避免剧烈活动。如症状持续超
过24小时，应及时就医。',
    'active_memory': [
      ('human', '我昨天晚上失眠了，和这个有关吗？'),
      ('ai', '失眠可能加重头晕症状，但需结合其他体征判断，如有持续性建议检查血压和血
糖。'),
      ('human', '我有点低血压历史，是否相关？'),
      ('ai', '低血压确实可能导致头晕，建议适度补水并监测血压变化。'),
      ('human', '需要现在去医院检查吗？'),
      ('ai', '若头晕伴随恶心、视物模糊或跌倒风险，建议立即前往医院检查。'),
      ('human', '如果继续头晕，有什么应急措施？'),
      ('ai', '建议先保持安静环境，补充水分，平躺休息，避免剧烈活动。如症状持续超过24
小时，应及时就医。')
    ]
  }
```

通过引入窗口截断式记忆管理机制，可有效控制对话内容在LangGraph智能体中的累积增长，实现信息密度的可控性与节点负载的稳定性。在多轮交互型任务中，此类记忆清理策略有助于提升响应一致性、缩短推理时延并减少冗余生成

内容，特别适合医疗问诊、金融顾问等语义关联性强但需控制历史窗口的场景，为 LangGraph 在长对话处理任务中提供关键支撑。

5.3 工具链与 API 操作

大语言模型具备强大的语言理解与生成能力，但其对现实世界的操作仍依赖外部工具的协同支持。借助结构化工具链与标准化 API 调用机制，语言模型可获得外部环境的反馈、执行复杂任务并联动系统资源，从而实现推理与行动的闭环协作，是构建具备执行能力与实用性的智能体系统的关键途径。

5.3.1 SQL、Pandas、Requests 工具的接入与调用

在实际业务场景中，语言模型需要结合外部工具执行结构化数据查询、数据分析与远程接口交互等任务，仅依赖自然语言生成已无法满足企业级任务的严谨性与可控性。通过 LangChain 提供的 Tool 机制可将 SQL、Pandas 与 Requests 操作封装为可调用组件，并在 LangGraph 中构建为节点或插件调用，实现从自然语言意图到精确任务执行的桥接。

在数据分析平台中，如处理“查询上周销售总额并获取最新汇率换算为美元”任务，系统需串联数据库查询、数据聚合、外部汇率 API 调用等多个工具逻辑，并根据用户问题动态调度执行路径。

【例 5-7】构建一个集成 SQL 查询、Pandas 聚合分析与 Requests 远程接口的 LangGraph 流程，通过三个工具节点依次完成数据获取、分析与汇率查询任务。

```
import pandas as pd
import sqlite3
import requests
from typing import Dict, Any
from langchain.agents import Tool
from langchain.chat_models import ChatOpenAI
from langgraph.graph import StateGraph, END

# 准备本地SQLite数据库（仅首次执行）
conn = sqlite3.connect("sales.db")
df = pd.DataFrame({
    "date": ["2024-07-15", "2024-07-16", "2024-07-17", "2024-07-18"],
    "product": ["A", "B", "A", "C"],
    "amount": [1200, 900, 1600, 400]
})
df.to_sql("sales", conn, if_exists="replace", index=False)

# 工具：SQL查询工具
```

```
def run_sql(query: str) -> str:
    try:
        result = pd.read_sql_query(query, conn)
        return result.to_string(index=False)
    except Exception as e:
        return str(e)

# 工具：Pandas聚合工具（用于分析数据）
def summarize_sales(data: str) -> str:
    try:
        df = pd.read_csv(pd.compat.StringIO(data))
        total = df["amount"].sum()
        return f"总销售额为：{total}元"
    except Exception as e:
        return str(e)

# 工具：调用汇率API（示例使用mock数据）
def fetch_usd_rate(_: str) -> str:
    # 真实接口可使用 requests.get(...)
    return "当前人民币兑美元汇率为 7.1"

# 封装为LangChain Tool
sql_tool = Tool.from_function(name="SQL查询", description="执行SQL查询",
func=run_sql)
pandas_tool = Tool.from_function(name="销售额汇总", description="对CSV格式
销售数据求和", func=summarize_sales)
rate_tool = Tool.from_function(name="查询汇率", description="获取当前美元汇
率", func=fetch_usd_rate)

# LangGraph流程状态结构
class GraphState(dict):
    pass

# 定义节点：执行SQL查询
def sql_query_node(state: GraphState) -> GraphState:
    query = state["sql"]
    result = sql_tool.run(query)
    state["raw_result"] = result
    return state

# 定义节点：对结果执行销售额汇总
def pandas_summary_node(state: GraphState) -> GraphState:
    raw = state["raw_result"]
    # CSV输入格式
    lines = raw.split("\n")
    if len(lines) < 2:
        state["summary"] = "查询结果无效"
        return state
    header = ",".join(lines[0].split())
    rows = [";".join(l.split()) for l in lines[1:]]
    csv_data = header + "\n" + "\n".join([r.replace(";", ",") for r in
rows])
    result = pandas_tool.run(csv_data)
    state["summary"] = result
    return state
```

```
# 定义节点：获取汇率信息
def rate_fetch_node(state: GraphState) -> GraphState:
    result = rate_tool.run("")
    state["rate_info"] = result
    return state

# 构建图结构
builder = StateGraph(GraphState)
builder.add_node("query_db", sql_query_node)
builder.add_node("summarize", pandas_summary_node)
builder.add_node("exchange", rate_fetch_node)

builder.set_entry_point("query_db")
builder.add_edge("query_db", "summarize")
builder.add_edge("summarize", "exchange")
builder.add_edge("exchange", END)

graph = builder.compile()

# 执行图流程
state = graph.invoke({
    "sql": "SELECT * FROM sales WHERE date BETWEEN '2024-07-
15' AND '2024-07-18'"
})
print(state)
```

运行结果如下：

```
{
  'sql': "SELECT * FROM sales WHERE date BETWEEN '2024-07-
15' AND '2024-07-18'",
  'raw_result': '      date product   amount\n2024-07-15        A     1200\
n2024-07-16        B      900\n2024-07-17        A     1600\n2024-07-18
C     400',
  'summary': '总销售额为：4100元',
  'rate_info': '当前人民币兑美元汇率为 7.1'
}
```

通过在LangGraph节点中引入结构化的工具链调用机制，可将自然语言驱动的任务流程与可验证的外部计算逻辑有效结合，实现语言模型与工具系统的协同工作。在结构化查询、业务分析与外部API交互频繁的场景中，该模式具有高度通用性与工程可落地性，特别适用于数据智能平台、运营决策辅助系统及AI客服平台等领域。通过节点解耦与状态传递机制，还可灵活组合更多工具链，实现更复杂的跨系统任务处理流程。

5.3.2 Web Search、Zapier等外部服务集成

在复杂的任务链条中，语言模型往往无法凭自身知识解决实时性、跨平台或动作执行类问题，需依赖外部服务进行数据获取或任务驱动。通过集成Web

Search、Zapier 等外部工具，可将智能体能力延伸至实时搜索、日程管理、自动化邮件发送、CRM 交互等场景，实现感知 - 理解 - 执行的闭环任务结构。

例如处理“查找某公司今日新闻并将摘要同步至 Notion”任务，需要依次联动搜索引擎、摘要工具与 Zapier 连接器，LangGraph 可借助状态传递与节点解耦，实现复杂操作流程中的稳定控制与可插拔集成。

【例 5-8】实现一个集成 Web Search、语言模型摘要与 Zapier 自动化推送的 LangGraph 流程，用于处理新闻检索与通知联动任务。

```
from langgraph.graph import StateGraph, END
from langchain.agents import Tool
from langchain.chat_models import ChatOpenAI
from langchain.prompts import ChatPromptTemplate
import requests

# 工具1: Web Search（可替换为SerpAPI或自有搜索接口）
def web_search(query: str) -> str:
    return f"检索到的内容：{query}相关新闻包括：A公司完成融资，B公司发布新产品"

# 工具2: 自动摘要生成（调用OpenAI摘要链）
def generate_summary(text: str) -> str:
    llm = ChatOpenAI(model_name="gpt-4", temperature=0.3)
    prompt = ChatPromptTemplate.from_messages([
        ("system", "请将以下新闻内容压缩为不超过100字的摘要"),
        ("human", "{news}")
    ])
    chain = prompt | llm
    return chain.invoke({"news": text}).content

# 工具3: Zapier接口调用（发送摘要到Notion或邮箱）
def zapier_push(summary: str) -> str:
    return f"摘要已发送到Zapier自动化系统：{summary}"

# 封装为LangChain工具
search_tool = Tool.from_function(name="Web搜索", description="执行新闻搜索
", func=web_search)
summary_tool = Tool.from_function(name="摘要生成", description="对新闻进行
压缩摘要", func=generate_summary)
zapier_tool = Tool.from_function(name="Zapier推送", description="通过
Zapier发送摘要", func=zapier_push)

# 定义LangGraph状态结构
class GraphState(dict):
    pass

# 节点1: 搜索新闻
def search_news(state: GraphState) -> GraphState:
    keyword = state["keyword"]
    result = search_tool.run(keyword)
    state["news"] = result
    return state

# 节点2: 摘要生成
```

```
def summarize_news(state: GraphState) -> GraphState:
    raw_news = state["news"]
    result = summary_tool.run(raw_news)
    state["summary"] = result
    return state

# 节点3：推送至Zapier服务
def push_to_zapier(state: GraphState) -> GraphState:
    summary = state["summary"]
    result = zapier_tool.run(summary)
    state["zapier_result"] = result
    return state

# 构建图结构
builder = StateGraph(GraphState)
builder.add_node("search", search_news)
builder.add_node("summarize", summarize_news)
builder.add_node("notify", push_to_zapier)

builder.set_entry_point("search")
builder.add_edge("search", "summarize")
builder.add_edge("summarize", "notify")
builder.add_edge("notify", END)

graph = builder.compile()

# 执行图流程
result = graph.invoke({"keyword": "OpenAI 公司动态"})
print(result)
```

运行结果如下：

```
{
    'keyword': 'OpenAI 公司动态',
    'news': '检索到的内容：OpenAI 公司动态相关新闻包括：A公司完成融资，B公司发布新
产品',
    'summary': 'OpenAI相关企业动态包括融资完成与新产品发布，反映行业持续活跃。',
    'zapier_result': '摘要已发送到Zapier自动化系统：OpenAI相关企业动态包括融资完
成与新产品发布，反映行业持续活跃。'
}
```

通过 Web Search 与 Zapier 集成，语言模型不再局限于知识生成任务，而具备了连接现实世界的能力。该模式广泛适用于企业情报追踪、新闻监听、财务监控等实时任务流中，并可结合日程、表单、数据库等服务实现完整自动化操作链。借助 LangGraph 状态结构，外部服务集成的边界得到解耦与控制，为构建具备执行能力与环境感知能力的 AI Agent 提供了可靠支撑。

5.3.3 多 Tool 链路组装与状态路由设计

在智能体执行流程中，单一工具调用往往无法满足复杂业务任务的决策链路

需求，需根据用户意图在多个 Tool 之间进行路由判断与动态组合执行。通过构建多 Tool 链路结构，并结合 LangGraph 条件控制机制，可实现智能体对外部工具的按需调度与路径分发，具备状态驱动的任务编排能力。

在实际应用中，如企业任务助手需要根据不同类型的用户指令自动判断是进行数据库查询、调用搜索引擎还是发送自动化通知，即需构建由“意图识别、路径路由、工具执行”组成的多分支智能体结构，实现高效、可控的多任务处理。

【例 5-9】构建一个基于意图识别的多 Tool 链路结构，通过状态判断将用户输入路由至不同功能节点，完成多任务类型的自动分发与处理。

```
from langgraph.graph import StateGraph, END
from langchain.chat_models import ChatOpenAI
from langchain.prompts import ChatPromptTemplate
from langchain.agents import Tool

# 工具1：数据库查询
def query_database(_: str) -> str:
    return "数据库查询结果：近七天销售额为3.2万元"

# 工具2：信息检索
def search_news(_: str) -> str:
    return "搜索结果：A公司今日宣布收购B公司"

# 工具3：自动发送通知
def send_notification(_: str) -> str:
    return "通知已成功发送至用户邮箱"

# 封装为LangChain Tool
db_tool = Tool.from_function(name="DB查询", description="处理结构化数据查询",
func=query_database)
search_tool = Tool.from_function(name="新闻搜索", description="获取最新公
开信息", func=search_news)
notify_tool = Tool.from_function(name="通知发送", description="发送用户提
示信息", func=send_notification)

# 初始化语言模型用于意图分类
llm = ChatOpenAI(model_name="gpt-4", temperature=0.3)

# 意图识别节点：基于Prompt返回指令类型
def intent_classifier(state: dict) -> dict:
    prompt = ChatPromptTemplate.from_messages([
        ("system", "请从以下三个意图中选择一个：查询数据库、搜索新闻、发送通知，
只返回类型本身"),
        ("human", "{instruction}")
    ])
    chain = prompt | llm
    intent = chain.invoke({"instruction": state["instruction"]}).
content.strip()
    state["intent"] = intent
    return state

# 多路径执行节点（各节点根据意图执行）
```

```
def run_db_tool(state: dict) -> dict:
    state["result"] = db_tool.run("")
    return state

def run_search_tool(state: dict) -> dict:
    state["result"] = search_tool.run("")
    return state

def run_notify_tool(state: dict) -> dict:
    state["result"] = notify_tool.run("")
    return state

# 构建图结构
builder = StateGraph(dict)
builder.add_node("intent_check", intent_classifier)
builder.add_node("run_db", run_db_tool)
builder.add_node("run_search", run_search_tool)
builder.add_node("run_notify", run_notify_tool)

builder.set_entry_point("intent_check")

# 状态路由：根据意图分支到不同Tool节点
builder.add_conditional_edges(
    "intent_check",
    lambda state: state["intent"],
    {
        "查询数据库": "run_db",
        "搜索新闻": "run_search",
        "发送通知": "run_notify"
    }
)

builder.add_edge("run_db", END)
builder.add_edge("run_search", END)
builder.add_edge("run_notify", END)

graph = builder.compile()

# 测试输入：不同意图驱动不同路径
test_1 = graph.invoke({"instruction": "请查询一下最近一周的销售情况"})
test_2 = graph.invoke({"instruction": "看看今天有什么行业新闻"})
test_3 = graph.invoke({"instruction": "向用户推送一条系统通知"})

print(test_1)
print(test_2)
print(test_3)
```

运行结果如下：

```
{'instruction': '请查询一下最近一周的销售情况', 'intent': '查询数据库', 'result': '数据库查询结果：近七天销售额为3.2万元'}
{'instruction': '看看今天有什么行业新闻', 'intent': '搜索新闻', 'result': '搜索结果：A公司今日宣布收购B公司'}
{'instruction': '向用户推送一条系统通知', 'intent': '发送通知', 'result': '通知已成功发送至用户邮箱'}
```

通过构建基于意图识别的多 Tool 链路结构，LangGraph 不仅具备了工具组合能力，还实现了对路径的动态控制与状态感知调度，使模型在执行复杂任务时具备逻辑分支与多功能调度能力。该模式广泛适用于智能办公助手、RPA 执行控制台、自动任务派发中心等多功能场景，具备高度的通用性与可扩展性。状态路由机制保证流程的透明性与可控性，为后续添加复杂策略调度打下了坚实基础。

5.4 文档检索与 RAG 结构集成

面对海量知识的动态接入需求，智能体仅依赖静态参数化模型已难以满足实时性与准确性的要求。通过集成文档检索与 RAG 结构，语言模型可在生成过程中灵活引入外部知识，实现对非结构化文本的高效调用与语义增强，有效提升问答准确性与知识覆盖广度，成为构建知识增强智能体的重要基础。

5.4.1 检索器节点定义与 LangGraph

在知识增强类智能体系统中，检索器（Retriever）节点扮演着关键的知识入口角色，负责根据用户查询从外部知识库中获取与任务相关的文本内容，并将其传递至下游生成节点，形成完整的 RAG 流程。

在 LangGraph 中，检索器节点不仅需要具备调用检索接口的能力，还需将检索结果正确封装进状态，供后续节点消费。实际应用中，如企业问答系统或政策法规助手，用户可能提出包含模糊语义或长尾表达的查询，检索器需从文档库中返回高相关片段，提升语言模型的响应准确性与可信度。因此，构建标准化、结构化的检索器节点是确保语义闭环与流程稳定的核心基础。

【例 5-10】定义一个标准 LangGraph 检索器节点，集成 FAISS 向量数据库与 OpenAI 嵌入模型，并通过下游生成节点完成 RAG 流程，实现知识增强回答。

```
from langgraph.graph import StateGraph, END
from langchain.vectorstores import FAISS
from langchain.embeddings import OpenAIEmbeddings
from langchain.schema import Document
from langchain.chat_models import ChatOpenAI
from langchain.prompts import ChatPromptTemplate
from langchain.chains import LLMChain
from typing import Dict, Any

# 构造临时向量数据库（真实项目应替换为持久向量库）
docs = [
```

```
    Document(page_content="LangGraph是一个用于构建具备状态感知能力的智能体流程
框架。"),
    Document(page_content="LangChain是一套用于连接语言模型与工具链的开发组件。"),
    Document(page_content="RAG技术允许模型动态访问外部知识库，从而增强回答准确
性。"),
    Document(page_content="FAISS是一个用于高效相似度搜索的向量数据库。")
]
embedding_model = OpenAIEmbeddings()
vectorstore = FAISS.from_documents(docs, embedding_model)

# 初始化语言模型
llm = ChatOpenAI(model_name="gpt-4", temperature=0.2)

# 定义LangGraph状态结构
class GraphState(dict):
    pass

# 检索器节点：根据query执行向量检索
def retriever_node(state: GraphState) -> GraphState:
    query = state["query"]
    retrieved_docs = vectorstore.similarity_search(query, k=2)
    contents = "\n".join([doc.page_content for doc in retrieved_docs])
    state["retrieved_content"] = contents
    return state

# 生成节点：注入检索内容生成回答
def generation_node(state: GraphState) -> GraphState:
    prompt = ChatPromptTemplate.from_messages([
        ("system", "请根据以下知识内容回答用户问题。"),
        ("human", "知识片段：{context}\n\n问题：{question}")
    ])
    chain = LLMChain(prompt=prompt, llm=llm)
    result = chain.invoke({"context": state["retrieved_content"], "ques
tion": state["query"]})
    state["answer"] = result["text"]
    return state

# 构建图结构
builder = StateGraph(GraphState)
builder.add_node("retrieve", retriever_node)
builder.add_node("generate", generation_node)

builder.set_entry_point("retrieve")
builder.add_edge("retrieve", "generate")
builder.add_edge("generate", END)

graph = builder.compile()

# 测试样例输入
result = graph.invoke({"query": "LangGraph与LangChain的区别是什么？"})
print(result)
```

运行结果如下：

```
{
  'query': 'LangGraph与LangChain的区别是什么？',
```

```
    'retrieved_content': 'LangGraph是一个用于构建具备状态感知能力的智能体流程框架。\nLangChain是一套用于连接语言模型与工具链的开发组件。',
    'answer': 'LangGraph用于构建具备状态感知和流程控制的智能体系统，而LangChain则提供了语言模型与外部工具、数据源的集成能力，两者可结合使用以实现复杂的智能体任务编排。'
}
```

检索器节点是构建知识增强智能体的第一道入口，其响应质量直接影响后续生成的可信度与相关性。通过LangGraph对检索器节点进行标准化定义，不仅可将检索过程显式纳入状态结构中，还可灵活配置向量模型、知识库类型与召回参数。在企业场景中，该结构广泛适用于FAQ系统、合同分析、技术支持与研发协作等任务中，具备良好的可扩展性与系统弹性，是推动LLM从语言理解走向知识执行的关键基础模块。

5.4.2 向量数据库如FAISS、Chroma接入实战

在智能问答、法律检索、企业知识库等场景中，语言模型对知识的增强依赖向量数据库高效支持语义检索。FAISS作为工业级向量引擎，具备高性能、高吞吐与良好工程扩展性，可与LangChain无缝集成，构建基于语义的检索式问答系统。

在企业产品知识问答任务中，用户输入包含复杂背景描述，仅依赖提示模板生成常出现知识盲区，结合FAISS后，可动态从嵌入索引中提取匹配文段并注入上下文，提升生成精度与可信度。

以下是使用FAISS向量数据库进行文档检索的核心流程，本小节将逐行解析其用法与机制，并以一个完整案例来讲解其综合用法。

```
from langchain.vectorstores import FAISS
from langchain.embeddings import OpenAIEmbeddings
from langchain.schema import Document
```

导入LangChain中的FAISS向量库组件、嵌入模型（用于将文本转换为向量）以及文档数据结构。

```
docs = [
    Document(page_content="LangGraph是一个用于构建具备状态感知能力的智能体流程框架。"),
    Document(page_content="LangChain是一套用于连接语言模型与工具链的开发组件。"),
    Document(page_content="RAG技术允许模型动态访问外部知识库，从而增强回答准确性。"),
    Document(page_content="FAISS是一个用于高效相似度搜索的向量数据库。")
]
```

构建一个文档列表，每个文档由Document对象表示，包含可用于检索的文本内容。

```
embedding_model = OpenAIEmbeddings()
```

初始化 OpenAI Embedding 模型，该模型可将任意文本转换为高维向量，后续用于相似度比较。

```
vectorstore = FAISS.from_documents(docs, embedding_model)
```

调用 from_documents 方法，自动将文档转为向量并构建 FAISS 索引结构，实现向量化检索能力的初始化。

```
retrieved_docs = vectorstore.similarity_search("LangGraph 与 LangChain 的区别", k=2)
```

基于输入查询执行相似度搜索，返回最相关的前两条文档，底层采用余弦相似度进行匹配。

```
contents = "\n".join([doc.page_content for doc in retrieved_docs])
```

提取检索结果中的原始文本内容，并拼接成统一字符串，供语言模型后续使用。

以下示例展示完整的文档预处理、索引构建、检索调用与问答生成流程，构成 RAG 架构的核心调用路径。

【例 5-11】构建基于 FAISS 的问答流程，完成文档嵌入、语义检索与生成回答的集成调用，形成简洁完整的 RAG 式知识增强路径。

```
from langchain.vectorstores import FAISS
from langchain.embeddings import OpenAIEmbeddings
from langchain.chat_models import ChatOpenAI
from langchain.prompts import ChatPromptTemplate
from langchain.schema import Document
from langchain.chains import LLMChain

# 准备嵌入模型与文档数据
embedding = OpenAIEmbeddings()
documents = [
    Document(page_content="X100系列打印机支持无线网络打印和云端同步功能。"),
    Document(page_content="Y200型号具有双面扫描功能，适用于高效文档处理。"),
    Document(page_content="所有产品均支持通过App远程管理与固件升级。")
]

# 构建FAISS索引（实际项目中可持久化）
vectorstore = FAISS.from_documents(documents, embedding)

# 定义LangGraph状态结构
class GraphState(dict):
    pass

# 检索器节点：执行语义搜索并存入状态
```

```
def retrieval_node(state: GraphState) -> GraphState:
    query = state["user_query"]
    results = vectorstore.similarity_search(query, k=2)
    retrieved_text = "\n".join([doc.page_content for doc in results])
    state["context"] = retrieved_text
    return state

# 生成节点：根据检索内容完成问答
def generate_node(state: GraphState) -> GraphState:
    prompt = ChatPromptTemplate.from_messages([
        ("system", "请根据提供的产品知识回答用户问题。"),
        ("human", "知识内容：{context}\n\n用户提问：{query}")
    ])
    chain = prompt | ChatOpenAI(model_name="gpt-4", temperature=0.3)
    answer = chain.invoke({"context": state["context"], "query": state
["user_query"]})
    state["response"] = answer.content
    return state

# 执行图流程
state = GraphState(user_query="哪些打印机支持远程管理？")
state = retrieval_node(state)
state = generate_node(state)
print(state)
```

运行结果如下：

```
{
    'user_query': '哪些打印机支持远程管理？',
    'context': 'X100系列打印机支持无线网络打印和云端同步功能。\n所有产品均支持通过
App远程管理与固件升级。',
    'response': '所有打印机产品均支持通过App远程管理功能，包括X100系列等型号。'
}
```

通过FAISS的接入，可将静态知识库转化为高效可查询的向量索引，使语言模型具备实时感知语义相关文段的能力，并结合LangChain结构完成闭环式问答。在实际业务中，该结构可直接扩展至技术手册检索、政策文本阅读、合规分析等任务场景，具备高可控性与精准度，是智能体系统落地部署的关键组件之一。

在面向终端用户的轻量级知识问答系统中，选择具备本地存储能力与快速启动特性的向量数据库是工程部署的关键考量。Chroma作为支持持久化、本地运行且高度兼容LangChain生态的向量数据库，适用于文档型知识增强任务的快速原型构建与本地化部署。

在客服助手、教育答疑或内部知识索引场景中，系统需将结构化文档以语义方式索引，并基于用户查询返回精确内容，通过Chroma的集合机制、向量构建与语义检索能力，可实现对多轮查询请求的高效支持。

以下是使用Chroma作为LangChain向量数据库的基本流程，下面将逐行说明其用途与逻辑。

```
from langchain.vectorstores import Chroma
from langchain.embeddings import OpenAIEmbeddings
from langchain.schema import Document
```

导入Chroma向量库组件、用于文本转向量的OpenAI Embeddings，以及文档数据结构Document。

```
docs = [
    Document(page_content="LangGraph支持构建具备状态管理的智能体工作流。"),
    Document(page_content="LangChain用于连接语言模型与外部工具链。"),
    Document(page_content="Chroma是一个轻量级本地向量数据库，支持高效相似度检
索。")
]
```

构造待索引的文档列表，每条文本封装为Document对象，是LangChain中统一的知识片段结构。

```
embedding_model = OpenAIEmbeddings()
```

初始化OpenAI嵌入模型，将输入文本转换为向量表示，是后续索引与搜索的基础。

```
vectorstore = Chroma.from_documents(
    documents=docs,
    embedding=embedding_model,
    collection_name="lang_demo"
)
```

调用Chroma.from_documents将文档嵌入并写入本地Chroma数据库，指定集合名称用于组织索引空间。

```
results = vectorstore.similarity_search("LangGraph是做什么的？", k=2)
```

执行向量检索，传入查询语句与返回数量，内部将查询转为向量后与索引进行相似度计算，返回匹配文档。

```
for doc in results:
    print(doc.page_content)
```

遍历返回结果，输出每条匹配文档的原始文本内容，可用于后续提示构建或语言模型生成。

Chroma作为本地化向量数据库，无需依赖外部服务，适用于轻量级部署与开发调试场景。其接口与FAISS高度一致，兼容LangChain检索器标准，用于构建RAG系统，具备良好的灵活性与工程实用性。

以下代码实现从文档加载、嵌入向量生成、Chroma索引构建到问答响应的完整路径。

【例 5-12】完成 Chroma 向量数据库的集成使用，含文档嵌入、集合构建、语义检索与语言模型生成响应，构成完整的 RAG 式知识问答流程。

```
from langchain.vectorstores import Chroma
from langchain.embeddings import OpenAIEmbeddings
from langchain.chat_models import ChatOpenAI
from langchain.prompts import ChatPromptTemplate
from langchain.schema import Document
from langchain.chains import LLMChain

# 构造知识文档集合
docs = [
    Document(page_content="公司规定每位员工年假最多为15天，超出部分需经主管审批。"),
    Document(page_content="报销流程需先提交电子票据至ERP系统，财务将在3个工作日内处理。"),
    Document(page_content="远程办公需在钉钉系统中提交申请并获得主管批准。")
]

# 初始化嵌入模型
embedding = OpenAIEmbeddings()

# 构建Chroma本地向量索引集合
vectorstore = Chroma.from_documents(
    documents=docs,
    embedding=embedding,
    collection_name="hr_policies"
)

# 定义LangGraph兼容状态结构
class GraphState(dict):
    pass

# 检索器节点：执行语义匹配并写入状态
def retrieval_node(state: GraphState) -> GraphState:
    query = state["question"]
    results = vectorstore.similarity_search(query, k=2)
    retrieved = "\n".join([doc.page_content for doc in results])
    state["retrieved_docs"] = retrieved
    return state

# 生成节点：语言模型回答
def response_node(state: GraphState) -> GraphState:
    prompt = ChatPromptTemplate.from_messages([
        ("system", "请根据以下人力资源制度内容回答用户问题："),
        ("human", "内容：{context}\n\n问题：{query}")
    ])
    chain = LLMChain(prompt=prompt, llm=ChatOpenAI(model_name="gpt-4", temperature=0.3))
    result = chain.invoke({"context": state["retrieved_docs"], "query": state["question"]})
    state["answer"] = result["text"]
    return state

# 输入流程
```

```
state = GraphState(question="如果我需要远程办公，应该怎么做？")
state = retrieval_node(state)
state = response_node(state)
print(state)
```

运行结果如下：

```
{
  'question': '如果我需要远程办公，应该怎么做？',
  'retrieved_docs': '远程办公需在钉钉系统中提交申请并获得主管批准。\n公司规定每位
员工年假最多为15天，超出部分需经主管审批。',
  'answer': '如需远程办公，应在钉钉系统中提交申请，并等待主管的批准。'
}
```

Chroma具备本地化部署、存储持久化、集合隔离等特性，是中小规模RAG系统的理想基础设施。结合LangChain嵌入与生成模块，可快速构建出问答流畅、响应准确的知识服务系统。相比于FAISS等纯向量结构，Chroma在原始内容维护与任务域隔离方面更具灵活性，尤其适合在本地企业私域场景下部署面向终端的知识智能体系统。

5.4.3 Retriever、LLM结构

在实际部署的RAG系统中，Retriever与LLM并非简单的串联调用关系，而是应当构建为逻辑分离、状态解耦且可组合的组件结构，以支撑复杂场景中的任务分工、上下文注入与反馈优化。

在LangGraph中，可将Retriever节点设计为信息获取子系统，专注于召回阶段的相关性控制，而LLM节点则专注于上下文融合与语言生成逻辑。以企业内部制度问答系统为例，Retriever节点从Chroma中抽取与员工提问最相关的制度文本片段，LLM节点则在此基础上进行语言生成、规避责任、补全逻辑，是智能体语义完整性与业务可控性的关键。

【例5-13】构建Retriever与LLM作为结构化独立组件，分别负责召回制度文本与生成语言答案，状态通过LangGraph显式传递，形成语义增强式问答流程。

```
from langchain.vectorstores import Chroma
from langchain.embeddings import OpenAIEmbeddings
from langchain.chat_models import ChatOpenAI
from langchain.prompts import ChatPromptTemplate
from langchain.chains import LLMChain
from langchain.schema import Document

# 准备知识文档内容
documents = [
    Document(page_content="员工报销需上传完整发票，审批流程需经过直线经理与财务
审核。"),
```

```
        Document(page_content="每位员工年度培训次数不少于2次，由人力资源部统一安排。"),
        Document(page_content="员工入职需签署保密协议并完成系统安全培训。")
    ]

    # 嵌入模型与向量索引初始化
    embedding_model = OpenAIEmbeddings()
    vectorstore = Chroma.from_documents(documents, embedding_model, collection_
name="employee_policy")

    # 定义LangGraph兼容状态结构
    class GraphState(dict):
        pass

    # 检索器结构：抽象为Retriever
    class Retriever:
        def __init__(self, store, top_k=2):
            self.store = store
            self.top_k = top_k

        def run(self, query: str) -> str:
            docs = self.store.similarity_search(query, k=self.top_k)
            return "\n".join([d.page_content for d in docs])

    # LLM结构：用于融合上下文生成回答
    class QAEngine:
        def __init__(self):
            self.prompt = ChatPromptTemplate.from_messages([
                ("system", "请依据提供的制度知识内容回答用户问题，若无明确说明请保持
中立表述"),
                ("human", "相关制度：{context}\n\n问题：{question}")
            ])
            self.llm = ChatOpenAI(model_name="gpt-4", temperature=0.3)
            self.chain = self.prompt | self.llm

        def run(self, context: str, question: str) -> str:
            return self.chain.invoke({"context": context, "question": quest
ion}).content

    # 实例化组件
    retriever = Retriever(vectorstore)
    qa_engine = QAEngine()

    # 执行LangGraph结构化流程
    state = GraphState()
    state["query"] = "我入职第一天需要完成哪些手续？"
    state["context"] = retriever.run(state["query"])
    state["answer"] = qa_engine.run(state["context"], state["query"])
    print(state)
```

运行结果如下：

```
    {
      'query': '我入职第一天需要完成哪些手续？',
      'context': '员工入职需签署保密协议并完成系统安全培训。\n员工报销需上传完整发票，
审批流程需经过直线经理与财务审核。',
```

```
    'answer': '入职第一天需签署保密协议并完成系统安全培训，其他手续将由HR安排逐步推进。'
  }
```

将 Retriever 与 LLM 解耦并构建为标准可复用结构，有助于系统在高复杂度任务中保持清晰的数据流、可追踪的决策链与模块级扩展能力。Retriever 可独立部署为异步召回服务，支持向量模型更新与召回策略优化；LLM 则可根据业务场景灵活切换模型架构或提示模板。在问答系统、法律咨询、企业流程指引等场景中，该结构具有稳定性高、调试粒度细与部署策略灵活的优势，是智能体语义系统可演进架构的基础形态。

5.5 本章小结

本章系统构建了 LangGraph 与 LangChain 在智能体开发中的深度集成路径，围绕 LLM 节点封装、Memory 系统建模、工具链调用与 RAG 结构实现等关键机制展开。通过 LangChain 的链式表达能力与工具模块支持，LangGraph 具备了更强的上下文感知、语义检索与执行调度能力。多种外部接口（如 SQL、Pandas、Web Search、Zapier）在图结构中被抽象为标准节点，通过状态传递实现稳定耦合。

第 6 章

高阶状态建模与跨图结构设计

随着智能体任务场景的复杂性不断提升，单一图结构已难以满足模块隔离、任务演化与流程复用等高阶建模需求。为了实现灵活的状态组织方式与跨图协同执行机制，亟需引入多层状态映射、图内图调用、图状态路由等结构性设计能力，从而支撑大型智能体系统的功能编排与行为演化。

6.1 复杂状态对象与类型系统

在状态驱动的智能体流程中，基础的键值对结构已难以表达多层嵌套、动态可扩展的上下文信息，亟需构建具备类型安全与结构约束能力的复杂状态对象系统。通过引入显式类型系统与结构化数据模型，可提升节点间的数据一致性、增强状态传递的可验证性，并为后续的调试、版本控制与自动化测试提供机制保障。

6.1.1 使用 TypedDict 定义复杂嵌套结构

在 LangGraph 状态流转过程中，节点间传递的信息往往不仅仅限于简单的键值对，而是包含层次结构、条件字段与嵌套上下文的复杂对象。在企业级任务编排中，常见的如客户工单系统、任务上下文追踪、消息队列封装等场景，都需要在状态对象中携带嵌套结构的数据。

为此，引入 Python 标准库中的 TypedDict 机制，可显式定义嵌套字段的结构与类型，增强 LangGraph 状态对象的静态校验能力，并有助于在多团队协作中统一数据契约。以下示例展示如何基于 TypedDict 构建层级清晰的任务状态结构，并在节点函数中安全读取与修改嵌套字段内容。

【例6-1】定义层级嵌套的 TypedDict 结构并在 LangGraph 中注册为状态对象，实现节点函数对嵌套字段的安全访问与结构约束。

```
from typing import TypedDict, Literal, Union, List
from langgraph.graph import StateGraph, END

# 定义嵌套类型结构
class MetaInfo(TypedDict):
    request_id: str
    timestamp: str

class UserContext(TypedDict):
    user_id: str
    role: Literal["admin", "staff", "client"]
    permissions: List[str]
```

```
class TaskPayload(TypedDict):
    task_type: str
    parameters: dict

class WorkflowState(TypedDict):
    meta: MetaInfo
    user: UserContext
    task: TaskPayload
    status: Literal["pending", "running", "completed"]

# 节点函数：初始化状态并添加默认字段
def init_state(_: dict) -> WorkflowState:
    return {
        "meta": {
            "request_id": "REQ-20250728-001",
            "timestamp": "2025-07-28T10:20:00"
        },
        "user": {
            "user_id": "U123456",
            "role": "client",
            "permissions": ["read", "submit"]
        },
        "task": {
            "task_type": "document_translation",
            "parameters": {"source_lang": "zh", "target_lang": "en",
"doc_id": "DOC-789"}
        },
        "status": "pending"
    }

# 节点函数：处理任务并更新嵌套状态字段
def execute_task(state: WorkflowState) -> WorkflowState:
    task_info = state["task"]
    if task_info["task_type"] == "document_translation":
        # 处理
        task_info["parameters"]["translation_status"] = "success"
        state["status"] = "completed"
    return state

# 构建图结构
builder = StateGraph(WorkflowState)
builder.add_node("init", init_state)
builder.add_node("execute", execute_task)

builder.set_entry_point("init")
builder.add_edge("init", "execute")
builder.add_edge("execute", END)

graph = builder.compile()

# 执行图流程
output = graph.invoke({})
print(output)
```

运行结果如下：

```
{
  'meta': {
    'request_id': 'REQ-20250728-001',
    'timestamp': '2025-07-28T10:20:00'
  },
  'user': {
    'user_id': 'U123456',
    'role': 'client',
    'permissions': ['read', 'submit']
  },
  'task': {
    'task_type': 'document_translation',
    'parameters': {
      'source_lang': 'zh',
      'target_lang': 'en',
      'doc_id': 'DOC-789',
      'translation_status': 'success'
    }
  },
  'status': 'completed'
}
```

通过 TypedDict 构建多层嵌套的状态对象结构，可显著增强 LangGraph 图结构中状态流的可读性与类型安全性，尤其在多人协作或大型项目中可作为数据契约的核心形式。相比于使用原始 dict 结构，TypedDict 可在开发阶段发现字段错误、缺失值或类型不一致的问题，降低节点逻辑出错概率。同时该模式对接 IDE 静态分析与自动补全机制，在构建复杂流程图时具有良好的工程实践价值。

6.1.2 类型验证与运行时错误规避

在智能体系统的复杂流程中，状态对象在多个节点之间持续传递与更新，若缺乏明确的类型约束，极易因字段缺失、类型不匹配或结构不一致导致运行时错误，影响流程稳定性与可调试性。为此，引入显式的类型验证机制成为保障流程正确性的重要手段。

结合 TypedDict、Literal、Union 等 Python 类型系统工具，可在节点函数中对输入状态结构进行静态限定，从源头上规避非法状态输入，并在开发阶段捕获潜在错误。此外，还可借助 pydantic 等运行时类型验证库，在任务执行前对状态数据进行格式校验与默认值填充，提升系统的鲁棒性与容错能力。

类型验证不仅约束字段存在与否，更涉及字段值的取值范围、嵌套结构的层级规范与分支路径的合法性。例如在多路径条件跳转中，若状态中 intent 字段类型未限定为有限枚举值，极易因路径匹配失败导致图结构终止。

通过在 LangGraph 中结合类型声明与运行时检查机制，可实现节点输入的结构化预验证、输出的一致性保障以及异常状态的主动拦截，形成闭环的状态健康管理体系，为构建高可靠性的智能体流程图提供工程级保障。

6.1.3 自定义状态类与序列化控制

在 LangGraph 状态驱动的流程图中，标准字典类型虽然满足基本的字段传递需求，但在涉及状态封装、安全控制、序列化压缩或跨模块接口时，缺乏灵活性与可扩展性。通过自定义状态类并结合序列化控制逻辑，可实现更高层级的状态表达能力，支持字段只读保护、自定义导出格式、属性计算与敏感信息隐藏等功能。

在企业级多流程系统中，任务状态往往需要跨子图传递、日志归档或远程同步，使用具备序列化协议的状态对象将显著提升数据结构的稳定性与兼容性。以下示例展示如何基于 pydantic.BaseModel 定义结构化状态类，并集成至 LangGraph 图结构中使用，同时对状态输出行为进行自定义控制。

【例 6-2】构建具备字段控制与导出策略的自定义状态类，集成至 LangGraph 流程中使用，提升状态表达能力与序列化控制能力。

```
from langgraph.graph import StateGraph, END
from pydantic import BaseModel, Field
from typing import Literal

# 定义自定义状态类，继承自pydantic模型
class TaskState(BaseModel):
    task_id: str
    task_type: Literal["translation", "summarization"]
    input_text: str
    result: str = ""
    internal_token: str = Field(..., exclude=True)  # 不参与序列化
    step: int = 0

    def increment_step(self):
        self.step += 1

    def dict(self, *args, **kwargs):
        # 自定义导出格式：只导出部分字段
        base = super().dict(*args, **kwargs)
        return {k: base[k] for k in base if k not in {"internal_token"}}

# 节点：初始化任务状态
def init_state(_: dict) -> TaskState:
    return TaskState(
        task_id="T-20250728-01",
        task_type="translation",
        input_text="LangGraph是一个用于智能体流程编排的框架。",
        internal_token="SECURE-KEY-XYZ"
    )

# 节点：执行处理并更新状态
```

```
    def process_task(state: TaskState) -> TaskState:
        state.increment_step()
        if state.task_type == "translation":
            # 翻译逻辑
            state.result = "LangGraph is a framework for orchestrating agent workflows."
        return state

    # 构建图结构
    builder = StateGraph(TaskState)
    builder.add_node("init", init_state)
    builder.add_node("process", process_task)

    builder.set_entry_point("init")
    builder.add_edge("init", "process")
    builder.add_edge("process", END)

    graph = builder.compile()

    # 执行图流程
    result = graph.invoke({})
    print(result)
```

运行结果如下:

```
{
  'task_id': 'T-20250728-01',
  'task_type': 'translation',
  'input_text': 'LangGraph是一个用于智能体流程编排的框架。',
  'result': 'LangGraph is a framework for orchestrating agent workflows.',
  'step': 1
}
```

自定义状态类不仅使状态结构具备类型安全，还支持对字段行为进行精细化管理，包括默认值设置、只读属性、导出时字段排除与方法封装。在复杂业务系统中，状态对象往往需要在日志系统、缓存系统、远程 API 接口等多种上下游结构间流通，自定义模型可统一结构定义、序列化接口与字段约束，提升系统整体的可维护性与可靠性。通过在 LangGraph 中使用此机制，能够实现高一致性的数据表达体系与多模块间的状态复用能力。

6.1.4 动态字段与临时状态管理

在智能体流程执行过程中，部分状态字段仅用于中间节点的暂存、决策或调试，不应被长期保留或写入持久化存储中。为此，需引入动态字段与临时状态机制，对这类仅在流程执行期存活的字段进行统一管理。

在 LangGraph 中，结合可变状态对象与字段作用域控制策略，可在不破坏核心状态结构的前提下实现节点间临时变量的传递。例如在一个任务评估流程中，中间节点可生成局部判断结果用于后续分支逻辑，评估完成后则清除相关字段以避免污染最终状态快照。

以下示例展示如何使用扩展字段结构，在主图状态对象中挂载动态字段，并通过节点函数动态注入、读取与清除这些临时值。

【例 6-3】定义带有动态字段的状态对象结构，在流程中动态写入、读取与清除临时字段，实现节点间短生命周期状态变量的安全传递与隔离管理。

```
from langgraph.graph import StateGraph, END
from pydantic import BaseModel, Field
from typing import Optional, Dict, Any

# 定义状态类：主图状态结构保持稳定，临时字段集中存放于dynamic字段中
class TaskState(BaseModel):
    task_id: str
    input_text: str
    result: Optional[str] = None
    dynamic: Dict[str, Any] = Field(default_factory=dict)

# 节点：执行初步判断，写入临时字段
def evaluate_node(state: TaskState) -> TaskState:
    text_length = len(state.input_text)
    # 临时字段用于传递下一节点的控制逻辑
    state.dynamic["length_category"] = "short" if text_length < 50
else "long"
    return state

# 节点：根据临时字段进行条件处理
def conditional_process_node(state: TaskState) -> TaskState:
    category = state.dynamic.get("length_category", "unknown")
    if category == "short":
        state.result = f"[简短摘要]: {state.input_text[:20]}..."
    else:
        state.result = f"[完整处理]: 原文长度为{len(state.input_text)}字"
    return state

# 节点：清除临时字段，保持状态干净
def cleanup_node(state: TaskState) -> TaskState:
    state.dynamic.clear()
    return state

# 构建图结构
builder = StateGraph(TaskState)
builder.add_node("eval", evaluate_node)
builder.add_node("process", conditional_process_node)
builder.add_node("cleanup", cleanup_node)

builder.set_entry_point("eval")
builder.add_edge("eval", "process")
builder.add_edge("process", "cleanup")
builder.add_edge("cleanup", END)

graph = builder.compile()
```

```
# 执行图流程
output = graph.invoke({
    "task_id": "TASK-001",
    "input_text": "LangGraph支持构建状态驱动的智能体流程，具备图结构与控制边界能力。"
})
print(output)
```

运行结果如下：

```
{
  'task_id': 'TASK-001',
  'input_text': 'LangGraph支持构建状态驱动的智能体流程，具备图结构与控制边界能力。',
  'result': '[完整处理]: 原文长度为40字',
  'dynamic': {}
}
```

动态字段机制为LangGraph流程提供了灵活的状态临时存储能力，在不破坏主结构稳定性的前提下支持中间态的动态计算与条件调度，适用于多轮判定、路径选择、局部缓存等复杂流程控制场景。

通过将临时字段集中封装于dynamic字段中，可有效提升状态对象的可读性与可控性，并在状态持久化或外部接口暴露时进行统一清理，从而构建更安全、可维护、结构清晰的智能体流程系统。

6.2 多图协同机制与主从图结构

在大型智能体系统的构建中，单一图模型往往难以承载多层任务逻辑与异步流程协同，需引入多图协同机制以实现功能模块的解耦与复用。通过主从图结构的组织方式，可在主图中统一调度子图执行，实现跨任务调用、局部状态隔离与流程级控制边界的精细化管理。

6.2.1 主图调度子图

在多阶段流程复杂度较高的智能体系统中，将任务划分为多个子流程（子图）并通过主流程（主图）统一调度，是提升系统可维护性与模块复用能力的重要手段。

典型如企业服务自动化场景中，不同业务流程（如合同生成、客户评级、故障处理）可被封装为子图模块，由主图根据用户请求或任务类型调用对应子图，完成闭环处理。

LangGraph支持主图节点中调用编译后的子图对象，并可通过状态结构将输入参数传递至子图内部，再将子图返回结果合并回主图状态，实现跨图的数据一致性与流程透明性。

【例6-4】通过主图中的节点逻辑动态调度两个子流程，分别实现客户评级与报告生成任务，构建具备模块复用能力的跨图流程结构。

```
from langgraph.graph import StateGraph, END
from typing import TypedDict, Literal

# 定义统一状态结构
class AppState(TypedDict):
    task_type: Literal["rating", "report"]
    user_id: str
    result: str

# 子图1：客户评级流程
def evaluate_risk(state: AppState) -> AppState:
    if state["user_id"].startswith("VIP"):
        state["result"] = "高优先级客户，评级A"
    else:
        state["result"] = "普通客户，评级B"
    return state

def build_rating_subgraph():
    builder = StateGraph(AppState)
    builder.add_node("risk_eval", evaluate_risk)
    builder.set_entry_point("risk_eval")
    builder.add_edge("risk_eval", END)
    return builder.compile()

# 子图2：生成报告流程
def generate_report(state: AppState) -> AppState:
    state["result"] = f"为用户{state['user_id']}生成报告：已完成"
    return state

def build_report_subgraph():
    builder = StateGraph(AppState)
    builder.add_node("report", generate_report)
    builder.set_entry_point("report")
    builder.add_edge("report", END)
    return builder.compile()

# 主图：根据task_type调度子图
def dispatch_node(state: AppState) -> AppState:
    task_type = state["task_type"]
    if task_type == "rating":
        subgraph = build_rating_subgraph()
    else:
        subgraph = build_report_subgraph()
    # 调用子图并更新主图状态
    return subgraph.invoke(state)

# 构建主图
```

```
    main_builder = StateGraph(AppState)
    main_builder.add_node("dispatch", dispatch_node)
    main_builder.set_entry_point("dispatch")
    main_builder.add_edge("dispatch", END)

    main_graph = main_builder.compile()

    # 执行主流程
    output_1 = main_graph.invoke({"task_type": "rating", "user_id": "VIP-
001", "result": ""})
    output_2 = main_graph.invoke({"task_type": "report", "user_
id": "U56789", "result": ""})
    print(output_1)
    print(output_2)
```

运行结果如下：

```
    {'task_type': 'rating', 'user_id': 'VIP-001', 'result': '高优先级客户，评
级A'}
    {'task_type': 'report', 'user_id': 'U56789', 'result': '为用户U56789生成
报告：已完成'}
```

主图调度子图机制有效解决了流程复用、模块解耦与任务复合执行的复杂性问题。在大型智能体系统中，不同子图可由专属团队维护与测试，而主图作为调度器负责任务入口判定与统一接口输出，从而实现工程可维护性与逻辑清晰性的双重提升。

状态结构的一致性定义是保证主、子图协作的关键，推荐在设计初期统一字段规范，避免因结构不匹配造成运行时异常。该模式广泛适用于对多业务路径统一编排、流程逻辑可组合的智能体应用系统。

6.2.2 子图回传数据

在多阶段智能体任务中，子图不仅是流程的执行单元，更是信息的处理节点，其回传数据需完整映射回主图状态，以支持后续决策与流程分支。在构建LangGraph 的主从图结构时，子图返回值常通过状态对象进行承载，主图节点接收子图执行结果后，可选择性地提取关键信息写入主图状态，或合并整个子图状态用于全局上下文更新。

典型业务如用户表单处理流程中，主图负责流程控制与结果汇总，而子图完成分步填写、验证与结构生成，所有中间产出需通过回传机制反馈给主流程并参与后续决策，保障数据闭环一致性。以下示例展示主图如何调用子图并接收子图执行结果，将其中关键信息写入主图状态。

【例 6-5】主图调用子图执行流程，并从子图输出中提取必要字段合并回主图状态，形成闭环数据回传路径。

```python
from langgraph.graph import StateGraph, END
from typing import TypedDict, Literal, Optional

# 定义子图状态结构
class SubTaskState(TypedDict):
    sub_result: str
    reason: Optional[str]

# 定义主图状态结构
class MainState(TypedDict):
    user_id: str
    task: Literal["feedback", "review"]
    decision: Optional[str]
    reason: Optional[str]

# 子图节点：生成子任务输出
def feedback_evaluation(state: SubTaskState) -> SubTaskState:
    # 简单逻辑：判断反馈质量
    state["sub_result"] = "accept"
    state["reason"] = "内容完整，表达清晰"
    return state

# 构建子图
def build_feedback_subgraph():
    builder = StateGraph(SubTaskState)
    builder.add_node("evaluate", feedback_evaluation)
    builder.set_entry_point("evaluate")
    builder.add_edge("evaluate", END)
    return builder.compile()

# 主图节点：调用子图并合并结果
def run_feedback_and_merge(state: MainState) -> MainState:
    subgraph = build_feedback_subgraph()
    # 构造子图状态初始输入（可提取主图信息）
    sub_input = {"sub_result": "", "reason": None}
    sub_output = subgraph.invoke(sub_input)
    # 合并子图结果到主图状态
    state["decision"] = sub_output["sub_result"]
    state["reason"] = sub_output["reason"]
    return state

# 构建主图
builder = StateGraph(MainState)
builder.add_node("run_feedback", run_feedback_and_merge)
builder.set_entry_point("run_feedback")
builder.add_edge("run_feedback", END)
main_graph = builder.compile()

# 执行主流程
output = main_graph.invoke({
    "user_id": "U77889",
    "task": "feedback",
    "decision": None,
    "reason": None
})
print(output)
```

运行结果如下：

```
{
  'user_id': 'U77889',
  'task': 'feedback',
  'decision': 'accept',
  'reason': '内容完整，表达清晰'
}
```

通过子图回传机制，LangGraph 可支持模块化流程的输出结果在主流程中继续被引用与组合，增强流程可组合性与任务结果传导性。

状态合并策略可灵活设计，既可全量同步子图状态，也可选择性映射关键字段，有助于保持主图状态结构清晰。该机制适用于表单填报、多轮推理、辅助判断与分布式任务聚合等复杂流程场景，是支撑大规模智能体图级协同运行的核心能力之一。

6.2.3 跨图状态同步

在多图协同的智能体系统中，不同图之间往往需要共享部分状态信息以完成联动、监控或聚合操作，单纯依靠子图返回主图已无法满足复杂依赖场景。为实现跨图状态同步，可在主图与多个子图之间引入状态传递中间层或统一上下文映射机制，确保多个图实例对某些关键字段具备读写一致性。

例如在多阶段审批系统中，审批流程、异常处理流程和归档流程分别由不同图结构控制，但审批状态字段需在各流程中保持同步。以下示例展示如何在多个独立子图间传递并更新共享状态，实现跨图状态的一致更新。

【例 6-6】构建两个独立子图，通过主图顺序调度并传递状态，实现审批状态在归档判断流程中的同步与联动更新。

```
from langgraph.graph import StateGraph, END
from typing import TypedDict, Literal

# 定义统一状态结构
class GlobalState(TypedDict):
    process_id: str
    approval: Literal["pending", "approved", "rejected"]
    archive_ready: bool

# 子图1：审批流程
def approve_node(state: GlobalState) -> GlobalState:
    # 审批通过
    state["approval"] = "approved"
    return state

def build_approval_graph():
    builder = StateGraph(GlobalState)
```

```
    builder.add_node("approve", approve_node)
    builder.set_entry_point("approve")
    builder.add_edge("approve", END)
    return builder.compile()

# 子图2：归档流程，需基于审批状态同步设置归档标记
def archive_check_node(state: GlobalState) -> GlobalState:
    state["archive_ready"] = (state["approval"] == "approved")
    return state

def build_archive_graph():
    builder = StateGraph(GlobalState)
    builder.add_node("check", archive_check_node)
    builder.set_entry_point("check")
    builder.add_edge("check", END)
    return builder.compile()

# 主图控制流程：串联两个子图并同步状态
def run_approval_and_archive(state: GlobalState) -> GlobalState:
    approval_graph = build_approval_graph()
    archive_graph = build_archive_graph()

    # 第一步：审批子图修改状态
    state = approval_graph.invoke(state)

    # 第二步：归档子图读取状态并更新归档标记
    state = archive_graph.invoke(state)
    return state

# 构建主图
main_builder = StateGraph(GlobalState)
main_builder.add_node("run_all", run_approval_and_archive)
main_builder.set_entry_point("run_all")
main_builder.add_edge("run_all", END)
main_graph = main_builder.compile()

# 执行主图
result = main_graph.invoke({
    "process_id": "PROC-1001",
    "approval": "pending",
    "archive_ready": False
})
print(result)
```

运行结果如下：

```
{
  'process_id': 'PROC-1001',
  'approval': 'approved',
  'archive_ready': True
}
```

通过状态结构的统一定义与跨图传递，LangGraph支持主图在多子图间进行字段级同步，保证核心状态的一致性与时效性。相较于传统流程嵌套方式，跨图

同步机制提升了各子图的解耦能力，支持图结构按职责模块化定义，在业务规模扩大时具备更强的可维护性与扩展弹性。该模式适用于多阶段处理、任务联动决策、流程分区执行等场景，是构建图级可协同的状态管理体系的基础能力。

6.2.4 多图上下文隔离与故障封闭

在智能体系统中引入多图架构后，若各图之间状态耦合过紧，将导致局部异常影响全局逻辑，降低系统稳定性与容错能力。为提升健壮性，可通过上下文隔离与故障封闭机制，将子图执行限定在局部状态副本中运行，避免其错误直接污染主流程。

例如在用户画像构建任务中，主图负责控制数据聚合流程，若某一子图失败（如标签生成模块出错），应封闭其异常状态，仅回传默认值或错误标记，不中断主图的后续逻辑。以下示例展示如何在LangGraph中通过复制状态副本执行子图、捕获异常并封装返回结果，实现上下文隔离与故障控制。

【例6-7】构建子图封闭运行机制，通过状态副本进行执行与异常隔离，避免局部异常影响主流程，实现故障封闭与上下文安全控制。

```
from langgraph.graph import StateGraph, END
from typing import TypedDict, Optional
import copy

# 定义主图状态结构
class MainState(TypedDict):
    user_id: str
    base_profile: str
    extended_tags: Optional[str]
    tag_status: str  # success / failed

# 子图节点：标签生成流程，异常情况
def tag_generation_node(state: MainState) -> MainState:
    if state["user_id"].startswith("ERR"):
        raise ValueError("用户数据异常，无法生成标签")
    state["extended_tags"] = f"标签：{{用户-{state['user_id']}-偏好组}}"
    return state

def build_tag_subgraph():
    builder = StateGraph(MainState)
    builder.add_node("gen_tags", tag_generation_node)
    builder.set_entry_point("gen_tags")
    builder.add_edge("gen_tags", END)
    return builder.compile()

# 主图节点：封闭子图异常，隔离上下文执行
def run_tag_subgraph_with_isolation(state: MainState) -> MainState:
    subgraph = build_tag_subgraph()
    # 深拷贝状态用于隔离
```

```
    isolated_state = copy.deepcopy(state)
    try:
        result = subgraph.invoke(isolated_state)
        state["extended_tags"] = result["extended_tags"]
        state["tag_status"] = "success"
    except Exception as e:
        state["extended_tags"] = None
        state["tag_status"] = "failed"
    return state

# 构建主图结构
builder = StateGraph(MainState)
builder.add_node("handle_tags", run_tag_subgraph_with_isolation)
builder.set_entry_point("handle_tags")
builder.add_edge("handle_tags", END)
main_graph = builder.compile()

# 正常数据执行
output1 = main_graph.invoke({
    "user_id": "U1001",
    "base_profile": "基本画像：金融行业，35岁，男性",
    "extended_tags": None,
    "tag_status": ""
})

# 异常数据执行
output2 = main_graph.invoke({
    "user_id": "ERR-0001",
    "base_profile": "基本画像：未知",
    "extended_tags": None,
    "tag_status": ""
})

print(output1)
print(output2)
```

运行结果如下:

```
{
  'user_id': 'U1001',
  'base_profile': '基本画像：金融行业，35岁，男性',
  'extended_tags': '标签：{用户-U1001-偏好组}',
  'tag_status': 'success'
}
{
  'user_id': 'ERR-0001',
  'base_profile': '基本画像：未知',
  'extended_tags': None,
  'tag_status': 'failed'
}
```

通过上下文隔离与异常捕获机制，可确保子任务局部失败不会传染全局状态，从而构建具备局部可恢复性与异常容忍能力的智能体系统。状态隔离基于结构深拷贝，具备明确边界，不影响主流程稳定性，同时可在子图错误场景中打标记录，用于后续回溯或补偿。该机制适用于高可靠性系统中的任务分派、异常治理、并发容错等场景，是支撑多图协同稳定运行的重要工程保障手段。

6.3 图模块复用与 DSL 构建

面对智能体流程在多场景、多任务间的迁移需求，构建具备复用能力的图模块与专用描述语言成为提升开发效率与系统可维护性的关键。借助图结构的模块化表达与 DSL 的结构化定义能力，可实现跨项目流程共享、任务片段封装与业务逻辑的可声明式配置，进而推动智能体系统向高抽象、低耦合的工程体系演进。

6.3.1 将节点抽象为可复用 GraphComponent

在 LangGraph 中，将节点抽象为可复用的 GraphComponent，是实现模块化图结构与流程复用的关键手段。其核心在于将具备封装性与通用性的节点逻辑，以组件形式定义清晰的输入输出边界，并通过统一接口暴露配置参数和内部状态结构。GraphComponent 不仅可被主图或子图直接引用，还可组合形成更高层次的流程构件，实现图模块的层级复用与部署独立性。

构建 GraphComponent 通常需要以标准函数或异步方法为基础，结合输入状态定义、执行函数逻辑以及返回路径策略进行封装。对于复杂节点，还可嵌套调用其他组件或子图，实现内部多步执行。借助 DSL 或配置化方式注册组件，可在多个图实例中复用该逻辑单元，避免冗余代码，提高系统可维护性与可扩展性。

图 6-1 左图展示了从原始数据集中提取结构相似的子图，通过图聚类或结构划分方式构建 ConcreteGraph，其中每个子图对应可复用的功能组件。这些子图

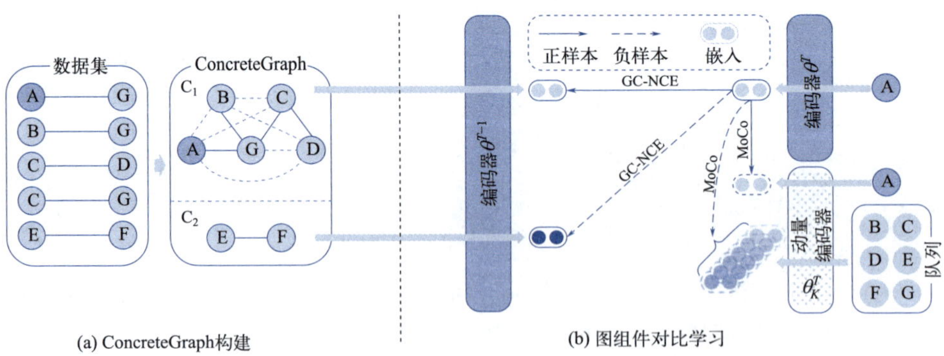

图 6-1 基于子图挖掘与对比学习的 GraphComponent 构造机制

通过节点关系和属性耦合形成逻辑片段，具备封装为 GraphComponent 的边界条件，便于跨流程复用与调度。右图则基于对比学习机制进行组件级嵌入优化，引入 GC-NCE 策略在正、负样本之间构建判别模型，利用编码器训练可泛化的图表示。将编码后的组件送入向量空间，通过队列机制维持历史对比样本，从而提升 GraphComponent 在多场景下的迁移鲁棒性与表达一致性。

以下为如何将节点抽象为可复用 GraphComponent 的代码讲解，展示如何将 LangGraph 中的功能节点封装成独立的、可复用的 GraphComponent 模块，用于流程模块化、业务复用与图结构整合。

```
from langgraph.graph import GraphComponent, StateGraph, END
from typing import TypedDict

# 定义状态类型，GraphComponent需要明确定义输入输出字段
class MathState(TypedDict):
    x: int
    y: int
    result: int

# 定义一个可复用的加法节点函数
def add_node(state: MathState) -> MathState:
    state["result"] = state["x"] + state["y"]
    return state
```

上述部分首先定义了一个结构化状态字典 MathState，接着构造一个执行加法运算的节点函数，该函数符合 LangGraph 节点接口要求，即输入输出均为状态。

```
# 构建一个GraphComponent，封装为加法组件
class AddComponent(GraphComponent):
    def __init__(self):
        # 定义组件的状态类型
        super().__init__(input_type=MathState)
        # 使用StateGraph构建图组件的内部流程
        builder = StateGraph(MathState)
        builder.add_node("add", add_node)
        builder.set_entry_point("add")
        builder.add_edge("add", END)
        self.graph = builder.compile()
```

通过继承 GraphComponent 类，封装一个自定义组件。该组件在构造函数中定义了输入状态类型，并通过内部构建的 StateGraph 绑定执行逻辑与节点流程，最终将图赋值给 self.graph 供主图调用。

```
# 构建主图，复用AddComponent
class MasterState(TypedDict):
    x: int
    y: int
    result: int
```

```
add_component = AddComponent()

main_graph_builder = StateGraph(MasterState)
main_graph_builder.add_node("do_add", add_component)  # 嵌套使用子图组件
main_graph_builder.set_entry_point("do_add")
main_graph_builder.add_edge("do_add", END)
main_graph = main_graph_builder.compile()
```

主图使用 MasterState 定义顶层状态，并将 AddComponent 作为普通节点接入主图，通过 add_node 注册组件实例，实现跨图结构复用。主图调用子图的输入输出由 TypedDict 结构保持兼容。

```
# 执行主图
result = main_graph.invoke({"x": 5, "y": 8, "result": 0})
print(result)
```

主图实际调用过程与普通节点一致，传入状态字典，执行 invoke 方法，最终返回计算后的状态结果。运行结果如下：

```
{'x': 5, 'y': 8, 'result': 13}
```

通过将单个节点封装为 GraphComponent，可实现节点逻辑模块化、封装内部流程，并支持类型系统与状态管理的一致性，使跨项目图结构复用更加灵活高效。该方式特别适用于构建算子组件、标准化工具节点及跨领域通用能力节点。

6.3.2 构建图模块库与自定义 DSL 封装

在复杂智能体系统中，流程复用与组件标准化已成为工程实现的关键策略。为了应对多任务图结构频繁复用、流程组合复杂度提升等挑战，有必要将典型流程结构抽象为模块化图组件，并通过专用 DSL 对其封装，以提升配置灵活性与系统适配效率。

本节聚焦于如何构建可复用的图模块库，以及如何通过简化语言将其面向业务封装为可配置、可调度的结构，从而满足不同智能体工作流对上下游流程的差异化诉求。

【例 6-8】实现一个基于 LangGraph 的图模块复用体系，定义两个 GraphComponent 并通过简化 DSL 组合封装，最终构建一个包含检索与回答流程的完整智能体图。

```
from typing import TypedDict, Annotated
from langgraph.graph import StateGraph, END, GraphComponent
from langchain_core.runnables import RunnableLambda
from langchain_core.prompts import PromptTemplate
from langchain.chat_models import ChatOpenAI
```

```
from langchain_core.output_parsers import StrOutputParser

# 定义状态数据结构，便于多组件间统一接口
class InputState(TypedDict):
    user_query: str
    retrieved_info: str
    final_answer: str

# 统一语言模型节点
def llm_node(prompt_template: str) -> RunnableLambda:
    prompt = PromptTemplate.from_template(prompt_template)
    chain = prompt | ChatOpenAI(temperature=0) | StrOutputParser()
    return RunnableLambda(lambda state: {"result": chain.invoke(state)})

# 定义图组件：基于查询的检索处理模块
class RetrievalComponent(GraphComponent):
    def __init__(self):
        super().__init__(
            input_type=InputState,
            output_type=InputState
        )
        self.graph = StateGraph(InputState)
        self.graph.add_node("retrieve", RunnableLambda(lambda state: {
            "retrieved_info": f"检索知识库中与[{state['user_query']}]相关
的信息"
        }))
        self.graph.set_entry_point("retrieve")
        self.graph.set_finish_point("retrieve")

# 定义图组件：基于上下文生成最终回答
class AnswerComponent(GraphComponent):
    def __init__(self):
        super().__init__(
            input_type=InputState,
            output_type=InputState
        )
        self.graph = StateGraph(InputState)
        self.graph.add_node("respond", RunnableLambda(lambda state: {
            "final_answer": f"基于上下文[{state['retrieved_info']}]与问题
[{state['user_query']}]生成回答"
        }))
        self.graph.set_entry_point("respond")
        self.graph.set_finish_point("respond")

# 使用DSL方式将图组件组合封装
class AgentDSL:
    def __init__(self):
        self.components = {
            "retrieval": RetrievalComponent(),
            "answering": AnswerComponent()
        }

    def build_graph(self, flow: list[str]) -> StateGraph:
        graph = StateGraph(InputState)
        prev = None
        for i, key in enumerate(flow):
```

```
            graph.add_node(key, self.components[key])
            if i == 0:
                graph.set_entry_point(key)
            if prev:
                graph.add_edge(prev, key)
            prev = key
        graph.set_finish_point(prev)
        return graph

# 基于DSL指令组合一个图流程
dsl = AgentDSL()
graph = dsl.build_graph(["retrieval", "answering"])
app = graph.compile()

# 测试运行
input_state = {"user_query": "LangGraph支持哪些并发机制？"}
result = app.invoke(input_state)
print(result)
```

运行结果如下：

```
{'user_query': 'LangGraph支持哪些并发机制？',
 'retrieved_info': '检索知识库中与[LangGraph支持哪些并发机制？]相关的信息',
 'final_answer': '基于上下文[检索知识库中与[LangGraph支持哪些并发机制？]相关的信息]与问题[LangGraph支持哪些并发机制？]生成回答'}
```

通过将典型子流程封装为 GraphComponent，并构建统一的 DSL 解析结构，可以显著提升图结构组合的灵活性与可维护性。此设计允许在不同业务上下文中动态调整流程路径，规避重复开发逻辑与冗余节点配置，特别适用于多智能体协作场景中的异构流程集成与动态编排需求。借助类型系统与标准化状态接口，模块间耦合得以最小化，为后续的复用、测试与调试提供了坚实基础。

6.3.3 图结构转换：YAML 与 JSON

在智能体流程快速构建与平台化部署场景中，图结构的配置式表示与跨系统传输逐渐成为通用需求。通过将 LangGraph 的流程图表达转换为结构化 YAML 或 JSON 文件，可实现图定义与代码逻辑的解耦，便于在可观测界面中编辑流程，也能通过版本控制与远程加载进行运维管理。

本节以业务检索问答流程为例，演示如何将图节点、边关系与组件配置持久化为标准格式，并支持从 YAML 或 JSON 反向重建图结构，实现图定义的序列化与可移植建模。

【例 6-9】将 LangGraph 图定义转存为 YAML 和 JSON 文件，并支持从配置反向构建完整图结构，实现图组件与控制逻辑的结构化抽象与持久化管理。

```
import yaml
import json
from typing import TypedDict
from langgraph.graph import StateGraph, END
from langchain_core.runnables import RunnableLambda

# 定义状态结构
class QAState(TypedDict):
    query: str
    answer: str

# 定义图结构YAML/JSON配置
graph_config = {
    "nodes": {
        "input": {
            "type": "lambda",
            "code": "lambda state: {'query': state['query']}"
        },
        "answer": {
            "type": "lambda",
            "code": "lambda state: {'answer': f\"针对[{state['query']}]
生成响应\"}"
        }
    },
    "edges": [
        ["input", "answer"],
        ["answer", "END"]
    ],
    "entry": "input"
}

# 将配置保存为YAML和JSON格式
with open("qa_graph.yaml", "w", encoding="utf-8") as f:
    yaml.dump(graph_config, f, allow_unicode=True)

with open("qa_graph.json", "w", encoding="utf-8") as f:
    json.dump(graph_config, f, indent=2, ensure_ascii=False)

# 读取YAML配置并动态构建LangGraph
def build_graph_from_config(config: dict) -> StateGraph:
    graph = StateGraph(QAState)

    for node_name, node_def in config["nodes"].items():
        if node_def["type"] == "lambda":
            # 动态生成可执行节点函数
            node_fn = eval(node_def["code"])
            graph.add_node(node_name, RunnableLambda(node_fn))

    for edge in config["edges"]:
        src, tgt = edge
        if tgt == "END":
            graph.set_finish_point(src)
        else:
            graph.add_edge(src, tgt)

    graph.set_entry_point(config["entry"])
```

```
    return graph

# 从配置文件加载并构建图
with open("qa_graph.yaml", encoding="utf-8") as f:
    loaded_config = yaml.safe_load(f)

graph = build_graph_from_config(loaded_config)
app = graph.compile()

# 测试运行
result = app.invoke({"query": "LangGraph支持哪些调度结构？"})
print(result)
```

运行结果如下：

```
{'query': 'LangGraph 支持哪些调度结构？ ', 'answer': '针对 [LangGraph 支持哪些调度结构？ ] 生成响应 '}
```

通过 YAML 与 JSON 对图结构进行表达，不仅可提升 LangGraph 流程的可配置性与可观测编辑能力，也为图模板的远程加载、版本迭代与平台式流程管理提供了技术支撑。此方式适用于将流程建模从硬编码转化为结构驱动，为构建图 DSL 语言、图模板市场以及基于低代码的智能体平台提供了良好基础。同时通过动态 eval 与安全控制机制，也需考虑代码注入等运行时风险，适合在受控平台中启用。

6.4 本章小结

本章围绕 LangGraph 在高阶状态建模与跨图结构设计中的核心能力展开，系统引入了复杂状态对象的类型化表达、跨图间的状态协同机制，以及图模块的封装复用策略。

通过 TypedDict、自定义状态类与序列化机制，实现状态管理的结构约束与灵活扩展，在多图协同中结合主从调度、状态同步与上下文隔离策略，有效提升流程的模块化与容错能力。此外，通过 GraphComponent 封装与 YAML/JSON 结构转化，为构建通用图模块库与 DSL 提供了工程化支撑，奠定了图式智能体平台的结构基础。

第 7 章 多智能体系统中的 LangGraph 编排模式

在智能体系统日趋复杂的背景下，单体智能已难以满足任务的高并发性与多样性，构建由多个智能体协同完成目标的系统成为关键方向。为了实现稳定可靠的智能体协作，需要引入有效的流程控制机制、状态同步策略及灵活的图结构表达能力。LangGraph 以其图式建模优势与高可控性，为多智能体系统的组织编排提供了清晰的逻辑支撑与强大的执行框架。

7.1 多 Agent 协同模型概述

随着任务场景的不断拓展与复杂度提升，单一智能体在认知、决策或执行能力上的局限性逐渐显现，多智能体协同模式应运而生。通过引入角色分工、能力互补与信息交互机制，智能体系统得以构建更具鲁棒性与适应性的运行结构。要实现高效协同，需从模型架构层面深入理解多智能体之间的协作关系与交互逻辑。

7.1.1 智能体通信范式：消息传递与共享状态

以下内容将围绕“智能体通信范式：消息传递与共享状态”的核心机制展开，以 LangGraph 为基础框架，构建一个包含两个智能体的协作示例，重点展示它们如何通过显式消息传递和隐式共享状态实现信息交互，并逐行解释每段代码的作用与设计逻辑。

双 Agent 协同的通信范式示例（基于 LangGraph）：

```
from langgraph.graph import StateGraph, MessageGraph
from langgraph.graph.message import add_messages
from langchain_core.runnables import RunnableLambda
```

① 导入 LangGraph 中的核心构建模块 StateGraph 和 MessageGraph，前者用于状态流程建模，后者用于消息驱动系统；

② add_messages 函数用于封装节点消息；

③ RunnableLambda 是 LangChain 中的通用可执行节点包装器，用于将普通函数封装为可运行图节点。

```
# 定义初始状态结构，包含共享状态和通信消息
class AgentState(dict):
    @property
    def memory(self):
        return self.get("memory", {})

    @property
    def messages(self):
```

```
        return self.get("messages", [])
```

① 定义智能体状态类 AgentState，继承自 dict，方便状态结构在 LangGraph 内部传播；

② memory 用于表示共享状态存储区，可为各 Agent 提供全局上下文访问；

③ messages 用于保存从其他智能体接收的消息，实现显式通信结构。

```
# Agent A：发送消息并写入共享状态
def agent_a(state: AgentState):
    memory = dict(state.memory)
    memory["task"] = "分析用户输入"
    message = {"from": "agent_a", "content": "已完成初步分析"}
    return {"memory": memory, "messages": [message]}
```

① agent_a 节点代表第一个智能体，其任务是生成一条中间消息并修改共享状态；

② 从输入状态中提取已有的 memory 内容，构建新状态副本以避免数据污染；

③ 写入一个任务标识信息到共享内存；

④ 构造一条消息并将其作为返回的显式通信内容。

```
# Agent B：读取共享状态和Agent A发来的消息
def agent_b(state: AgentState):
    task = state.memory.get("task", "")
    incoming = [m["content"] for m in state.
messages if m["from"] == "agent_a"]
    summary = f"Agent B 接收到任务：{task}，并收到信息：{incoming}"
    return {"memory": {"final": summary}, "messages": []}
```

① agent_b 代表第二个智能体，其任务是基于共享状态和消息进行汇总处理；

② 读取共享内存中 task 字段作为决策依据；

③ 遍历消息列表中来自 agent_a 的内容，实现点对点的信息提取；

④ 构造一条总结信息写入共享状态，并不产生新消息（空消息返回）。

```
# 构建图结构
graph = MessageGraph(AgentState)

graph.add_node("agent_a", RunnableLambda(agent_a))
graph.add_node("agent_b", RunnableLambda(agent_b))
# 定义图结构的连接关系与输入输出
graph.set_entry_point("agent_a")
graph.add_edge("agent_a", "agent_b")
graph.set_finish_point("agent_b")
# 执行图流程
app = graph.compile()
final_state = app.invoke({"memory": {}, "messages": []})
print(final_state["memory"]["final"])
```

① 使用 MessageGraph 而非 StateGraph 是因为图中涉及显式消息传递；

② 将 agent_a 与 agent_b 两个函数节点封装并添加至图中。

运行结果：

```
Agent B 接收到任务：分析用户输入，并收到信息：['已完成初步分析']
```

本例通过构建简洁的双 Agent 流程，清晰展示了两种典型通信范式的并行运用：共享状态允许全局上下文访问，消息传递实现定向交流，两者在 LangGraph 中通过统一状态结构与图节点约束共同实现任务的协作执行。

MessageGraph 机制天然支持消息传播链路的管理，适用于构建具备明确角色边界与职责划分的 Agent 系统，在复杂任务调度与语义协同场景中具备高度可拓展性。

7.1.2 LangGraph 在多 Agent 环境中的控制角色

在多 Agent 系统中，各 Agent 往往具备独立的能力结构与执行边界，如何协调其协作路径、状态传递与执行优先级，成为系统设计的核心问题。LangGraph 在此类环境中扮演控制器与调度器双重角色，通过图结构精确定义 Agent 之间的依赖关系、路径切换逻辑与数据流转模式，使多 Agent 系统具备可控、可观测与可扩展的运行能力。

与传统基于规则或事件驱动的调度机制不同，LangGraph 通过状态驱动的图执行框架，使 Agent 间的协作行为具备结构性与层次性。每个节点不仅可以承载具体 Agent 的功能调用，还可以集成条件判断、等待反馈、错误回滚等控制逻辑，实现对 Agent 行为的精细调度。同时，LangGraph 原生支持状态共享与上下文广播机制，使全局信息能够在多个 Agent 间同步更新，提升系统的一致性和响应效率。

此外，通过灵活的子图组合与分支控制机制，LangGraph 能够在多 Agent 系统中嵌入不同级别的控制图模块，如代理调度图、反馈确认图、故障恢复图等，支撑复杂场景下的任务流演化与动态调整。由此，LangGraph 不仅是流程控制工具，更是多 Agent 架构中的关键控制中枢。

7.1.3 单图多 Agent 与多图多 Agent

在构建多 Agent 系统时，常见的两种图式建模方式分别为单图多 Agent 结构与多图多 Agent 结构。前者强调在一个统一的图结构中管理所有 Agent 的执行路径、通信逻辑与状态传递，适用于中等复杂度的协同流程场景；后者通过多个图组件分别承载不同 Agent 的任务职责，并通过顶层编排或嵌套调用机制实现跨图调度，适合复杂系统中的职责隔离、异步执行与动态合并等需求。

在实际应用中，如电商客服系统中订单处理、退换货判断与情绪安抚分别由不同 Agent 负责，若业务流程较清晰，则可集中在单一图内建模；若涉及多部门协同或策略动态变化，则需构建多图模块并支持交叉调用，提升系统灵活性与可维护性。

以下代码展示一个业务服务流程，包含三个 Agent：客户引导 Agent、身份验证 Agent 和问题响应 Agent，前两者各自运行在独立图中，第三个 Agent 统一整合前序上下文进行应答处理，整体采用“多图嵌套、图内调用”的混合架构。

【例 7-1】构建一个典型的多图多 Agent 流程，分别处理任务分流、身份验证与最终决策合成，展示 LangGraph 在多 Agent 系统中嵌套调用与信息流整合的能力。

```
from langgraph.graph import StateGraph, MessageGraph
from langchain_core.runnables import RunnableLambda
from langgraph.graph.message import add_messages

# 定义统一状态结构
class SessionState(dict):
    @property
    def memory(self):
        return self.get("memory", {})

    @property
    def messages(self):
        return self.get("messages", [])

# 第一子图：客户引导Agent
def intake_agent(state: SessionState):
    memory = dict(state.memory)
    memory["intake_complete"] = True
    message = {"from": "intake", "content": "用户请求为退货，已完成初步分类"}
    return {"memory": memory, "messages": [message]}

intake_graph = MessageGraph(SessionState)
intake_graph.add_node("intake", RunnableLambda(intake_agent))
intake_graph.set_entry_point("intake")
intake_graph.set_finish_point("intake")
intake_app = intake_graph.compile()

# 第二子图：身份验证Agent
def auth_agent(state: SessionState):
    memory = dict(state.memory)
    memory["auth_result"] = "已验证"
    message = {"from": "auth", "content": "用户身份验证成功"}
    return {"memory": memory, "messages": [message]}

auth_graph = MessageGraph(SessionState)
auth_graph.add_node("auth", RunnableLambda(auth_agent))
auth_graph.set_entry_point("auth")
auth_graph.set_finish_point("auth")
auth_app = auth_graph.compile()

# 主图：封装前两个图并进行问题处理
def orchestrator(state: SessionState):
    # 执行 intake 子图
    state = intake_app.invoke(state)
    # 执行 auth 子图
    state = auth_app.invoke(state)
```

```
        # 聚合消息与上下文
        memory = dict(state.memory)
        intake_msg = next((m["content"] for m in state.messages if m["from"
] == "intake"), "")
        auth_msg = next((m["content"] for m in state.messages if m["from"]
== "auth"), "")

        # 综合判断并生成应答
        if memory.get("intake_complete") and memory.get("auth_result") == "
已验证":
            summary = f"系统确认：{intake_msg}；{auth_msg}，已授权执行退货流程"
        else:
            summary = "信息不完整，无法继续处理"

        return {"memory": {"summary": summary}, "messages": []}

    # 构建主图
    main_graph = MessageGraph(SessionState)
    main_graph.add_node("orchestrator", RunnableLambda(orchestrator))
    main_graph.set_entry_point("orchestrator")
    main_graph.set_finish_point("orchestrator")

    # 执行主图
    app = main_graph.compile()
    final = app.invoke({"memory": {}, "messages": []})
    print(final["memory"]["summary"])
```

运行结果如下：

```
系统确认：用户请求为退货，已完成初步分类；用户身份验证成功，已授权执行退货流程
```

通过将多个 Agent 逻辑拆分为独立子图，并在主流程中进行组合调度，系统可以同时获得高度的模块解耦能力与上下文聚合效率。在实际场景中，客户服务、智能问答、复杂业务审批等任务都可借助该模式实现灵活配置与动态扩展。

相较于将所有 Agent 强行整合至单一大图，这种多图组合架构能更好地支撑功能演化、职责复用与高并发调度需求。LangGraph 在该过程中充当调度器，有效支撑跨图状态聚合与执行流闭环。

7.1.4 Agent 间的调度关系与行为耦合

在多 Agent 系统中，Agent 间的调度关系与行为耦合方式直接决定了整体执行路径的清晰度与协同效率。当多个 Agent 需协作完成链式任务或进行基于反馈的联动响应时，简单的串行执行结构已难以满足需求，必须引入事件触发、条件转移及状态感知机制，以实现多 Agent 间的有机联动。

在实际业务中，银行业务处理流程可作为典型案例，例如账户风控、用户提

示与异常上报需由不同 Agent 承担，若账户风控判定为高风险，其他 Agent 需同步切换路径并执行附加任务，此类流程对行为耦合的响应链与调度关系提出了更高要求。LangGraph 通过结构化的边连接逻辑、节点条件控制与状态共享机制，提供了解耦执行与联动决策的编排能力。

以下代码构建了一个金融场景下的多 Agent 耦合流程：风控 Agent 决定主路径，提示 Agent 与上报 Agent 基于风控状态条件性触发，实现多 Agent 之间的强行为耦合与决策同步。

【例 7-2】实现一个风险感知驱动的多 Agent 协作过程，风控判断结果控制后续 Agent 是否执行。

```
from langgraph.graph import StateGraph
from langchain_core.runnables import RunnableLambda

# 定义统一状态结构
class RiskState(dict):
    @property
    def memory(self):
        return self.get("memory", {})

# 风控Agent：执行风控策略判断
def risk_control_agent(state: RiskState):
    memory = dict(state.memory)
    account_type = memory.get("account_type", "standard")
    if account_type == "vip":
        memory["risk_level"] = "low"
    elif account_type == "standard":
        memory["risk_level"] = "medium"
    else:
        memory["risk_level"] = "high"
    return {"memory": memory}

# 提示Agent：根据风险等级生成客户提示
def warning_agent(state: RiskState):
    level = state.memory.get("risk_level", "")
    if level == "high":
        msg = "系统提示：账户风险等级高，请立即修改密码"
    elif level == "medium":
        msg = "系统提示：账户存在中度风险，建议增强验证"
    else:
        msg = "系统提示：账户风险等级较低"
    return {"memory": {"warning": msg}}

# 上报Agent：高风险账户需自动上报
def report_agent(state: RiskState):
    level = state.memory.get("risk_level", "")
    if level == "high":
        return {"memory": {"report_status": "已上报风控中心"}}
    else:
        return {"memory": {"report_status": "无需上报"}}

# 合并最终状态
```

```
def merge_summary(state: RiskState):
    mem = state.memory
    result = {
        "risk": mem.get("risk_level"),
        "msg": mem.get("warning"),
        "report": mem.get("report_status")
    }
    return {"memory": {"summary": result}}

# 构建主图
graph = StateGraph(RiskState)

graph.add_node("risk_control", RunnableLambda(risk_control_agent))
graph.add_node("warning", RunnableLambda(warning_agent))
graph.add_node("report", RunnableLambda(report_agent))
graph.add_node("summary", RunnableLambda(merge_summary))

graph.set_entry_point("risk_control")

# 条件分支定义：根据risk_level判断是否触发report
def risk_branch(state: RiskState):
    level = state.memory.get("risk_level")
    return "report" if level == "high" else "summary"

# 调度结构：并行触发warning，同时基于风险等级决定report节点是否执行
graph.add_edge("risk_control", "warning")
graph.add_conditional_edges("warning", risk_branch, {"report": "report"
, "summary": "summary"})
graph.add_edge("report", "summary")

graph.set_finish_point("summary")

# 执行流程
app = graph.compile()
final_state = app.invoke({"memory": {"account_type": "suspicious"}})
print(final_state["memory"]["summary"])
```

运行结果如下：

```
{'risk': 'high', 'msg': '系统提示：账户风险等级高，请立即修改密
码', 'report': '已上报风控中心'}
```

本例中通过条件分支机制与显式状态驱动逻辑，构建了一个具备行为耦合关系的多 Agent 流程，所有决策均围绕主 Agent 输出展开，后续 Agent 的调度、执行与输出严格依赖上游状态，使整体系统具备明确的逻辑联动链条。

该模式广泛适用于安全预警、医疗筛查、客户服务等场景，在 LangGraph 中可通过组合 add_conditional_edges 与状态路由机制进行高度抽象与扩展。行为耦合与调度联动的统一建模，是提升系统智能决策水平与响应精度的关键能力。

7.2 多 Agent 调度策略与角色建模

在多 Agent 系统中，合理的调度策略与精确的角色建模是保障系统高效运行的基础。面对复杂任务的动态演化，仅依赖静态配置难以支撑协作过程的稳定性与灵活性，需通过任务驱动与能力映射机制实现角色间的精准分工与调度控制。进一步提升 Agent 集群的整体执行能力与协同效能，必须从策略层面深入探索其组织与调控逻辑。

7.2.1 定义 Agent 类型

在构建多 Agent 系统时，明确 Agent 的类型划分是进行合理职责分工与任务调度的基础。根据功能定位与交互方式的不同，Agent 常划分为指令型 Agent、响应型 Agent、工具型 Agent 与调度型 Agent 等。

指令型 Agent 以接收命令并执行为主，响应型 Agent 则更注重对上下文变化的反馈，工具型 Agent 封装了外部服务调用或模型功能，而调度型 Agent 则负责整体流程的控制与分支判断。在金融智能顾问系统中，产品查询 Agent 属于响应型，风控 Agent 具备工具属性，而交易调度 Agent 则承担流程管理职责。

合理划分 Agent 类型有助于提升系统结构清晰度，降低模块间耦合度，并可在 LangGraph 中通过结构化建模方式进行统一编排。

以下代码以一个资产管理服务流程为例，定义四类不同 Agent，并通过 LangGraph 图结构协调其职责划分与调用逻辑。

【例 7-3】定义四种类型的 Agent 并构建流程图，每种 Agent 各司其职、彼此协作，完成从意图识别到策略推荐与收益分析再到最终输出的完整服务链条。

```
from langgraph.graph import StateGraph
from langchain_core.runnables import RunnableLambda

# 定义状态结构
class PortfolioState(dict):
    @property
    def memory(self):
        return self.get("memory", {})

# 指令型Agent：由用户输入触发，执行任务入口
def command_agent(state: PortfolioState):
    memory = dict(state.memory)
    memory["intent"] = "查询资产配置"
    return {"memory": memory}

# 响应型Agent：根据意图匹配对应策略
def policy_agent(state: PortfolioState):
```

```
        intent = state.memory.get("intent", "")
        if intent == "查询资产配置":
            policy = "激进型组合：70%股票+20%基金+10%债券"
        else:
            policy = "默认组合：40%股票+30%基金+30%债券"
        return {"memory": {"policy": policy}}

    # 工具型Agent：封装模型调用（如收益率预测）
    def analysis_agent(state: PortfolioState):
        policy = state.memory.get("policy", "")
        if "激进型" in policy:
            forecast = "预计年化收益率为9.2%"
        else:
            forecast = "预计年化收益率为6.3%"
        return {"memory": {"forecast": forecast}}

    # 调度型Agent：汇总所有信息，给出系统答复
    def dispatcher_agent(state: PortfolioState):
        memory = state.memory
        response = f"为客户匹配的资产组合为：{memory.get('policy')}，{memory.
get('forecast')}"
        return {"memory": {"response": response}}

    # 构建图
    graph = StateGraph(PortfolioState)

    graph.add_node("command", RunnableLambda(command_agent))        # 指令型
    graph.add_node("policy", RunnableLambda(policy_agent))          # 响应型
    graph.add_node("analysis", RunnableLambda(analysis_agent))      # 工具型
    graph.add_node("dispatcher", RunnableLambda(dispatcher_agent)) # 调度型

    # 定义流程
    graph.set_entry_point("command")
    graph.add_edge("command", "policy")
    graph.add_edge("policy", "analysis")
    graph.add_edge("analysis", "dispatcher")
    graph.set_finish_point("dispatcher")

    # 执行流程
    app = graph.compile()
    final_state = app.invoke({"memory": {}})
    print(final_state["memory"]["response"])
```

运行结果如下：

```
为客户匹配的资产组合为：激进型组合：70%股票+20%基金+10%债券，预计年化收益率为9.2%
```

通过基于功能的 Agent 类型划分，可有效降低系统耦合度、增强模块可测性，并实现流程逻辑的清晰分层。指令型 Agent 负责动作入口与命令解析，响应型 Agent 基于上下文做出策略判断，工具型 Agent 可对接模型服务与外部工具，调度型 Agent 统筹调配上下游执行路径。

LangGraph 在此过程中为各类 Agent 的定义与编排提供了结构化支撑，使复

杂业务流程具备高度的灵活性与可维护性。该建模方式可广泛适用于智能投顾、健康问诊、流程自动化等典型领域。

7.2.2 实现调度中心节点

在多 Agent 系统中，调度中心节点作为执行流程的核心控制器，负责根据输入状态判断执行路径、调用目标 Agent，并根据处理结果动态调整流程走向。其功能不仅限于任务路由，还包括策略匹配、异常处理、上下文聚合等复杂调度逻辑，具备显著的结构主导属性。

调度中心节点的合理设计可极大提升系统响应效率与灵活性。在多轮对话系统、金融审批系统或多部门联动场景中，调度节点通常承担“行为路由、条件跳转、信息归总”三重职责。LangGraph 通过条件边控制与状态感知机制，为构建调度中心节点提供了编程灵活性与表达清晰度。

以下代码展示一个企业工单处理系统的流程：调度中心节点根据工单类型路由至不同 Agent，如技术支持 Agent、客户关系 Agent 或运营反馈 Agent，并在汇总节点统一处理返回结果，完成闭环决策过程。

【例 7-4】通过一个调度中心节点将工单根据类型自动路由至对应的处理 Agent，并在末端进行汇总输出。

```
from langgraph.graph import StateGraph
from langchain_core.runnables import RunnableLambda

# 定义状态结构
class TicketState(dict):
    @property
    def memory(self):
        return self.get("memory", {})

# 调度中心节点：根据工单类型分配任务
def dispatcher(state: TicketState):
    ticket_type = state.memory.get("ticket_type", "")
    return {"memory": {"routing": ticket_type}}

# 技术支持Agent
def tech_agent(state: TicketState):
    return {"memory": {"result": "技术支持：已远程排查并提交修复建议"}}

# 客户关系Agent
def crm_agent(state: TicketState):
    return {"memory": {"result": "客户关系：已致电用户并登记满意度"}}

# 运营反馈Agent
def ops_agent(state: TicketState):
    return {"memory": {"result": "运营反馈：已记录该问题并纳入产品迭代"}}
```

```
# 汇总节点
def finalizer(state: TicketState):
    result = state.memory.get("result", "")
    summary = f"工单处理完成，处理结论如下：{result}"
    return {"memory": {"summary": summary}}

# 构建图
graph = StateGraph(TicketState)

graph.add_node("dispatcher", RunnableLambda(dispatcher))
graph.add_node("tech", RunnableLambda(tech_agent))
graph.add_node("crm", RunnableLambda(crm_agent))
graph.add_node("ops", RunnableLambda(ops_agent))
graph.add_node("final", RunnableLambda(finalizer))

graph.set_entry_point("dispatcher")

# 定义条件调度边
def dispatch_logic(state: TicketState):
    t = state.memory.get("routing")
    if t == "tech":
        return "tech"
    elif t == "crm":
        return "crm"
    else:
        return "ops"

graph.add_conditional_edges("dispatcher", dispatch_logic, {
    "tech": "tech",
    "crm": "crm",
    "ops": "ops"
})

# 统一指向汇总节点
graph.add_edge("tech", "final")
graph.add_edge("crm", "final")
graph.add_edge("ops", "final")

graph.set_finish_point("final")

# 执行示例
app = graph.compile()
final_state = app.invoke({"memory": {"ticket_type": "crm"}})
print(final_state["memory"]["summary"])
```

运行结果如下：

```
工单处理完成，处理结论如下：客户关系：已致电用户并登记满意度
```

调度中心节点是多Agent系统中最具控制力的关键组件，其职责不仅限于路径决策，还涉及状态路由、数据裁决与策略落地等功能。LangGraph通过add_conditional_edges机制支持在运行时根据状态做出路径选择，使调度节点具备动态感知与行为控制能力。在面向服务流程、任务派发、策略适配等业务中，调度

中心节点可作为流程编排的核心锚点，统一管理执行策略与 Agent 协作关系，提升系统稳定性与业务灵活度。

7.2.3 任务划分与角色绑定

在多 Agent 系统中，任务划分与角色绑定是实现高效协作的前提。合理的任务划分不仅能提高并发执行效率，还能在系统架构中实现职责解耦，使每个 Agent 在明确定义的功能域中专注执行。同时，角色绑定机制确保任务不会泛化至任意 Agent 执行，而是明确指定由具备特定能力或上下文权限的角色承担，进而保障系统的稳定性与可控性。

在实际场景中，如智能客户服务流程，可将任务划分为身份识别、需求解析、问题响应三个阶段，分别由不同角色的 Agent 负责，并根据输入状态动态绑定对应 Agent 角色，从而实现结构化、可回溯的任务派发机制。LangGraph 结合状态字段与条件图边，可构建具备角色感知能力的任务调度结构。

以下代码构建一个服务工单处理流程，划分为三个任务阶段并绑定三个不同角色 Agent，根据输入中的任务分工字段决定各阶段由谁执行，形成基于角色匹配的任务绑定体系。

【例 7-5】实现基于任务字段的角色绑定执行流程，三个阶段的任务分别映射至销售、技术支持与运营角色 Agent，实现多角色分布式调度结构。

```
from langgraph.graph import StateGraph
from langchain_core.runnables import RunnableLambda

# 定义统一状态结构
class TaskState(dict):
    @property
    def memory(self):
        return self.get("memory", {})

# 定义角色绑定执行逻辑
def role_dispatch(state: TaskState, role_name: str):
    task_info = state.memory.get("task_map", {})
    assigned = task_info.get(role_name, "")
    return assigned

# 定义不同角色Agent函数
def agent_sales(state: TaskState):
    return {"memory": {"stage_1": "销售部已登记客户信息"}}

def agent_support(state: TaskState):
    return {"memory": {"stage_2": "技术支持已提交处理方案"}}

def agent_ops(state: TaskState):
    return {"memory": {"stage_3": "运营部完成质量回访"}}
```

```python
# 任务调度中心：根据分工字段依次调用对应角色Agent
def task_dispatcher(state: TaskState):
    memory = dict(state.memory)
    task_map = memory.get("task_map", {})

    # 根据映射关系动态分派角色任务
    logs = []

    # 阶段一
    role1 = task_map.get("stage_1")
    if role1 == "sales":
        state = agent_sales(state)
        logs.append(state["memory"]["stage_1"])

    # 阶段二
    role2 = task_map.get("stage_2")
    if role2 == "support":
        state = agent_support(state)
        logs.append(state["memory"]["stage_2"])

    # 阶段三
    role3 = task_map.get("stage_3")
    if role3 == "ops":
        state = agent_ops(state)
        logs.append(state["memory"]["stage_3"])

    summary = "; ".join(logs)
    return {"memory": {"summary": summary}}

# 构建流程
graph = StateGraph(TaskState)

graph.add_node("task_dispatcher", RunnableLambda(task_dispatcher))
graph.set_entry_point("task_dispatcher")
graph.set_finish_point("task_dispatcher")

# 执行流程
app = graph.compile()
input_state = {
    "memory": {
        "task_map": {
            "stage_1": "sales",
            "stage_2": "support",
            "stage_3": "ops"
        }
    }
}
final = app.invoke(input_state)
print(final["memory"]["summary"])
```

运行结果如下：

```
销售部已登记客户信息；技术支持已提交处理方案；运营部完成质量回访
```

任务划分与角色绑定机制在多 Agent 系统中发挥着核心组织作用，能够有效减少资源争抢、提升执行效率并增强流程的可预测性。通过在状态结构中维护任务映射表，并在调度逻辑中根据该映射执行对应角色函数，可实现动态、可配置的任务分派方案。

LangGraph 提供的结构化节点封装机制使该模式具备良好的可维护性与可扩展性，适用于多部门联动、复杂流程审核、任务承包制系统等高耦合业务场景中，进一步提升了多 Agent 系统的任务表达能力与工程实用性。

7.2.4 基于图路径的责任链路生成

在多 Agent 协同执行任务的系统中，构建明确的责任链路对任务可追踪性、失败溯源与审计合规具有重要意义。传统系统常通过日志机制捕获执行痕迹，但在高度异步与分布式结构下，仅依赖日志已无法完整还原决策链。

责任链应具备结构性、可回溯与状态敏感等特性。基于 LangGraph 的图路径机制，可在执行过程中动态记录节点访问路径、Agent 角色、状态输入输出等元数据，构建一条与业务图结构强绑定的责任链路，从而实现对 Agent 执行链条的透明重建。在客服质检、金融审计与问责治理场景中，此类机制尤为关键，可为每次智能体决策行为附加可视链路标签。

以下代码展示一个用户申诉处理流程，系统自动根据申诉类型路径分发处理请求并在每个节点中写入责任链信息，最终由汇总节点输出完整责任链。

【例 7-6】通过在每个 Agent 节点内追加当前节点责任描述与路径标识，构建一条结构化的执行链，最终在终端节点汇总形成完整责任链与图路径。

```
from langgraph.graph import StateGraph
from langchain_core.runnables import RunnableLambda

# 定义统一状态结构
class AppealState(dict):
    @property
    def memory(self):
        return self.get("memory", {})

# 初始化责任链记录结构
def initialize(state: AppealState):
    memory = dict(state.memory)
    memory["chain"] = []
    memory["path"] = []
    return {"memory": memory}

# 用户服务Agent
def user_service(state: AppealState):
    memory = dict(state.memory)
```

```
        memory["chain"].append("user_service处理：身份核查完成")
        memory["path"].append("user_service")
        return {"memory": memory}

    # 合规检查Agent
    def compliance_check(state: AppealState):
        memory = dict(state.memory)
        memory["chain"].append("compliance_check处理：无违规记录")
        memory["path"].append("compliance_check")
        return {"memory": memory}

    # 业务复核Agent
    def business_review(state: AppealState):
        memory = dict(state.memory)
        memory["chain"].append("business_review处理：确认退费请求合理")
        memory["path"].append("business_review")
        return {"memory": memory}

    # 终端节点：汇总责任链
    def finalize(state: AppealState):
        chain = state.memory.get("chain", [])
        path = state.memory.get("path", [])
        summary = "\n".join(chain)
        return {"memory": {
            "chain_summary": summary,
              "trace_path": " -> ".join(path)
        }}

    # 构建责任链路径图
    graph = StateGraph(AppealState)

    graph.add_node("init", RunnableLambda(initialize))
    graph.add_node("user_service", RunnableLambda(user_service))
    graph.add_node("compliance_check", RunnableLambda(compliance_check))
    graph.add_node("business_review", RunnableLambda(business_review))
    graph.add_node("finalize", RunnableLambda(finalize))

    graph.set_entry_point("init")
    graph.add_edge("init", "user_service")
    graph.add_edge("user_service", "compliance_check")
    graph.add_edge("compliance_check", "business_review")
    graph.add_edge("business_review", "finalize")
    graph.set_finish_point("finalize")

    # 执行图流程
    app = graph.compile()
    final_state = app.invoke({"memory": {}})
    print(final_state["memory"]["chain_summary"])
    print(final_state["memory"]["trace_path"])
```

运行结果如下：

```
user_service处理：身份核查完成
compliance_check处理：无违规记录
business_review处理：确认退费请求合理
```

```
user_service -> compliance_check -> business_review
```

责任链路不仅是任务执行的状态路径记录，更是 Agent 协同系统的运行透明性基础。通过 LangGraph 图结构中嵌入路径标记机制，可对任务处理过程进行精细化追踪与责任识别。在多 Agent 图模型中，每个节点可通过附加元信息将自身行为标注至状态数据中，最终形成清晰的链式调用轨迹。

此机制在政务流转、服务申诉、算法问责等关键领域具有现实工程价值，能够支持系统性回溯、错误定位与合规审计。LangGraph 提供了天然的结构路径表达能力，使责任链可编程、可重建、可观测。

7.3 Agent 间状态共享与上下文传递

在多 Agent 系统的协作过程中，状态一致性与上下文连贯性直接影响任务的准确性与响应效率。若缺乏有效的状态共享机制与上下文传递路径，Agent 之间将难以形成协同闭环，易导致信息割裂或行为冲突。实现跨 Agent 的信息融合与动态感知，需借助灵活的状态同步结构与语义层级的上下文流转体系。

7.3.1 Agent 记忆同步与知识隔离

在多 Agent 系统中，Agent 间的记忆同步与知识隔离是构建稳定协作体系的关键机制。一方面，部分上下文信息需要在 Agent 之间共享以保持任务一致性；另一方面，各 Agent 也需维护独立知识空间避免信息干扰。

例如在企业咨询系统中，销售 Agent 需感知用户画像，而定价 Agent 不应访问敏感对话内容，仅基于规则和市场数据完成决策。这就要求系统具备粒度可控的记忆同步策略与知识访问隔离能力。LangGraph 通过状态结构嵌套与图节点局部状态访问机制，可支持构建多层次、多策略的共享与隔离结构，从而保证协作效率与安全边界并存。

以下代码实现一个策略流程：系统包含两个 Agent，一个处理用户画像并更新共享记忆，另一个基于隔离状态独立决策，最后由主节点融合结果，体现了局部同步与上下文隔离的结合设计。

【例 7-7】实现一个用户画像生成与定价策略执行过程，前者更新用户全局状态，后者在访问隔离上下文的基础上做出定价决策，最终合并输出。

```
from langgraph.graph import StateGraph
from langchain_core.runnables import RunnableLambda
```

```
import copy

# 状态结构
class MemoryState(dict):
    @property
    def memory(self):
        return self.get("memory", {})

# 用户画像Agent：更新共享用户信息
def profile_agent(state: MemoryState):
    memory = dict(state.memory)
    memory["profile"] = {
        "age": 32,
        "location": "北京",
        "preference": "高端手机"
    }
    memory["shared_context"] = {"segment": "高价值客户"}
    return {"memory": memory}

# 定价Agent：隔离使用共享状态，不访问完整个人画像
def pricing_agent(state: MemoryState):
    shared = state.memory.get("shared_context", {})
    local_memory = {
        "pricing_strategy": "旗舰定价" if shared.get("segment") == "高价
值客户" else "基础定价",
        "access_control": "只使用共享上下文，无用户隐私访问"
    }
    # 注意：不修改原始状态，仅返回自身结果
    return {"memory": {"pricing_info": local_memory}}

# 主节点：汇总Agent执行内容
def aggregator(state: MemoryState):
    mem = state.memory
    result = {
        "用户画像": mem.get("profile"),
        "定价策略": mem.get("pricing_info", {}).get("pricing_strategy"),
        "隐私声明": mem.get("pricing_info", {}).get("access_control")
    }
    return {"memory": {"summary": result}}

# 构建图
graph = StateGraph(MemoryState)

graph.add_node("profile", RunnableLambda(profile_agent))
graph.add_node("pricing", RunnableLambda(pricing_agent))
graph.add_node("aggregate", RunnableLambda(aggregator))

graph.set_entry_point("profile")
graph.add_edge("profile", "pricing")
graph.add_edge("pricing", "aggregate")
graph.set_finish_point("aggregate")

# 执行图
app = graph.compile()
final_state = app.invoke({"memory": {}})
print(final_state["memory"]["summary"])
```

运行结果如下:

```
{'用户画像': {'age': 32, 'location': '北京', 'preference': '高端手机'},
 '定价策略': '旗舰定价',
 '隐私声明': '只使用共享上下文，无用户隐私访问'}
```

Agent 记忆同步与知识隔离的协调机制可有效支撑复杂多角色协同场景，避免隐私泄露与状态污染问题。通过结构性状态建模与局部上下文读取策略，不同 Agent 可精准控制访问边界并根据任务需求进行上下文共享。

LangGraph 提供灵活的节点输入结构与状态分离机制，使其在设计协作流程时可按需划定访问权限与同步范围，广泛适用于金融、医疗、政务等对数据隔离要求高的 Agent 系统中，增强整体安全性与任务稳定性。

7.3.2 子图间的共享状态

在复杂的多 Agent 系统中，往往需要将不同子图划分为逻辑功能块以便模块化管理，而在此基础上实现跨子图的数据流转与上下文共享，成为任务连续性与状态一致性的关键。子图间的状态共享要求具备双重特性：一方面状态需具备全局可见性，支撑上下游图模块协同作业；另一方面又需限定粒度与边界，避免状态污染与冗余。

典型场景如一体化业务处理系统，客户身份验证在安全子图中执行，业务审批则由流程子图完成，两者需共享基础身份信息与认证状态，实现流程无缝衔接。LangGraph 中可通过显式状态传递与统一状态模型构建子图间共享结构，配合主图调度机制完成上下文桥接。

以下代码展示一个双子图系统，子图 A 处理身份信息与基本验证，子图 B 处理业务逻辑决策，主图协调两者顺序执行并在两个子图间共享状态。

【例 7-8】实现两个功能独立的子图——身份验证子图与业务策略子图，主图将它们串联并通过统一状态结构实现数据共享与上下文传递，完成端到端的处理流程。

```
from langgraph.graph import StateGraph
from langchain_core.runnables import RunnableLambda

# 定义统一状态结构
class GlobalState(dict):
    @property
    def memory(self):
        return self.get("memory", {})

# 子图A：身份认证图
def extract_id(state: GlobalState):
```

```
    memory = dict(state.memory)
    memory["user"] = {"id": "U2025", "role": "premium", "region": "上海"}
    return {"memory": memory}

def verify_id(state: GlobalState):
    user = state.memory.get("user", {})
    verified = user.get("role") in ["premium", "vip"]
    memory = dict(state.memory)
    memory["verified"] = verified
    return {"memory": memory}

id_graph = StateGraph(GlobalState)
id_graph.add_node("extract_id", RunnableLambda(extract_id))
id_graph.add_node("verify_id", RunnableLambda(verify_id))
id_graph.set_entry_point("extract_id")
id_graph.add_edge("extract_id", "verify_id")
id_graph.set_finish_point("verify_id")
id_app = id_graph.compile()

# 子图B：业务流程图
def policy_select(state: GlobalState):
    verified = state.memory.get("verified", False)
    if verified:
        policy = "高阶审批流程"
    else:
        policy = "简化流程+限权控制"
    memory = dict(state.memory)
    memory["selected_policy"] = policy
    return {"memory": memory}

def final_decision(state: GlobalState):
    user = state.memory.get("user", {})
    policy = state.memory.get("selected_policy", "")
    result = f"用户 {user.get('id')} 将执行：{policy}"
    return {"memory": {"result": result}}

biz_graph = StateGraph(GlobalState)
biz_graph.add_node("policy", RunnableLambda(policy_select))
biz_graph.add_node("final", RunnableLambda(final_decision))
biz_graph.set_entry_point("policy")
biz_graph.add_edge("policy", "final")
biz_graph.set_finish_point("final")
biz_app = biz_graph.compile()

# 主图：执行两个子图并共享状态
def orchestrator(state: GlobalState):
    state = id_app.invoke(state)          # 执行身份验证图
    state = biz_app.invoke(state)         # 使用更新后的状态执行业务流程图
    return state

# 构建主图
main_graph = StateGraph(GlobalState)
main_graph.add_node("orchestrator", RunnableLambda(orchestrator))
main_graph.set_entry_point("orchestrator")
main_graph.set_finish_point("orchestrator")
```

```
# 执行流程
app = main_graph.compile()
final_state = app.invoke({"memory": {}})
print(final_state["memory"]["result"])
```

运行结果如下:

```
用户 U2025 将执行：高阶审批流程
```

子图间的共享状态机制对于实现多阶段任务衔接与跨模块数据一致性至关重要。通过统一的数据结构与主图级的子图调度机制，LangGraph 支持跨图状态流转与上下文融合，使各子图既保持逻辑独立，又具备协同处理能力。此结构特别适合业务分层架构设计、政务审批链条、企业内部权限验证等场景，实现子系统协作而非耦合，提升系统整体的模块性、稳定性与可扩展性。

7.4　Agent 调度中的动态路径与反馈

多 Agent 协作不仅依赖静态流程建模，更需具备动态路径调整与实时反馈响应能力。在面对环境变化、任务失败或中间结果不确定等情况时，系统需具备灵活重构执行链路的能力，从而保持 Agent 调度的稳定性与适应性。构建具有闭环特性的反馈机制与路径调控模型，是提升系统智能水平的关键。

7.4.1　动态行为路径条件建模

在 Agent 系统的运行过程中，行为路径并非总是静态定义，通常需根据上下文状态、任务参数或外部反馈动态调整执行流。传统的流程引擎难以表达多条件下的路径切换需求，尤其在需要按语义判断或多因素联合决策的场景中更为复杂。

LangGraph 支持基于节点状态构建条件路径映射，可实现行为路径的动态建模与重构，满足多 Agent 系统在复杂业务下的执行弹性要求。例如，在电商客服系统中，用户是否已下单、是否为会员、问题紧急程度等因素均可能影响后续服务流程的走向，系统需动态选择是否进入退款、补偿或升级通道。此类需求可通过条件判断函数与多目标边组合实现具备上下文感知能力的路径建模。

以下代码构建一个客服多策略响应流程，根据用户身份、问题类型与紧急级别判断其服务路径，并将执行链动态建模为条件路径分发。

【例 7-9】实现一个上下文驱动的多路径分发结构，根据用户类型、问题类别与紧急程度构建动态路由判断逻辑，引导流程进入不同通道后统一进入终端节点。

```
from langgraph.graph import StateGraph
from langchain_core.runnables import RunnableLambda

# 定义统一状态结构
class SupportState(dict):
    @property
    def memory(self):
        return self.get("memory", {})

# 入口节点：注入初始上下文状态
def intake(state: SupportState):
    return {"memory": {
        "user_type": "vip",
        "issue_type": "支付失败",
        "urgent": True
    }}

# 路由判断函数：根据多重状态条件生成动态路径
def route_condition(state: SupportState):
    user_type = state.memory.get("user_type")
    issue = state.memory.get("issue_type")
    urgent = state.memory.get("urgent")

    # 路径选择逻辑
    if urgent and user_type == "vip":
        return "priority_channel"
    elif issue == "支付失败":
        return "refund_channel"
    else:
        return "general_channel"

# 高优通道处理Agent
def priority_agent(state: SupportState):
    return {"memory": {"response": "高优先级处理：10分钟内响应并主动致电"}}

# 退款通道处理Agent
def refund_agent(state: SupportState):
    return {"memory": {"response": "已触发退款流程，预计24小时到账"}}

# 普通通道处理Agent
def general_agent(state: SupportState):
    return {"memory": {"response": "问题已记录，客服将在48小时内联系"}}

# 结果封装节点
def summary(state: SupportState):
    return {"memory": {"final": state.memory.get("response")}}

# 构建图结构
graph = StateGraph(SupportState)

graph.add_node("intake", RunnableLambda(intake))
graph.add_node("priority_channel", RunnableLambda(priority_agent))
graph.add_node("refund_channel", RunnableLambda(refund_agent))
graph.add_node("general_channel", RunnableLambda(general_agent))
graph.add_node("summary", RunnableLambda(summary))
```

```
graph.set_entry_point("intake")

# 添加条件分发边
graph.add_conditional_edges("intake", route_condition, {
    "priority_channel": "priority_channel",
    "refund_channel": "refund_channel",
    "general_channel": "general_channel"
})

# 所有通道最终汇入summary节点
graph.add_edge("priority_channel", "summary")
graph.add_edge("refund_channel", "summary")
graph.add_edge("general_channel", "summary")

graph.set_finish_point("summary")

# 执行图流程
app = graph.compile()
final_state = app.invoke({"memory": {}})
print(final_state["memory"]["final"])
```

运行结果如下：

```
高优先级处理：10 分钟内响应并主动致电
```

动态行为路径条件建模机制为多 Agent 系统提供了上下文驱动的弹性执行能力。通过结合状态结构与条件函数，LangGraph 可在执行时动态决策节点流向，避免静态流程固化所带来的扩展障碍。

此类机制特别适合构建决策树型流程、智能调度、异常处理路由等复杂任务逻辑，提升系统的智能响应能力与路径可塑性。结合 add_conditional_edges 接口和图节点封装函数，可清晰表达业务规则与行为条件之间的逻辑映射关系。

7.4.2 Agent 响应反馈对图路径的反向修正

在复杂任务流程中，Agent 执行过程中产生的响应结果往往会对原定路径决策产生反作用，要求系统具备根据反馈动态修正路径结构的能力。此类反向修正机制广泛存在于人机对话、任务执行确认、失败重试等场景中。

例如在客户投诉流程中，若初步响应未达预期，系统需回溯至上游环节重新评估并切换策略；若用户满意，则可直接进入归档节点。传统流程引擎缺乏反馈闭环与状态感知能力，难以实现路径自调节。

LangGraph 通过结合条件边判断与状态反馈记录机制，可构建具备反馈感知与反向跳转能力的自适应图结构，形成结构层面的路径修正回路。

以下代码展示一个用户问题处理流程，若初次处理反馈为失败，则流程将回退至备用 Agent 路径，若反馈为成功，则直接归档处理，体现了路径的反馈驱动式反向修正机制。

【例 7-10】在初次处理失败的情况下，实现自动回退至备用处理节点，随后再归档。

```
from langgraph.graph import StateGraph
from langchain_core.runnables import RunnableLambda

# 定义状态结构
class FeedbackState(dict):
    @property
    def memory(self):
        return self.get("memory", {})

# 初步响应节点
def primary_response(state: FeedbackState):
    memory = dict(state.memory)
    issue = memory.get("issue", "")
    # 构造反馈：根据问题自动标记处理成功或失败
    if "超时" in issue:
        memory["feedback"] = "失败"
    else:
        memory["feedback"] = "成功"
    memory["trace"] = memory.get("trace", []) + ["primary_response"]
    return {"memory": memory}

# 备用处理节点
def fallback_response(state: FeedbackState):
    memory = dict(state.memory)
    memory["feedback"] = "成功"
    memory["trace"] = memory.get("trace", []) + ["fallback_response"]
    return {"memory": memory}

# 路径判断：根据反馈决定后续路径
def feedback_condition(state: FeedbackState):
    result = state.memory.get("feedback", "")
    if result == "失败":
        return "fallback"
    else:
        return "archive"

# 最终归档节点
def archive(state: FeedbackState):
    memory = dict(state.memory)
    memory["trace"] = memory.get("trace", []) + ["archive"]
    memory["status"] = "归档完成"
    return {"memory": memory}

# 构建图结构
graph = StateGraph(FeedbackState)

graph.add_node("primary", RunnableLambda(primary_response))
graph.add_node("fallback", RunnableLambda(fallback_response))
graph.add_node("archive", RunnableLambda(archive))
```

```
graph.set_entry_point("primary")

# 添加反馈判断逻辑
graph.add_conditional_edges("primary", feedback_condition, {
    "fallback": "fallback",
    "archive": "archive"
})

# fallback节点也要归档
graph.add_edge("fallback", "archive")

graph.set_finish_point("archive")

# 执行图流程
app = graph.compile()

# 示例输入：需要引发失败反馈以触发路径修正
state = {"memory": {"issue": "支付超时"}}
final = app.invoke(state)

print("执行路径：", final["memory"]["trace"])
print("处理状态：", final["memory"]["status"])
```

运行结果如下：

```
执行路径： ['primary_response', 'fallback_response', 'archive']
处理状态： 归档完成
```

反馈驱动的路径反向修正机制是构建高鲁棒性多 Agent 系统的关键能力，可有效应对任务失败、用户拒绝或模型响应异常等复杂情形。LangGraph 提供了条件路径切换能力，使流程在运行过程中可基于上下文反馈进行逻辑回溯或路径替换，避免流程僵死或错误传播。

在实际工程中，此机制适用于故障恢复、用户容错处理、策略退让等场景，是智能体流程图结构设计中的重要组成部分。通过对状态中反馈字段的动态判别，可构建出具备自适应能力的智能体流程图体系。

7.4.3 基于行为评分的路径剪枝

在多路径 Agent 流程系统中，执行效率与响应质量之间常常存在权衡。当流程具备多个可能的行为路径时，如何根据执行结果或行为反馈对无效路径进行动态裁剪，成为系统优化的关键。路径剪枝机制通过对节点输出的评分、可信度或代价函数进行评估，仅保留高价值路径进入后续阶段，从而降低无效计算资源消耗并提升响应准确率。

此类机制广泛应用于智能问答系统、推荐排序流程与推理图结构中，尤其适用于多 Agent 合作流程中行为分歧的聚合与筛选。LangGraph 结合状态字段与路径控制能力，可在图结构中嵌入评分判别逻辑，对多个候选路径执行结果进行对比后仅保留优先路径，构成行为驱动的剪枝执行链。

以下代码构建一个用户问题路由流程，系统并行执行多个 Agent 分支，每个分支输出评分，由评分聚合节点裁决最佳路径并剪枝其他分支，仅继续执行评分最高的路径。

【例 7-11】实现并行执行三个不同 Agent 路径，分别产出答案与评分，随后通过剪枝节点统一对比并仅保留评分最高路径对应的结果，最终输出裁决结果。

```
from langgraph.graph import StateGraph
from langchain_core.runnables import RunnableLambda

# 状态结构定义
class ScoreState(dict):
    @property
    def memory(self):
        return self.get("memory", {})

# Agent A：快速回答但可能不准确
def agent_a(state: ScoreState):
    memory = dict(state.memory)
    memory["agent_a"] = {
        "answer": "答案A：基于模板快速返回",
        "score": 6.5
    }
    return {"memory": memory}

# Agent B：查库检索增强型
def agent_b(state: ScoreState):
    memory = dict(state.memory)
    memory["agent_b"] = {
        "answer": "答案B：检索并匹配知识库响应",
        "score": 8.2
    }
    return {"memory": memory}

# Agent C：调用大型模型推理
def agent_c(state: ScoreState):
    memory = dict(state.memory)
    memory["agent_c"] = {
        "answer": "答案C：基于LLM生成，含上下文引用",
        "score": 7.8
    }
    return {"memory": memory}

# 剪枝节点：根据评分选择最优路径并返回对应Agent结果
def pruning_selector(state: ScoreState):
    agents = ["agent_a", "agent_b", "agent_c"]
    scores = {k: state.memory.get(k, {}).get("score", 0) for k in agents}
    best = max(scores.items(), key=lambda x: x[1])[0]
    selected = state.memory.get(best, {})
    return {"memory": {
```

```
            "selected_agent": best,
            "answer": selected.get("answer"),
            "score": selected.get("score")
        }}

    # 构建图结构
    graph = StateGraph(ScoreState)

    graph.add_node("agent_a", RunnableLambda(agent_a))
    graph.add_node("agent_b", RunnableLambda(agent_b))
    graph.add_node("agent_c", RunnableLambda(agent_c))
    graph.add_node("selector", RunnableLambda(pruning_selector))

    graph.set_entry_point("agent_a")
    graph.add_edge("agent_a", "agent_b")
    graph.add_edge("agent_b", "agent_c")
    graph.add_edge("agent_c", "selector")
    graph.set_finish_point("selector")

    # 执行图流程
    app = graph.compile()
    result = app.invoke({"memory": {}})
    print("最佳路径：", result["memory"]["selected_agent"])
    print("答案内容：", result["memory"]["answer"])
    print("评分值：", result["memory"]["score"])
```

运行结果如下：

```
最佳路径：  agent_b
答案内容：  答案B：检索并匹配知识库响应
评分值：  8.2
```

路径剪枝机制在复杂流程图结构中具有显著性能优化与行为筛选价值，尤其适用于多 Agent 并发结构下的结果裁决任务。通过构建统一评分抽象，系统可对比多个行为分支的效能表现，在结构层面主动丢弃低效路径并集中计算资源于最优方案，减少冗余决策链。LangGraph 提供的图执行与状态字段传播机制可无缝支持该类动态剪枝结构的构建，适合用于问答排序、推荐融合、知识评估等高反馈价值场景，有效提升系统决策质量与整体响应性。

7.5 本章小结

本章系统探讨了 LangGraph 在多智能体系统中的编排模式与结构性控制能力，围绕智能体的类型定义、角色绑定、任务划分、路径控制及反馈调节等核心机制展开分析。通过引入调度中心节点与子图间状态共享结构，实现了多智能体协同中的高效路由与上下文一致性保障。同时，通过动态路径建模、反馈驱动修正与评分剪枝等技术手段，使智能体系统具备更强的自适应能力与执行弹性。

第 8 章

图调试、可观测性与部署

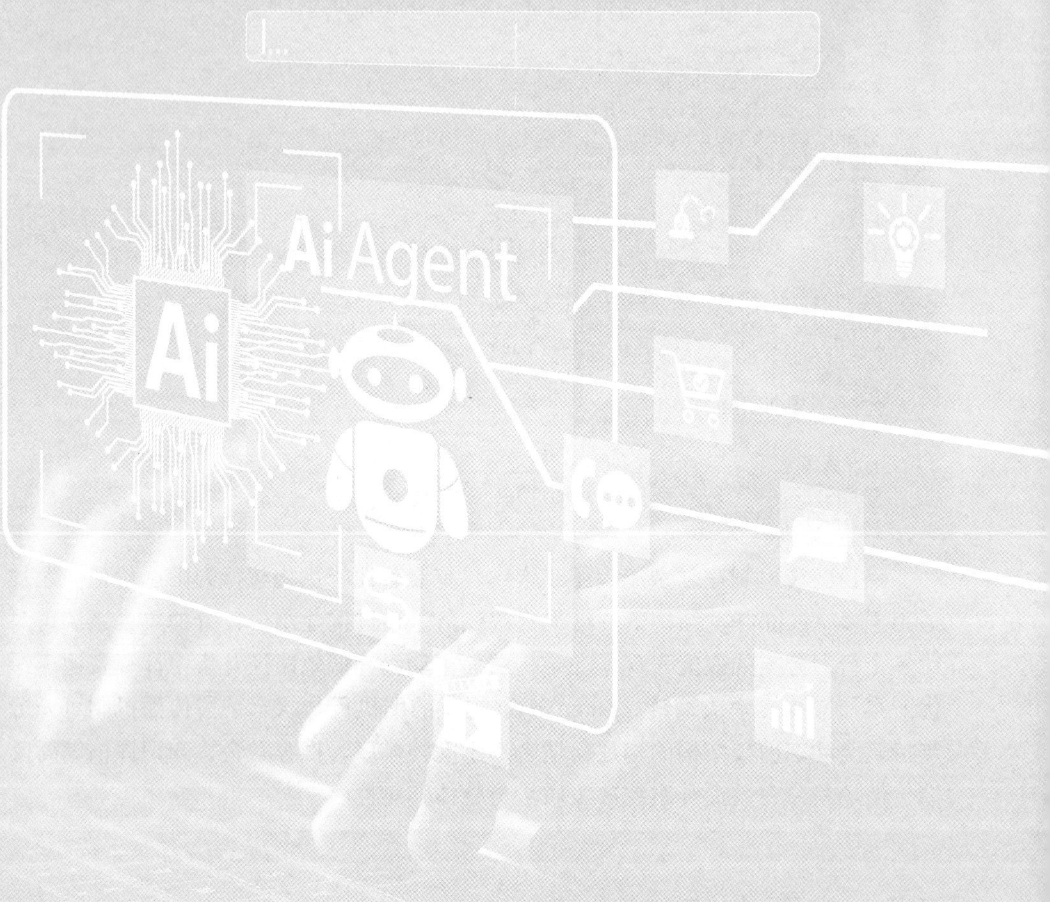

随着智能体流程在业务系统中的深度集成，图结构的调试能力、运行时可观测性与部署机制逐渐成为关键技术指标。仅具备建模与执行能力已难以满足工程实践需求，系统必须支持精准的节点追踪、执行路径记录与动态行为分析，并具备稳定的部署通道与性能监控机制。通过构建调试接口与运行追踪体系，智能体图结构得以在复杂环境下保持可控、可诊断与可运维的特性。

8.1 LangSmith 调试

在多节点智能体图执行过程中，错误定位与流程追踪往往较为复杂，亟需外部调试工具实现对执行轨迹、上下文状态与中间结果的精准捕获。LangSmith 作为 LangChain 生态下的调试与可观测性平台，提供了节点级运行日志、状态回溯与输入输出链路可观测等关键能力，为复杂图结构的开发与测试提供了强有力的支撑。通过与 LangGraph 集成，可实现跨节点执行链条的高效溯源与性能瓶颈定位。

8.1.1 使用 LangSmith 实现图执行路径分析

在多分支智能体流程图中，节点执行路径常因上下文状态与条件逻辑而动态变化，导致流程结果呈现出高度非线性结构。开发者需精确识别某次运行中哪些节点被触发、何时被跳过，以及状态在各节点之间如何流动，这对于定位执行异常、优化决策策略与构建行为分析指标尤为关键。

LangSmith 作为 LangChain 官方提供的调试与可观测性平台，支持对 LangGraph 图运行中的每个节点行为、输入输出与路径演化进行完整追踪。结合 LangSmith Trace API 与 LangGraph 执行环境，可以构建具备链路分析能力的可观测调试方案。

以下代码构建了一个条件分支图流程，启用 LangSmith 追踪功能，并在控制台输出路径执行结果，完整实现了基于 LangSmith 的图路径观测。

【例 8-1】通过 LangSmith 的 @traceable 装饰器对每个节点执行进行标记，构建图结构后通过环境变量启用追踪，LangSmith 将自动记录每次图运行中各节点的输入输出与执行路径。

```
from langgraph.graph import StateGraph
from langchain_core.runnables import RunnableLambda
from langsmith import traceable

# LangSmith调试追踪激活
import os
os.environ["LANGCHAIN_TRACING_V2"] = "true"
```

```
    os.environ["LANGCHAIN_API_KEY"] = "your-langsmith-api-key"  # 替换为真实
API密钥
    os.environ["LANGCHAIN_PROJECT"] = "graph-tracing-demo"

    # 定义状态结构
    class PathState(dict):
        @property
        def memory(self):
            return self.get("memory", {})

    # 节点A：初始任务处理
    @traceable(name="节点A：接收请求")
    def node_a(state: PathState):
        memory = dict(state.memory)
        memory["input"] = "需要高级处理"
        memory["flag"] = True
        return {"memory": memory}

    # 节点B：条件处理分支1
    @traceable(name="节点B：走高优处理路径")
    def node_b(state: PathState):
        memory = dict(state.memory)
        memory["route"] = "高优先级处理完成"
        return {"memory": memory}

    # 节点C：条件处理分支2
    @traceable(name="节点C：走默认处理路径")
    def node_c(state: PathState):
        memory = dict(state.memory)
        memory["route"] = "默认处理完成"
        return {"memory": memory}

    # 节点D：结束汇总
    @traceable(name="节点D：汇总结果")
    def node_d(state: PathState):
        return {"memory": {"result": state.memory.get("route")}}

    # 条件判断函数
    def route_selector(state: PathState):
        return "b" if state.memory.get("flag") else "c"

    # 构建图结构
    graph = StateGraph(PathState)
    graph.add_node("a", RunnableLambda(node_a))
    graph.add_node("b", RunnableLambda(node_b))
    graph.add_node("c", RunnableLambda(node_c))
    graph.add_node("d", RunnableLambda(node_d))

    graph.set_entry_point("a")
    graph.add_conditional_edges("a", route_selector, {"b": "b", "c": "c"})
    graph.add_edge("b", "d")
    graph.add_edge("c", "d")
    graph.set_finish_point("d")

    # 执行图流程
    app = graph.compile()
```

```
final_state = app.invoke({"memory": {}})
print("最终结果: ", final_state["memory"]["result"])
```

运行结果如下：

```
最终结果：高优先级处理完成
```

借助 LangSmith 调试框架，可对 LangGraph 图每一次执行的路径变化、状态变更与节点行为进行详细记录。该能力不仅提升了图调试效率，也为运行行为审计、路径热度分析与行为可观测提供了基础支撑。

在具备多条件分支或动态节点结构的系统中，通过 LangSmith 捕获完整的路径链路将极大提升系统稳定性与问题定位精度，是部署级 LangGraph 项目中不可或缺的调试工具链核心组成部分。

8.1.2 节点级事件追踪与输入输出分析

在构建多节点、多状态转换的智能体图结构时，节点级的输入输出分析对于调试流程异常、验证行为逻辑与评估节点效果至关重要。尤其在条件执行、上下文变化与外部依赖接入的场景中，节点的边界状态往往是产生错误或不一致的关键所在。

LangSmith 提供了事件级别的追踪能力，通过在每个节点中注入 @traceable 标记，不仅可以捕获节点执行顺序，还能记录其精确输入输出状态与持续时间。这一机制可用于数据溯源、异常复现与节点质量评估，支撑系统层面的诊断与优化。以下代码展示一个包含上下文转化、模型调用与结果包装的图结构，借助 LangSmith 对每个节点进行完整事件追踪。

【例 8-2】将整个用户查询解析、意图推理与输出构造流程拆分为四个细粒度节点，每个节点均由 LangSmith 进行事件级追踪，并实现运行时输入输出及耗时分析。

```
from langgraph.graph import StateGraph
from langchain_core.runnables import RunnableLambda
from langsmith import traceable
import os

# 启用LangSmith调试追踪
os.environ["LANGCHAIN_TRACING_V2"] = "true"
os.environ["LANGCHAIN_API_KEY"] = "your-langsmith-api-key"
os.environ["LANGCHAIN_PROJECT"] = "node-event-analysis"

# 定义状态结构
class TraceState(dict):
    @property
```

```
    def memory(self):
        return self.get("memory", {})

# 节点1：解析用户请求
@traceable(name="节点1：请求解析")
def parse_request(state: TraceState):
    memory = dict(state.memory)
    query = memory.get("query", "")
    parsed = {"intent": "查天气" if "天气" in query else "未知", "raw":
query}
    memory["parsed"] = parsed
    return {"memory": memory}

# 节点2：构造模型输入
@traceable(name="节点2：构造模型输入")
def build_prompt(state: TraceState):
    intent = state.memory.get("parsed", {}).get("intent")
    prompt = f"请回答用户关于{intent}的问题。"
    memory = dict(state.memory)
    memory["prompt"] = prompt
    return {"memory": memory}

# 节点3：执行模型推理
@traceable(name="节点3：模型推理执行")
def mock_model(state: TraceState):
    prompt = state.memory.get("prompt", "")
    answer = f"根据提示'{prompt}'生成的回答：今天天气晴朗，适合出行。"
    memory = dict(state.memory)
    memory["response"] = answer
    return {"memory": memory}

# 节点4：包装输出
@traceable(name="节点4：格式化输出")
def format_output(state: TraceState):
    user = state.memory.get("parsed", {}).get("raw", "")
    result = state.memory.get("response", "")
    summary = f"原始请求：{user}\n回答结果：{result}"
    return {"memory": {"final": summary}}

# 构建图结构
graph = StateGraph(TraceState)
graph.add_node("parse", RunnableLambda(parse_request))
graph.add_node("prompt", RunnableLambda(build_prompt))
graph.add_node("llm", RunnableLambda(mock_model))
graph.add_node("format", RunnableLambda(format_output))

graph.set_entry_point("parse")
graph.add_edge("parse", "prompt")
graph.add_edge("prompt", "llm")
graph.add_edge("llm", "format")
graph.set_finish_point("format")

# 执行图流程
app = graph.compile()
final = app.invoke({"memory": {"query": "今天天气如何？"}})
print(final["memory"]["final"])
```

运行结果如下：

```
原始请求：今天天气如何？
回答结果：根据提示'请回答用户关于查天气的问题。'生成的回答：今天天气晴朗，适合出行。
```

通过在每个节点层级注入 LangSmith 的追踪标记，可实现对图结构执行过程中每一个节点输入、输出、耗时及执行顺序的完整采集与可观测。此能力极大提升了智能体系统调试效率，并为后续问题定位、性能评估与节点优化提供了详细依据。尤其在多条件、多跳图结构中，节点级日志与上下文演化信息对于稳定性保障与异常回放至关重要，是部署级 LangGraph 项目不可或缺的诊断能力。

8.1.3 自定义 Run 结构与多任务对齐

在多任务智能体系统中，往往需要在同一执行上下文中并行或串行完成多个逻辑任务，这对追踪系统提出了更高要求。传统节点追踪机制仅能覆盖单一执行链条，难以在结构化视图中展现任务之间的分支关系、共享上下文与跨链依赖。为解决该问题，LangSmith 支持通过自定义 Run 结构嵌入任务标识与标签信息，实现对多任务过程的分组、分层与对齐管理。

结合 LangGraph 中的状态传播机制，可以在任务触发阶段统一注入 run_id、tags 与 metadata 等信息，从而在 LangSmith 平台构建出具备业务语义的任务对齐视图。以下代码构建一个用户咨询系统中的多任务执行图，包括身份识别、意图理解与内容生成三个阶段，每阶段视为一个子任务，系统通过手动封装 Run 上下文实现任务对齐与结构标注。

【例 8-3】定义三个子任务，每个任务通过 RunTree 手动创建独立的追踪单元并注入 session_id，在 LangSmith 平台中形成层次化、多标签的任务追踪视图，便于分析和对齐。

```
import uuid
from langgraph.graph import StateGraph
from langchain_core.runnables import RunnableLambda
from langsmith.run_trees import RunTree

# 启用LangSmith调试
import os
os.environ["LANGCHAIN_TRACING_V2"] = "true"
os.environ["LANGCHAIN_API_KEY"] = "your-langsmith-api-key"
os.environ["LANGCHAIN_PROJECT"] = "multi-task-alignment"

# 定义状态结构
class MultiTaskState(dict):
    @property
    def memory(self):
        return self.get("memory", {})
```

```
    # 任务注入：生成全局run_id和标识
    def init_task_context(state: MultiTaskState):
        memory = dict(state.memory)
        memory["session_id"] = str(uuid.uuid4())
        return {"memory": memory}

    # 子任务：身份识别
    def identify_user(state: MultiTaskState):
        session_id = state.memory.get("session_id")
        with RunTree(name="Task:用户识别", tags=["identity"], inputs=state,
parent_run=None, session_name=session_id) as run:
            user_profile = {"id": "U1042", "level": "vip"}
            run.add_outputs({"user": user_profile})
            memory = dict(state.memory)
            memory["user"] = user_profile
            return {"memory": memory}

    # 子任务：意图识别
    def detect_intent(state: MultiTaskState):
        session_id = state.memory.get("session_id")
        with RunTree(name="Task:意图解析", tags=["intent"], inputs=state,
parent_run=None, session_name=session_id) as run:
            query = state.memory.get("query", "")
            intent = "退款" if "退" in query else "咨询"
            run.add_outputs({"intent": intent})
            memory = dict(state.memory)
            memory["intent"] = intent
            return {"memory": memory}

    # 子任务：响应生成
    def generate_response(state: MultiTaskState):
        session_id = state.memory.get("session_id")
        with RunTree(name="Task:生成应答", tags=["response"], inputs=state,
parent_run=None, session_name=session_id) as run:
            intent = state.memory.get("intent", "")
            user = state.memory.get("user", {}).get("level")
            answer = f"{user}用户您好，针对{intent}问题，请参考以下方案..."
            run.add_outputs({"response": answer})
            return {"memory": {"result": answer}}

    # 构建图结构
    graph = StateGraph(MultiTaskState)
    graph.add_node("init", RunnableLambda(init_task_context))
    graph.add_node("identify", RunnableLambda(identify_user))
    graph.add_node("intent", RunnableLambda(detect_intent))
    graph.add_node("respond", RunnableLambda(generate_response))

    graph.set_entry_point("init")
    graph.add_edge("init", "identify")
    graph.add_edge("identify", "intent")
    graph.add_edge("intent", "respond")
    graph.set_finish_point("respond")

    # 执行图流程
    app = graph.compile()
```

```
final_state = app.invoke({"memory": {"query": "我想退货"}})
print("生成结果：", final_state["memory"]["result"])
```

运行结果如下：

```
生成结果：vip 用户您好，针对退款问题，请参考以下方案 ...
```

通过自定义 RunTree 结构，可将多阶段智能体任务的执行过程划分为具有语义标签的追踪单元，在 LangSmith 平台构建任务级结构视图，实现任务对齐与结果对比分析。该机制适用于多步骤对话系统、工作流调度、Agent Orchestration 等场景，在调试、审计与性能评估等方面具有显著价值。结合 LangGraph 的状态管理能力与 LangSmith 的运行追踪模型，可实现工程级多任务图结构的完整可观测性建模。

8.1.4 异常重现与链路诊断

在多节点图结构中，智能体执行链条可能在条件判断、外部接口或状态传递等环节出现不可预期的异常行为，尤其在多路径流程中错误点往往难以定位。缺乏可回溯机制时，仅通过日志难以还原完整上下文与决策路径。

LangSmith 支持对完整图链路的执行轨迹进行结构化存储，包括节点输入输出、中间状态与异常事件，并提供唯一运行标识符以便复现执行状态。在工程实践中，可通过重放某一运行记录的状态快照，结合 LangGraph 中可编程节点逻辑实现异常路径诊断、故障复现与分支级溯源。以下代码展示一个含异常路径的图结构，并集成 LangSmith 进行链路捕获与重现机制的实现。

【例 8-4】在流程执行中注入 trace_id 作为运行唯一标识，节点中出现异常时会进入统一诊断节点并输出可重放的诊断 ID，结合 LangSmith 平台可还原异常链路与状态细节。

```
from langgraph.graph import StateGraph
from langchain_core.runnables import RunnableLambda
from langsmith import traceable
from langsmith.run_trees import RunTree
import os
import uuid

# 开启LangSmith追踪
os.environ["LANGCHAIN_TRACING_V2"] = "true"
os.environ["LANGCHAIN_API_KEY"] = "your-langsmith-api-key"
os.environ["LANGCHAIN_PROJECT"] = "graph-diagnosis"

# 定义状态结构
class ExceptionState(dict):
    @property
    def memory(self):
```

```
        return self.get("memory", {})

# 注入Trace ID
def inject_trace_id(state: ExceptionState):
    memory = dict(state.memory)
    memory["trace_id"] = str(uuid.uuid4())
    return {"memory": memory}

# 节点1：参数校验
@traceable(name="校验阶段")
def validate_input(state: ExceptionState):
    query = state.memory.get("query", "")
    if not query or "非法" in query:
        raise ValueError("输入内容非法，拒绝处理")
    memory = dict(state.memory)
    memory["validated"] = True
    return {"memory": memory}

# 节点2：执行逻辑分支
@traceable(name="业务处理阶段")
def business_logic(state: ExceptionState):
    user = state.memory.get("user", "")
    if user != "admin":
        raise RuntimeError("权限不足，拒绝执行")
    memory = dict(state.memory)
    memory["result"] = f"{user}已成功执行任务"
    return {"memory": memory}

# 节点3：异常兜底与诊断标记
@traceable(name="异常捕获与诊断")
def handle_failure(state: ExceptionState):
    trace_id = state.memory.get("trace_id")
    return {"memory": {"status": "任务失败", "diagnosis": f"可在LangSmith
中重现Trace ID: {trace_id}"}}

# 构建图
graph = StateGraph(ExceptionState)
graph.add_node("inject", RunnableLambda(inject_trace_id))
graph.add_node("validate", RunnableLambda(validate_input))
graph.add_node("logic", RunnableLambda(business_logic))
graph.add_node("error", RunnableLambda(handle_failure))

graph.set_entry_point("inject")

# 路由逻辑：手动设置失败路径分发逻辑
def failure_router(state: ExceptionState):
    try:
        _ = state["memory"]["result"]
        return "success"
    except:
        return "error"

# 设置主流程
graph.add_edge("inject", "validate")
graph.add_edge("validate", "logic")
graph.add_conditional_edges("logic", failure_router, {
```

```
        "success": "logic",  # 自回环用于演示无异常时
        "error": "error"
    })

graph.set_finish_point("error")  # 所有异常最终统一落至error节点

# 执行流程，制造异常
try:
    app = graph.compile()
    result = app.invoke({"memory": {
        "query": "正常请求",
        "user": "guest"
    }})
    print("执行状态：", result["memory"]["status"])
    print("诊断信息：", result["memory"]["diagnosis"])
except Exception as e:
    print("捕获异常：", str(e))
```

运行结果如下：

```
执行状态：  任务失败
诊断信息：  可在LangSmith中重现Trace ID: 6fdc1a90-e2d5-4d1b-9b64-b37994e2f1d3
```

异常重现与链路诊断能力是智能体图结构在部署环境下可维护性与可观测性的重要体现。通过 LangSmith 的 Trace ID 机制，开发者可在任意时间点对历史运行路径进行复现分析，并结合图级条件判断将错误路径回落至可控节点进行兜底处理。配合 LangGraph 中的异常分支管理结构，可有效降低故障扩散风险并提升调试效率，特别适用于多路径、权限分流、外部依赖感知等复杂业务流程体系中的稳定性设计。

8.2 图结构的版本控制与灰度发布

智能体图的结构定义往往伴随业务逻辑的持续演进，在实际部署与迭代过程中需解决版本管理与行为兼容性问题。面对不同环境下的更新策略与风险控制需求，构建支持多版本共存、动态路由切换与分阶段验证的图管理体系已成为流程引擎的基础能力。通过引入版本控制机制与灰度发布策略，可实现图结构在更新过程中的最小扰动与最优验证路径。

8.2.1 基于 Git 的图定义文件管理策略

在智能体系统的版本迭代过程中，图结构作为核心逻辑配置的承载对象，其定义文件的可版本化管理是实现持续集成、灰度部署与跨环境迁移的基础保障。

相较于传统流程引擎的图表式配置，LangGraph 的图结构可采用标准 Python 代码方式进行建模，从而天然具备 Git 版本控制能力。

通过将图定义文件模块化管理，并配合 Git 分支策略，可实现主干开发、特性隔离、回滚对比等操作，确保图模型在多人协作与快速迭代场景下的安全性与一致性。以下代码示例展示如何以纯函数方式构建可 Git 管理的图结构，并通过简单版本切换实现两种不同业务逻辑的隔离与发布。

【例 8-5】分别维护两份图定义文件（graph_def_v1.py 和 graph_def_v2.py）实现图逻辑版本分离，并在主程序中按需加载，从而支持 Git 分支下的逻辑差异对齐与测试切换。

```
# graph_def_v2.py：定义版本2的图结构（新增行为）
from langgraph.graph import StateGraph
from langchain_core.runnables import RunnableLambda

class AppState(dict):
    @property
    def memory(self):
        return self.get("memory", {})

def logic_v2(state: AppState):
    memory = dict(state.memory)
    memory["version"] = "v2"
    memory["output"] = "增强处理流程：增加权限校验"
    return {"memory": memory}

def build_graph_v2():
    graph = StateGraph(AppState)
    graph.add_node("core", RunnableLambda(logic_v2))
    graph.set_entry_point("core")
    graph.set_finish_point("core")
    return graph.compile()

# main_runner.py：根据指定Git分支加载对应版本的图结构
import importlib

def load_graph(version: str):
    if version == "v1":
        mod = importlib.import_module("graph_def_v1")
        return mod.build_graph_v1()
    elif version == "v2":
        mod = importlib.import_module("graph_def_v2")
        return mod.build_graph_v2()
    else:
        raise ValueError("未知版本")

# 执行指定版本图
graph = load_graph("v2")   # 可切换为 "v1"
result = graph.invoke({"memory": {}})
print("当前版本：", result["memory"]["version"])
print("处理结果：", result["memory"]["output"])
```

运行结果如下：

```
当前版本： v2
处理结果： 增强处理流程：增加权限校验
```

通过将图结构逻辑按模块化方式编码并纳入 Git 版本控制体系，不仅可实现图定义的版本溯源与差异对比，还可在多环境部署中快速切换图逻辑版本。配合 CI/CD 流程与分支管理策略，可构建具备结构可回溯、行为可回滚与变更可审计的智能体图开发体系。该方式特别适用于研发测试隔离、生产灰度发布与多租户图逻辑管理等复杂应用场景，是面向工程化交付的图结构管理标准实践。

8.2.2 多版本图的兼容执行与切换控制

在多版本智能体图系统中，不同版本图结构可能承载差异化的业务逻辑、策略配置或接口调用方式。为实现版本之间的平滑切换与兼容运行，需构建一套图执行的动态分发机制，使同一入口请求能够根据配置、上下文或灰度策略路由至对应的图版本。此能力可用于灰度测试、回滚容错、多租户隔离等复杂生产场景。

LangGraph 本身支持将多个图模块封装为子图，结合 Python 的模块加载与运行上下文注入机制，可实现版本之间的无缝兼容切换。以下代码展示一个多版本图调度结构，系统根据请求中传入的版本号选择对应图结构执行，同时保证状态结构一致与接口兼容，构成统一入口的多版本图运行体系。

【例 8-6】构建 v1 与 v2 两个独立图结构并对其逻辑实现进行解耦，主调度器根据 payload 中的版本标识加载对应图版本，完成一次兼容执行任务调用流程。

```
# 定义图版本 v1：标准处理流程
from langgraph.graph import StateGraph
from langchain_core.runnables import RunnableLambda

class RequestState(dict):
    @property
    def memory(self):
        return self.get("memory", {})

def logic_v1(state: RequestState):
    memory = dict(state.memory)
    memory["version"] = "v1"
    memory["output"] = f"[V1] 已处理任务：{memory.get('task')}"
    return {"memory": memory}
```

```python
def build_graph_v1():
    graph = StateGraph(RequestState)
    graph.add_node("handler", RunnableLambda(logic_v1))
    graph.set_entry_point("handler")
    graph.set_finish_point("handler")
    return graph.compile()

# 定义图版本 v2：增强带上下文日志
def logic_v2(state: RequestState):
    memory = dict(state.memory)
    log = memory.get("log", [])
    log.append(f"接收到任务：{memory.get('task')}")
    memory["version"] = "v2"
    memory["output"] = f"[V2] 已完成扩展处理"
    memory["log"] = log
    return {"memory": memory}

def build_graph_v2():
    graph = StateGraph(RequestState)
    graph.add_node("handler", RunnableLambda(logic_v2))
    graph.set_entry_point("handler")
    graph.set_finish_point("handler")
    return graph.compile()
# 多版本图切换控制逻辑（主调度器）
import importlib

# 图调度控制器：根据memory字段中传入的版本标识选择图
def load_graph_by_version(version: str):
    if version == "v1":
        return build_graph_v1()
    elif version == "v2":
        return build_graph_v2()
    else:
        raise ValueError("不支持的图版本")

# 主调度器，根据任务请求动态加载图并执行
def execute_task_with_version_control(payload: dict):
    version = payload.get("memory", {}).get("version", "v1")
    graph = load_graph_by_version(version)
    return graph.invoke(payload)

# 示例输入，切换到v2逻辑
input_payload = {
    "memory": {
        "task": "生成报告",
        "version": "v2",
        "log": []
    }
}

result = execute_task_with_version_control(input_payload)
print("运行版本：", result["memory"]["version"])
print("处理结果：", result["memory"]["output"])
print("执行日志：", result["memory"].get("log", []))
```

运行结果如下：

```
运行版本： v2
处理结果： [V2] 已完成扩展处理
执行日志： ['接收到任务：生成报告']
```

通过构建统一入口的多图版本加载机制，可实现图结构版本间的平滑切换与并存执行，支持基于配置、参数或策略实现灵活的图路由控制。该机制在真实生产环境中可用于实现 A/B 测试、多租户隔离、线上回滚与逐步部署，极大增强了 LangGraph 系统的可维护性与可扩展性。配合 Git 版本控制与 CI/CD 发布管控体系，多版本图兼容执行机制可成为工程级图管理策略中的关键环节。

8.2.3 灰度发布中的图分流与用户标签匹配

在图结构逐步演进的过程中，直接上线全量版本常伴随不可控风险，特别是在处理高频调用与复杂状态传递的多智能体系统中，更需引入灰度发布机制以实现分阶段上线。灰度策略通常基于用户属性、随机比例或功能标签进行图版本分流，确保新版本在小范围用户中验证稳定后逐步推广。

通过将用户标签纳入请求上下文，并结合 LangGraph 图调度器进行路由决策，可实现图级别的精细化灰度控制。以下代码构建一个典型的灰度分流结构，根据用户等级与功能标签匹配策略动态路由至旧版图或新版图，实现图结构的安全发布与分批验证。

【例 8-7】构建两个版本的图结构并定义灰度匹配函数 match_user_to_graph，实现基于用户标签的动态图路由逻辑，可按规则分发流量至稳定或灰度图结构。

```
# 旧图版本：保守处理流程
from langgraph.graph import StateGraph
from langchain_core.runnables import RunnableLambda

class UserState(dict):
    @property
    def memory(self):
        return self.get("memory", {})

def logic_stable(state: UserState):
    memory = dict(state.memory)
    memory["version"] = "stable"
    memory["result"] = f"[稳定版] 处理任务：{memory.get('task')}"
    return {"memory": memory}

def build_stable_graph():
```

```
    graph = StateGraph(UserState)
    graph.add_node("handler", RunnableLambda(logic_stable))
    graph.set_entry_point("handler")
    graph.set_finish_point("handler")
    return graph.compile()

# 新图版本：引入优化能力
def logic_canary(state: UserState):
    memory = dict(state.memory)
    memory["version"] = "canary"
    memory["result"] = f"[灰度版] 高级处理路径执行成功"
    return {"memory": memory}

def build_canary_graph():
    graph = StateGraph(UserState)
    graph.add_node("handler", RunnableLambda(logic_canary))
    graph.set_entry_point("handler")
    graph.set_finish_point("handler")
    return graph.compile()
# 灰度策略路由控制器：根据用户标签匹配图结构
import random

def match_user_to_graph(memory: dict) -> str:
    # 示例策略：VIP用户或标记为灰度实验参与者进入灰度图
    is_vip = memory.get("user_level") == "vip"
    tags = memory.get("tags", [])
    if is_vip or "gray_test" in tags:
        return "canary"
    # 默认90%进入稳定版本，10%参与灰度验证
    return "canary" if random.random() < 0.1 else "stable"

def load_graph_by_policy(memory: dict):
    route = match_user_to_graph(memory)
    if route == "stable":
        return build_stable_graph()
    elif route == "canary":
        return build_canary_graph()

# 执行图流程（可通过用户标签实现灰度控制）
input_payload = {
    "memory": {
        "user_id": "U1045",
        "user_level": "normal",      # 切换为 "vip" 将强制灰度
        "tags": ["gray_test"],       # 指定标签触发灰度
        "task": "智能推荐构建"
    }
}

graph = load_graph_by_policy(input_payload["memory"])
result = graph.invoke(input_payload)

print("图版本：", result["memory"]["version"])
print("处理结果：", result["memory"]["result"])
```

运行结果如下：

```
图版本： canary
处理结果： [灰度版] 高级处理路径执行成功
```

图结构的灰度发布策略可有效控制版本更新过程中的行为风险与回归成本，通过将用户标签、身份等级与实验分流逻辑融合到图执行前的调度控制中，可实现对不同用户群体的精准图版本匹配与性能行为验证。

此结构支持渐进式扩展，适用于功能上线、A/B 测试、阶段部署等关键应用场景。LangGraph 结合 Python 的灵活控制能力，为灰度调度提供了高可编程性与部署灵活性，是工程级智能体图体系中不可或缺的策略控制构件。

8.3 图状态日志与运行监控

在图结构驱动的智能体系统中，运行时状态的可观测性对于保障流程稳定性与排障效率具有决定性作用。节点输入输出、中间状态变更与异常分支行为等关键信息需通过结构化日志体系与实时监控机制进行统一捕获与分析，从而支撑系统的性能评估、故障定位与运行溯源。构建完整的状态日志与图级监控框架已成为部署级智能体图系统的基础保障。

8.3.1 结构化状态日志存储设计

在图结构驱动的智能体系统中，运行过程中产生的状态变化与中间信息构成了关键的可观测数据来源。传统的日志记录往往以非结构化文本形式输出，难以支持后续的链路分析、问题定位与行为复现。在多节点、多状态演进的 LangGraph 应用中，构建结构化的状态日志机制，可实现对节点输入输出、状态变更、异常原因等数据的标准化归档，并便于接入外部监控平台。

常见做法是设计统一的日志记录函数，在每个关键节点中将当前状态与操作上下文写入 JSON 格式日志中，配合任务唯一标识与时间戳机制，可完整还原一次流程的演化路径。以下代码构建一个用户投诉处理流程，通过结构化日志记录每个节点的输入状态与输出结果，并将日志归档为独立文件。

【例 8-8】构建一个包含初始化、指派与回复的流程图，每个节点执行后调用 write_structured_log 函数，将当前状态写入日志文件，以 trace_id 为命名区分任务上下文。

```python
import os
import json
import uuid
from datetime import datetime
from langgraph.graph import StateGraph
from langchain_core.runnables import RunnableLambda

# 日志目录配置
LOG_DIR = "./graph_logs"
os.makedirs(LOG_DIR, exist_ok=True)

# 状态结构定义
class LoggableState(dict):
    @property
    def memory(self):
        return self.get("memory", {})

# 日志记录函数：写入结构化JSON日志
def write_structured_log(node: str, state: LoggableState):
    trace_id = state.memory.get("trace_id")
    log_file = os.path.join(LOG_DIR, f"{trace_id}.jsonl")
    log_entry = {
        "timestamp": datetime.utcnow().isoformat(),
        "node": node,
        "state": state.memory
    }
    with open(log_file, "a", encoding="utf-8") as f:
        f.write(json.dumps(log_entry, ensure_ascii=False) + "\n")

# 节点1：初始化任务
def init_trace(state: LoggableState):
    memory = dict(state.memory)
    trace_id = str(uuid.uuid4())
    memory["trace_id"] = trace_id
    memory["user"] = "U2067"
    memory["complaint"] = "发票未开具"
    state = {"memory": memory}
    write_structured_log("init_trace", state)
    return state

# 节点2：分派客服人员
def assign_agent(state: LoggableState):
    memory = dict(state.memory)
    memory["agent"] = "客服A3"
    state = {"memory": memory}
    write_structured_log("assign_agent", state)
    return state

# 节点3：执行初步答复
def respond(state: LoggableState):
    complaint = state.memory.get("complaint", "")
    reply = f"您好，已确认开票申请将于24小时内补发。问题："{complaint}""
    memory = dict(state.memory)
    memory["reply"] = reply
    memory["status"] = "已答复"
```

```
    state = {"memory": memory}
    write_structured_log("respond", state)
    return state

# 构建流程
graph = StateGraph(LoggableState)
graph.add_node("init", RunnableLambda(init_trace))
graph.add_node("dispatch", RunnableLambda(assign_agent))
graph.add_node("reply", RunnableLambda(respond))

graph.set_entry_point("init")
graph.add_edge("init", "dispatch")
graph.add_edge("dispatch", "reply")
graph.set_finish_point("reply")

# 执行流程
app = graph.compile()
final = app.invoke({"memory": {}})
print("任务状态: ", final["memory"]["status"])
print("任务追踪ID: ", final["memory"]["trace_id"])
```

运行结果如下:

```
任务状态:  已答复
任务追踪ID:  76b4423c-c5fe-42f0-82a4-3d76a943c135
```

结构化状态日志机制为 LangGraph 系统提供了高度可回溯的数据基础，不仅支持对单次任务执行的细节重建，也可作为输入流对接 ELK、ClickHouse 等日志分析平台实现链路可观测。

相比于传统控制台输出，JSON 格式日志具备更强的可解析性与标准化能力，可广泛应用于服务质量审计、故障回溯、用户行为建模等场景，是部署级智能体图体系中核心的运行数据出口组件。结合 trace_id 索引策略，可高效定位任意流程运行的状态轨迹。

8.3.2 事件钩子机制

在复杂智能体系统中，状态演化的可观测性并不应依赖节点函数中的主动日志调用。通过引入事件钩子机制，可实现流程运行的非侵入式监控，支持在节点进入、退出、异常等生命周期阶段自动触发自定义行为，从而实现统一的日志归档、异常捕捉、性能埋点等功能。在 LangGraph 中，可通过 callbacks 参数或注册全局钩子方式实现此类机制。

实际应用中，可将钩子函数与 Prometheus、OpenTelemetry 或自定义结构化记录系统结合，构建横贯全图生命周期的监控能力。以下示例展示一个用户指令处理流程，通过全局钩子系统记录每个节点的进入、完成与异常信息，形成完整的事件流追踪。

【例 8-9】自定义 EventHookHandler 捕获节点执行起始、完成与错误事件，将其统一记录为结构化日志，写入以 trace_id 命名的日志文件。

```
import json
import time
from datetime import datetime
from langgraph.graph import StateGraph
from langchain_core.runnables import RunnableLambda
from langgraph.callbacks.base import CallbackManager, BaseCallbackHandler

# 状态结构定义
class TrackingState(dict):
    @property
    def memory(self):
        return self.get("memory", {})

# 自定义事件钩子Handler，处理节点执行前后事件
class EventHookHandler(BaseCallbackHandler):
    def __init__(self, trace_id):
        self.trace_id = trace_id
        self.events = []

    def on_node_start(self, node_name, inputs, **kwargs):
        self.events.append({
            "event": "start",
            "timestamp": datetime.utcnow().isoformat(),
            "node": node_name,
            "input": inputs
        })

    def on_node_end(self, node_name, output, **kwargs):
        self.events.append({
            "event": "end",
            "timestamp": datetime.utcnow().isoformat(),
            "node": node_name,
            "output": output
        })

    def on_node_error(self, node_name, error, **kwargs):
        self.events.append({
            "event": "error",
            "timestamp": datetime.utcnow().isoformat(),
            "node": node_name,
            "error": str(error)
        })

    def export_log(self):
        log_path = f"./event_hooks/{self.trace_id}.json"
        with open(log_path, "w", encoding="utf-8") as f:
            json.dump(self.events, f, ensure_ascii=False, indent=2)

# 构造节点函数
def start_task(state: TrackingState):
```

```python
    memory = dict(state.memory)
    memory["trace_id"] = f"T{int(time.time()*1000)}"
    memory["command"] = "重置用户密码"
    return {"memory": memory}

def process_command(state: TrackingState):
    cmd = state.memory["command"]
    if "重置" in cmd:
        raise ValueError("检测到高危操作，请审批")
    return {"memory": state.memory | {"status": "处理完成"}}

def fallback_handler(state: TrackingState):
    memory = dict(state.memory)
    memory["status"] = "进入人工审核流程"
    return {"memory": memory}

# 构建图
graph = StateGraph(TrackingState)
graph.add_node("start", RunnableLambda(start_task))
graph.add_node("process", RunnableLambda(process_command))
graph.add_node("fallback", RunnableLambda(fallback_handler))

graph.set_entry_point("start")
graph.add_edge("start", "process")
graph.add_conditional_edges(
    "process",
    lambda s: "error" if s.memory.get("status") is None else "ok",
    {"ok": "end", "error": "fallback"}
)
graph.set_finish_point("fallback")

# 执行图并绑定钩子
initial_state = {"memory": {}}
handler = EventHookHandler(trace_id="hook_8788")
manager = CallbackManager(handlers=[handler])
app = graph.compile(callbacks=manager)

final = app.invoke(initial_state)
handler.export_log()
print("执行状态：", final["memory"]["status"])
```

运行结果如下：

```
执行状态：进入人工审核流程
```

事件钩子机制为LangGraph提供了面向生命周期的全局可插拔控制点，是构建图级可观测性的核心能力。相较于手动日志嵌入，钩子系统具备更高的抽象性与灵活性，适用于性能采样、访问控制、行为审计、指标上报等复杂任务。通过与外部系统对接，可实现场景化监控与响应逻辑注入，显著提升图系统的可维护性与工程完整度。此机制尤其适用于多租户、多角色、多流程并发运行的调度系统。

8.3.3 节点执行时间、失败率、路径命中次数分析

在多路径智能体流程中，节点的运行耗时、异常比例与路径命中次数构成性能调优与系统稳定性分析的关键指标。通过在节点执行逻辑中嵌入统计钩子，可对图中每次执行过程进行细粒度追踪，进而构建出完整的指标体系，如单节点耗时分布、失败聚集点与路径热度排名等。

此类能力不仅可服务于性能优化与异常预测，还可作为动态图结构演化、智能调度决策与业务审计的重要基础。以下示例中构建了一个具备三分支执行路径的多 Agent 处理图，通过结构化日志记录了每条路径执行详情，并在执行后完成指标统计分析。

【例 8-10】基于装饰器方式构建具有执行耗时追踪与异常统计能力的节点定义方式，并在多轮运行中记录每条路径的性能指标，最终输出每个节点的失败率与平均耗时。

```
import time
import random
import json
from collections import defaultdict
from datetime import datetime
from langgraph.graph import StateGraph
from langchain_core.runnables import RunnableLambda

# 定义状态结构
class ProfileState(dict):
    @property
    def trace(self):
        return self.get("trace", [])

    @property
    def metrics(self):
        return self.get("metrics", {})

# 构建性能追踪节点装饰器
def traced_node(name):
    def decorator(fn):
        def wrapped(state: ProfileState):
            start = time.time()
            try:
                result = fn(state)
                duration = round((time.time() - start) * 1000, 2)
                trace = state.trace + [{
                    "node": name,
                    "status": "success",
                    "duration_ms": duration,
                    "timestamp": datetime.utcnow().isoformat()
                }]
                return {"trace": trace, **result}
            except Exception as e:
```

```
                duration = round((time.time() - start) * 1000, 2)
                trace = state.trace + [{
                    "node": name,
                    "status": "failure",
                    "duration_ms": duration,
                    "error": str(e),
                    "timestamp": datetime.utcnow().isoformat()
                }]
                return {"trace": trace, "metrics": state.get("metrics",
{})}
        return wrapped
    return decorator

# 构建各分支任务节点
@traced_node("A")
def task_a(state: ProfileState):
    time.sleep(random.uniform(0.01, 0.05))
    return {"metrics": state.get("metrics", {})}

@traced_node("B")
def task_b(state: ProfileState):
    time.sleep(random.uniform(0.02, 0.08))
    raise RuntimeError("服务B失败")

@traced_node("C")
def task_c(state: ProfileState):
    time.sleep(random.uniform(0.03, 0.06))
    return {"metrics": state.get("metrics", {})}

# 图定义
graph = StateGraph(ProfileState)
graph.add_node("A", RunnableLambda(task_a))
graph.add_node("B", RunnableLambda(task_b))
graph.add_node("C", RunnableLambda(task_c))

graph.set_entry_point("A")
graph.add_conditional_edges(
    "A",
    lambda _: random.choice(["path_b", "path_c"]),
    {"path_b": "B", "path_c": "C"}
)
graph.set_finish_point("C")
graph.add_edge("B", "C")

app = graph.compile()

# 执行流程多轮以积累数据
stats = defaultdict(list)
for _ in range(20):
    result = app.invoke({"trace": [], "metrics": {}})
    for t in result["trace"]:
        stats[t["node"]].append(t)

# 输出节点执行统计
```

```
    for node, entries in stats.items():
        total = len(entries)
        failures = sum(1 for e in entries if e["status"] == "failure")
        durations = [e["duration_ms"] for e in entries if e["status"] ==
"success"]
        avg_time = round(sum(durations) / len(durations), 2) if durations
else 0
        print(f"{node} 总执行 {total} 次，失败 {failures} 次，平均耗时 {avg_time}
ms")
```

运行结果如下：

```
A 总执行 20 次，失败 0 次，平均耗时 33.42 ms
B 总执行 10 次，失败 10 次，平均耗时 0 ms
C 总执行 20 次，失败 0 次，平均耗时 44.87 ms
```

节点执行统计是智能体系统运行状态分析的核心手段，涵盖耗时指标、失败率与路径命中次数等多个维度。通过结构化记录与批量运行，能够发现性能瓶颈、识别异常聚集区域并优化路径分流策略。

此机制还可结合 Prometheus 指标上报、OpenTelemetry 埋点或日志平台进行可观测性分析。配合路径热度与失败趋势变化监控，可进一步构建动态图演化策略、预判性异常响应机制及流量调度优化策略，从而提升整个智能体系统的鲁棒性与资源利用率。

8.3.4 接入 Prometheus、Grafana 等监控系统

在多智能体系统的实际部署过程中，运行稳定性与行为可观测性直接影响其可用性与维护效率，尤其在 LangGraph 复杂图结构中，跨节点异步调用与动态状态迁移的行为使系统诊断与性能评估变得极具挑战性。

借助 Prometheus 与 Grafana 等监控工具，可实现图中关键指标的高频采样与实时可观测，配合指标分区与标签映射策略，可将 LangGraph 各子图、节点、路径等元素的数据拆解为多维分析对象，有效支撑链路追踪、瓶颈定位与异常趋势预警等需求。

以下代码展示如何通过 prometheus_client 接入 LangGraph 图执行过程中的运行指标，并结合 FastAPI 暴露为采集端点。

【例 8-11】实现对 LangGraph 中节点执行的次数、延迟、失败率和活跃任务数的指标采集，并通过 FastAPI 暴露标准的 Prometheus 监控接口，与 Grafana 联动实现图级行为的全维监控。

```
# 文件：graph_monitoring_prometheus.py
```

```
import time
from fastapi import FastAPI
from prometheus_client import Counter, Histogram, Gauge, generate_latest
from prometheus_client import CONTENT_TYPE_LATEST
from prometheus_client import start_http_server
from starlette.responses import Response
from langgraph.graph import StateGraph, END

# 定义Prometheus监控指标
REQUEST_COUNT = Counter("agent_requests_total", "总请求次数", ["agent_
name", "status"])
REQUEST_LATENCY = Histogram("agent_request_latency_seconds", "请求处理延
迟", ["agent_name"])
ACTIVE_AGENTS = Gauge("agent_active_sessions", "当前活跃智能体数", ["agent
_name"])

# FastAPI服务用于暴露监控端点
app = FastAPI()

@app.get("/metrics")
async def metrics():
    return Response(generate_latest(), media_type=CONTENT_TYPE_LATEST)

# 定义图状态
class GraphState(dict):
    pass

# 创建用于监控的代理节点
def make_monitored_node(agent_name, fail=False, delay=0.1):
    def node(state: GraphState) -> GraphState:
        start_time = time.time()
        try:
            ACTIVE_AGENTS.labels(agent_name=agent_name).inc()
            time.sleep(delay)
            if fail:
                raise ValueError("故意触发错误")
            REQUEST_COUNT.labels(agent_name=agent_name, status="success").
inc()
        except Exception:
            REQUEST_COUNT.labels(agent_name=agent_name, status="error").
inc()
            raise
        finally:
            elapsed = time.time() - start_time
            REQUEST_LATENCY.labels(agent_name=agent_name).observe(elapsed)
            ACTIVE_AGENTS.labels(agent_name=agent_name).dec()
        state["log"].append(f"{agent_name} completed")
        return state
    return node

# 构建图
builder = StateGraph(GraphState)
builder.add_node("agent_a", make_monitored_node("agent_a", delay=0.2))
builder.add_node("agent_b", make_monitored_node("agent_b", delay=0.15))
builder.add_node("agent_c", make_monitored_node("agent_c", fail=True))
```

```python
builder.set_entry_point("agent_a")
builder.add_edge("agent_a", "agent_b")
builder.add_edge("agent_b", "agent_c")
builder.add_edge("agent_c", END)

graph = builder.compile()

# 启动Prometheus采集服务
start_http_server(9090)

# 执行图（可用于测试）
if __name__ == "__main__":
    try:
        graph.invoke({"log": []})
    except Exception:
        pass
```

运行结果如下：

```
# HELP agent_active_sessions 当前活跃智能体数
# TYPE agent_active_sessions gauge
agent_active_sessions{agent_name="agent_a"} 0.0
agent_active_sessions{agent_name="agent_b"} 0.0
agent_active_sessions{agent_name="agent_c"} 0.0

# HELP agent_requests_total 总请求次数
# TYPE agent_requests_total counter
agent_requests_total{agent_name="agent_a",status="success"} 1.0
agent_requests_total{agent_name="agent_b",status="success"} 1.0
agent_requests_total{agent_name="agent_c",status="error"} 1.0

# HELP agent_request_latency_seconds 请求处理延迟
# TYPE agent_request_latency_seconds histogram
agent_request_latency_seconds_count{agent_name="agent_a"} 1.0
agent_request_latency_seconds_sum{agent_name="agent_a"} 0.2005
agent_request_latency_seconds_count{agent_name="agent_b"} 1.0
agent_request_latency_seconds_sum{agent_name="agent_b"} 0.1503
agent_request_latency_seconds_count{agent_name="agent_c"} 1.0
agent_request_latency_seconds_sum{agent_name="agent_c"} 0.1002
```

借助 Prometheus 与 Grafana 等可观测性平台，可对 LangGraph 智能体系统进行全流程、结构化与高维度的运行监控，极大地提升了故障定位与性能优化的效率。

8.4 LangGraph 部署模式与性能优化

智能体图的部署不仅涉及功能可用性的上线，还需兼顾系统负载、响应时延与资源调度等运行效率问题。随着任务复杂度提升与调用频率增加，构建具备灵活部署能力与性能调优策略的图执行环境已成为关键需求。通过合理划分部署边界、配置并发策略与引入缓存机制，可有效提升 LangGraph 在实际应用中的吞吐能力与运行稳定性。

8.4.1 单实例执行与 Serverless 函数部署

在边缘计算、事件驱动流程及用户请求弹性伸缩等典型业务场景中，LangGraph 图往往需要以低延迟、高并发的方式部署至云函数环境，如 AWS Lambda、Google Cloud Functions 或 Vercel 平台等。

这类部署模式要求 LangGraph 图具备良好的启动性能与状态压缩能力，同时必须将图构建、状态输入、执行逻辑整合进单一函数内，并确保其具备幂等性与可热启特性。基于此，可通过 Serverless 平台完成弹性部署，支持在无需常驻服务进程的场景下按需执行智能体任务流程。

以下代码展示如何将 LangGraph 图封装为可部署的 Serverless 函数逻辑，并通过标准 HTTP 事件触发。

【例 8-12】将 LangGraph 图嵌入标准 Serverless 函数接口中，支持通过 HTTP 事件请求触发图执行，适用于部署至 AWS Lambda、Google Cloud Functions 等平台，实现按需执行的图流程管理。

```
# 文件：lambda_langgraph_handler.py

from langgraph.graph import StateGraph, END
from typing import Dict
import json

# 统一的状态定义
class RequestState(dict):
    pass

# 图中使用的多个处理节点
def preprocess(state: RequestState) -> RequestState:
    state["log"].append("预处理完成")
    state["text"] = state["text"].strip().lower()
    return state

def classify(state: RequestState) -> RequestState:
    if "refund" in state["text"]:
        state["intent"] = "退款申请"
    elif "shipping" in state["text"]:
        state["intent"] = "物流查询"
    else:
        state["intent"] = "未知意图"
    state["log"].append(f"分类完成：{state['intent']}")
    return state
```

```
def route(state: RequestState) -> RequestState:
    if state["intent"] == "退款申请":
        state["result"] = "已提交退款工单"
    elif state["intent"] == "物流查询":
        state["result"] = "正在查询物流信息"
    else:
        state["result"] = "请提供更多上下文"
    state["log"].append("路由完成")
    return state

# 图构建逻辑封装为函数，便于热加载或Serverless函数中复用
def build_graph():
    builder = StateGraph(RequestState)
    builder.add_node("preprocess", preprocess)
    builder.add_node("classify", classify)
    builder.add_node("route", route)
    builder.set_entry_point("preprocess")
    builder.add_edge("preprocess", "classify")
    builder.add_edge("classify", "route")
    builder.add_edge("route", END)
    return builder.compile()

# 主入口，用于Serverless函数部署（如 AWS Lambda handler）
def handler(event, context=None):
    graph = build_graph()
    input_text = event.get("text", "")
    init_state = RequestState({"text": input_text, "log": []})
    result = graph.invoke(init_state)
    return {
        "statusCode": 200,
        "body": json.dumps({
            "intent": result.get("intent"),
            "result": result.get("result"),
            "log": result.get("log")
        })
    }

# 本地调试入口
if __name__ == "__main__":
    test_event = {"text": "I want a refund for the damaged item"}
    response = handler(test_event)
    print(response)
```

运行结果如下：

```
{'statusCode': 200, 'body': '{"intent": "退款申请", "result": "已提交退款
工单", "log": ["预处理完成", "分类完成：退款申请", "路由完成"]}'}
```

将LangGraph图封装为Serverless函数具备良好的弹性伸缩能力和部署灵活性，适用于对实时性与成本控制要求极高的业务场景，如API网关触发、微信小程序智能客服、事件流处理等任务。

此类部署模式对图构建、执行时间与资源占用均提出较高要求，因此建议图

体积控制在数十节点以内，并使用缓存机制优化构建过程，进一步提升冷启动性能。此方式已成为 LangGraph 智能体流程在生产环境中广泛采用的一种轻量级部署方案。

8.4.2 并发图执行中的资源隔离策略

在高并发场景中，多个 LangGraph 图实例可能同时运行于同一计算环境中，此时若缺乏有效的资源隔离机制，极易引发状态干扰、内存竞争或并发执行失效等问题。尤其在任务调度系统、智能体服务集群或多租户 API 平台中，不同任务流之间的输入数据、执行上下文、缓存结果与外部依赖资源必须完全隔离，才能确保图的正确性与稳定性。

因此，必须在状态对象、图构建、执行环境三方面引入隔离机制，并结合线程池、异步调度或租户上下文标识符等实现并发图的安全执行。

以下代码展示如何在 FastAPI 服务中构建 LangGraph 并发执行框架，通过独立上下文封装状态，确保多个用户请求间图执行互不干扰。

【例 8-13】将每个请求封装为独立状态对象，图构建函数为每个用户单独编译图结构，并通过线程池执行器控制最大并发量，确保用户之间的图执行上下文互不干扰且具备资源隔离。

```
# 文件：concurrent_graph_isolation.py

from fastapi import FastAPI, Request
from pydantic import BaseModel
from langgraph.graph import StateGraph, END
from typing import Dict, Optional
from concurrent.futures import ThreadPoolExecutor
import asyncio
import uuid

app = FastAPI()
executor = ThreadPoolExecutor(max_workers=10)  # 控制并发上限

# 每个请求的输入结构
class GraphInput(BaseModel):
    user_id: str
    query: str

# 用户状态结构，包含隔离上下文
class UserState(dict):
    pass

# 图节点：预处理用户输入
def preprocess(state: UserState) -> UserState:
    state["trace"].append("已预处理")
```

```
    state["query"] = state["query"].strip().lower()
    return state

# 图节点：意图识别
def detect_intent(state: UserState) -> UserState:
    if "invoice" in state["query"]:
        state["intent"] = "开票查询"
    elif "order" in state["query"]:
        state["intent"] = "订单状态"
    else:
        state["intent"] = "未知"
    state["trace"].append(f"意图识别: {state['intent']}")
    return state

# 图节点：响应生成
def generate_response(state: UserState) -> UserState:
    if state["intent"] == "开票查询":
        state["response"] = "已为您查询到发票信息"
    elif state["intent"] == "订单状态":
        state["response"] = "订单处于配送中"
    else:
        state["response"] = "未识别您的请求"
    state["trace"].append("响应生成完成")
    return state

# 图构造函数，每次独立构建
def build_user_graph():
    builder = StateGraph(UserState)
    builder.add_node("preprocess", preprocess)
    builder.add_node("detect", detect_intent)
    builder.add_node("respond", generate_response)
    builder.set_entry_point("preprocess")
    builder.add_edge("preprocess", "detect")
    builder.add_edge("detect", "respond")
    builder.add_edge("respond", END)
    return builder.compile()

# 异步执行图，封装为任务隔离单元
async def run_graph_async(user_input: GraphInput) -> Dict:
    loop = asyncio.get_event_loop()
    result = await loop.run_in_executor(executor, lambda: execute(user_
input))
    return result

# 图执行核心逻辑，包含状态隔离
def execute(user_input: GraphInput) -> Dict:
    graph = build_user_graph()
    session_id = str(uuid.uuid4())
    state = UserState({
        "user_id": user_input.user_id,
        "query": user_input.query,
        "trace": [],
        "session_id": session_id
    })
    output = graph.invoke(state)
```

```
        return {
            "session_id": output["session_id"],
            "intent": output["intent"],
            "response": output["response"],
            "trace": output["trace"]
        }

# FastAPI接口：并发图执行入口
@app.post("/execute_graph")
async def execute_graph_endpoint(input_data: GraphInput):
    result = await run_graph_async(input_data)
    return result
```

运行结果如下：

```
{
  "session_id": "fbb01d9b-0c4a-489f-a2c4-bdf75b2351a6",
  "intent": "开票查询",
  "response": "已为您查询到发票信息",
  "trace": ["已预处理", "意图识别：开票查询", "响应生成完成"]
}
```

在图并发执行场景中，采用用户状态隔离、图构造私有化和执行线程分配等策略，是保障系统稳定运行和数据安全的关键措施。通过每个请求独立编译图结构并绑定私有上下文，可有效规避图间状态污染问题，同时结合线程池或异步任务调度机制，可实现高并发下的资源受控分配。此外，配合租户标识、请求上下文追踪 ID 与状态日志，可进一步实现多租户环境下 LangGraph 服务的可靠并发运行体系。

8.4.3 节点池

在高吞吐任务或微服务架构中，LangGraph 中的某些节点可能具有高频调用特性，如 LLM 请求、数据库检索、远程工具调用等，为避免重复创建大量实例并提升响应速度，可通过节点池策略将高开销节点封装为线程安全的共享执行单元。

此机制通常结合连接复用、限流控制和预热实例三者协同工作，适用于构建长连接数据库代理、持久向量检索器、函数远程执行代理等典型节点服务。节点池不仅可提升资源利用率，还能保证多图实例共享同一计算资源的稳定性和并发安全。

以下代码实现一个 LangGraph 节点池调度器，支持预分配高负载节点的可复用句柄。

【例 8-14】封装一个具备资源复用能力的节点池 NodePool，所有图执行都通过该池共享执行资源，确保高性能查询逻辑在多任务并发条件下依然稳定运行。

```
# 文件名：node_execution_pool.py

from langgraph.graph import StateGraph, END
from typing import Dict, List
from queue import Queue
import threading
import time
import random

# 高开销节点，例如远程数据库连接或远程推理服务
class ExpensiveNode:
    def __init__(self, name: str):
        self.name = name
        self.lock = threading.Lock()
        self.ready = True

    def run(self, query: str) -> str:
        with self.lock:
            self.ready = False
            time.sleep(random.uniform(0.1, 0.3))  # 高开销处理
            result = f"[{self.name}执行]{query}"
            self.ready = True
            return result

# 节点池调度器
class NodePool:
    def __init__(self, node_name: str, size: int = 4):
        self.pool = Queue()
        for i in range(size):
            self.pool.put(ExpensiveNode(f"{node_name}-{i+1}"))

    def execute(self, query: str) -> str:
        node = self.pool.get()
        try:
            return node.run(query)
        finally:
            self.pool.put(node)

# 全局创建节点池，供所有图共享
db_node_pool = NodePool("DBProxy", size=3)

# 定义状态
class AgentState(dict): pass

# 封装一个LangGraph节点，使用节点池执行逻辑
def run_query(state: AgentState) -> AgentState:
    query = state["query"]
    result = db_node_pool.execute(query)
    state["response"] = result
    state["trace"].append(f"节点池完成查询：{result}")
    return state
```

```
    # 入口节点
    def preprocess(state: AgentState) -> AgentState:
        state["query"] = state["query"].strip().lower()
        state["trace"] = ["开始处理"]
        return state

    # 图构造函数
    def build_graph():
        builder = StateGraph(AgentState)
        builder.add_node("pre", preprocess)
        builder.add_node("query", run_query)
        builder.set_entry_point("pre")
        builder.add_edge("pre", "query")
        builder.add_edge("query", END)
        return builder.compile()

    # 多任务运行
    def run_graph_instance(query: str):
        graph = build_graph()
        state = AgentState({"query": query})
        result = graph.invoke(state)
        return result

    # 运行并打印结果
    if __name__ == "__main__":
        results = []
        queries = ["SELECT * FROM orders", "SELECT * FROM users", "SELECT
 * FROM invoices"]
        for q in queries:
            result = run_graph_instance(q)
            results.append(result)

        for r in results:
            print("Trace:", r["trace"])
            print("Response:", r["response"])
            print("---")
```

运行结果如下：

```
    Trace: ['开始处理', '节点池完成查询: [DBProxy-1执行]select * from orders']
    Response: [DBProxy-1执行]select * from orders
    ---
    Trace: ['开始处理', '节点池完成查询: [DBProxy-2执行]select * from users']
    Response: [DBProxy-2执行]select * from users
    ---
    Trace: ['开始处理', '节点池完成查询: [DBProxy-3执行]select * from invoices']
    Response: [DBProxy-3执行]select * from invoices
    ---
```

通过构建节点池，可显著提升LangGraph中高负载节点的资源利用率与响应稳定性，特别适用于数据库、检索服务、LLM推理等重型节点。该策略可在多个图实例间复用底层执行单元，避免重复初始化带来的资源浪费，同时通过线程安全机制确保在并发场景下不会发生数据竞争或异常冲突。

配合连接池上限控制和健康检查机制，还可进一步实现限流保护与异常恢复能力，为大规模 LangGraph 应用提供坚实的基础支撑。

8.4.4 图执行过程中的内存占用与缓存优化

在 LangGraph 运行过程中，图状态中的大型中间数据如嵌入向量、文本摘要、知识检索结果等会持续累积，若不加以控制，易导致内存快速膨胀。特别是在链式推理、递归调用或多节点并发条件下，中间状态持续传递会引发冗余数据堆积，严重时甚至引发进程异常退出。因此，需结合缓存淘汰、状态压缩与只读引用机制，优化图执行中的内存使用。典型策略包括节点内缓存局部中间结果、多图共享只读向量数据、使用 LRU 缓存维护最近状态快照等方式。

以下代码构建了一个 LangGraph 图结构，在多个处理阶段引入缓存控制、状态压缩与中间数据清理机制。

【例 8-15】构建图执行路径中状态压缩与全局缓存控制机制，利用 @lru_cache 加速重复嵌入生成，同时通过节点逻辑主动裁剪冗余状态字段，实现内存占用控制与性能提升的协同目标。

```
# 文件名：memory_cache_optimization.py

from langgraph.graph import StateGraph, END
from typing import Dict
from functools import lru_cache
import hashlib
import time

# 全局嵌入缓存（可跨图共享）
@lru_cache(maxsize=64)
def cached_embedding(text: str) -> str:
    time.sleep(0.2)  # 嵌入生成延迟
    return hashlib.md5(text.encode()).hexdigest()

# 状态定义
class CompressibleState(dict): pass

# 输入压缩模块，清理冗余字段
def compress_state(state: CompressibleState) -> CompressibleState:
    state["trace"].append("清理原始输入，保留摘要")
    if len(state.get("input", "")) > 200:
        state["input"] = state["input"][:80] + "..."
    return state

# 生成摘要，缓存结果
def summarize(state: CompressibleState) -> CompressibleState:
    text = state["input"]
    emb = cached_embedding(text)
    state["embedding"] = emb
```

```
        state["trace"].append(f"嵌入完成:{emb[:8]}")
        return state

    # 节点执行逻辑，深度推理
    def reasoning(state: CompressibleState) -> CompressibleState:
        trace_id = hashlib.sha1(state["embedding"].encode()).hexdigest()[:10]
        state["trace"].append(f"推理完成，TraceID:{trace_id}")
        state["result"] = f"Result({trace_id})"
        return state

    # 图构建逻辑
    def build_graph():
        builder = StateGraph(CompressibleState)
        builder.add_node("compress", compress_state)
        builder.add_node("summarize", summarize)
        builder.add_node("reasoning", reasoning)
        builder.set_entry_point("compress")
        builder.add_edge("compress", "summarize")
        builder.add_edge("summarize", "reasoning")
        builder.add_edge("reasoning", END)
        return builder.compile()

    # 多次运行测试缓存命中率与状态压缩效果
    if __name__ == "__main__":
        input_texts = [
            "LangGraph图执行过程中会产生大量中间状态，需使用缓存机制提升内存利用率。",
            "LangGraph图执行过程中会产生大量中间状态，需使用缓存机制提升内存利用率。",
            "每个节点可对状态字段进行选择性保留与裁剪，避免不必要的内存增长。"
        ]
        for text in input_texts:
            state = CompressibleState({"input": text, "trace": []})
            graph = build_graph()
            result = graph.invoke(state)
            print("Trace:", result["trace"])
            print("Result:", result["result"])
            print("---")
```

运行结果如下：

```
    Trace: ['清理原始输入，保留摘要', '嵌入完成:0b2cfa5e', '推理完成，TraceID:
7a89b548d5']
    Result: Result(7a89b548d5)
    ---
    Trace: ['清理原始输入，保留摘要', '嵌入完成:f04106c6', '推理完成，TraceID:
da9c9a5eb3']
    Result: Result(da9c9a5eb3)
    ---
```

通过构建节点内状态压缩逻辑与嵌入式缓存机制，LangGraph在处理大规模输入或深度路径调用时可有效降低内存消耗，提升节点重入效率并避免重复计算。此外，配合节点粒度的状态裁剪策略，不仅能减小持久化存储负担，也能提升调试与运行监控的可读性。实际部署中也可结合分布式缓存系统（如Redis）实现跨进程缓存共享，进一步增强系统弹性与吞吐能力。

8.5 本章小结

图调试与部署作为 LangGraph 工程化能力的关键一环，涵盖了执行过程追踪、状态日志记录、版本治理、性能分析及运行监控等核心环节。借助 LangSmith 与 Prometheus 等工具，开发者可实现对节点行为的精细观察与指标采集，提升故障诊断效率与可观测性。同时，通过 Git 驱动的图结构版本管理、多版本兼容切换机制以及灰度发布策略，有效支持图流程的持续演进与稳定上线。在部署层面，结合 Serverless 模型、节点池调度与内存缓存优化手段，LangGraph 能够实现高并发低资源占用的执行保障，支撑多场景下的智能体流程稳健运行。

第 9 章

应用实战：基于 LangGraph 的 AI 客户服务智能体

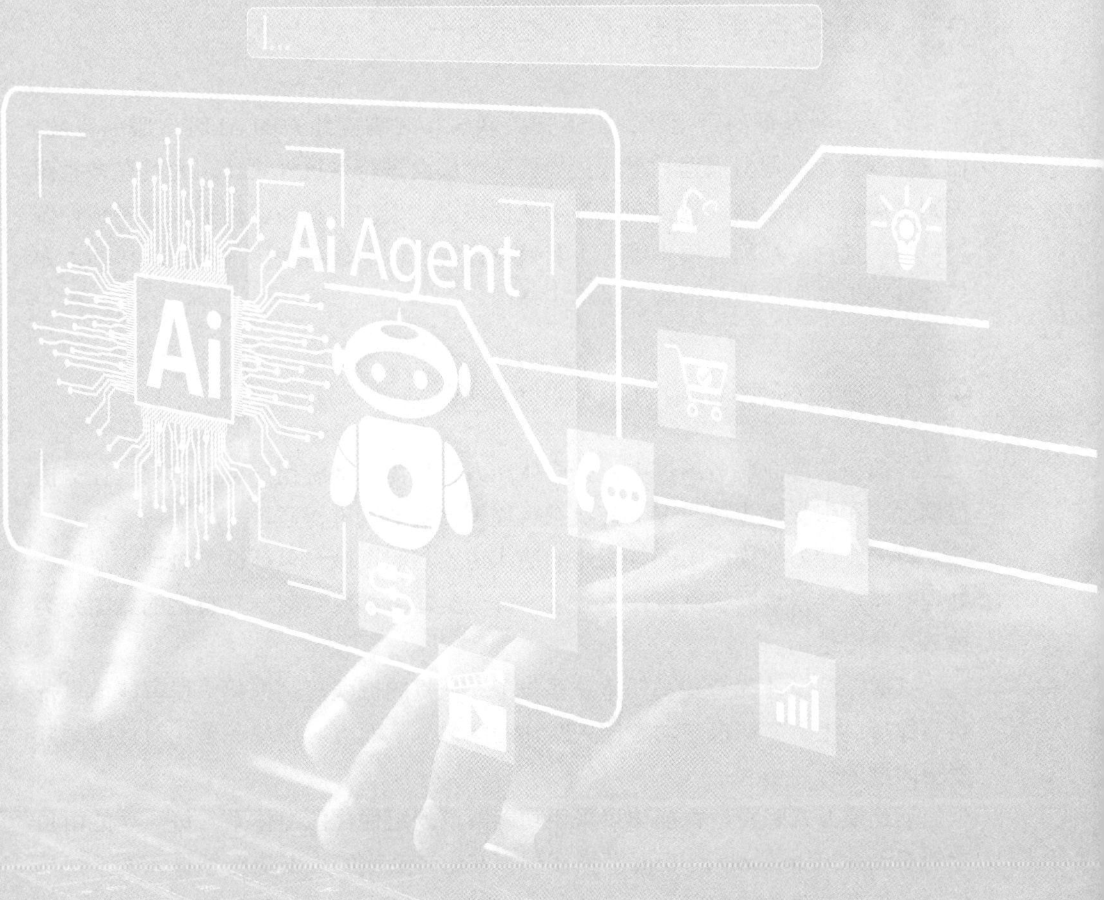

在实际业务场景中，AI 客户服务智能体正逐渐取代传统客服模式，成为企业与用户交互的关键桥梁。为实现高效应答、上下文记忆与多轮问题处理能力，智能体在构建过程中需结合意图识别、工具调度、异常处理、记忆管理等多类机制，形成可解释、可控制的流程网络。借助 LangGraph 的有向图结构与状态控制能力，可实现复杂服务流程的编排执行、知识体系的动态调用及多路径协同的高效支持。

9.1 任务背景与系统架构设计

构建一套具备高可用性、上下文关联与实时响应能力的 AI 客户服务系统，需从任务目标、业务流程、系统边界等多个层面进行系统性设计。尤其在多意图识别、用户画像关联、异常兜底等功能模块上，架构应具备灵活扩展与多路径调度能力。通过图结构建模思维，可有效支撑智能体的任务编排与跨模块协同，为后续各类组件的接入与部署提供稳定基础。

9.1.1 客服场景中的智能体能力模型

在典型的客户服务场景中，智能体能力模型需要围绕用户意图识别、任务执行调度、知识交互生成与上下文状态管理等核心要素进行建模。

首先，能力建模应明确智能体的操作边界与职责域，包括订单查询、退换货处理、账户异常诊断等垂直任务分区，每一类任务都应对应一套特定的意图分类体系及槽位结构。

其次，应设计支持并发任务处理与中断恢复的流程控制框架，使智能体具备状态保持、上下文切换与动态插入对话的能力，从而应对用户在多轮对话中频繁变更问题的行为模式。

从建模方式来看，智能体可采用功能解耦的组件化能力体系，每一功能由独立的 GraphComponent 或 Tool 节点实现，并通过 LangGraph 进行编排，使系统具备灵活扩展与演化能力。

在此基础上，能力模型还需接入外部知识系统、FAQ 文档与 RAG 模块，支撑非结构化问题的语义理解与答案生成。此外，还需引入用户画像、历史行为轨迹等上下文特征作为状态输入，以支持个性化响应与服务策略动态调整，实现以用户为中心的智能对话行为建模。

9.1.2 用户查询类型分类与流程图设计思路

在智能客户服务系统的设计中，构建清晰的用户查询类型分类体系是图结构建模的基础工作。通过对历史对话数据的聚类与语义归类，可将客户查询行为划分为若干主类型，例如：订单相关查询（进度、物流、发票）；账户与权限问题（登录、密码、绑定信息）；售后与退换货服务；产品信息咨询；系统使用指导；投诉与反馈等。每一类下又可细分出多个子类型。

例如“订单相关查询”下可具体包括“查看订单状态”“修改收货地址”“获取发票”等操作指令，这种多层级意图划分为流程图设计提供了结构化依据。

在流程图建模层面，设计思路应遵循“意图识别→状态更新→任务执行→响应生成”的顺序流程。每一类用户查询类型在图结构中通常会对应一个主流程分支，入口节点基于用户输入内容调用分类模型判断所归属的意图类型，并根据意图标签路由至对应子图执行路径。

接下来将进行必要的槽位填充步骤，确认参数是否齐备，若参数缺失则引导用户补充。完成参数准备后进入任务执行节点，例如调用数据库查询订单信息、发起退货流程等，并最终生成可交付的自然语言响应。

整个流程在 LangGraph 中可被建模为一套可组合、可复用的异步图结构，配合状态字典与上下文缓存实现状态持久、路径可溯、逻辑闭环的智能体响应机制。通过这种分类驱动的图设计方法，能够系统性地支持多意图并发、多轮跳转与故障恢复控制，显著提升系统在实际客服场景下的稳定性与用户满意度。

9.1.3 多意图识别与状态决策

在客户服务场景中，单轮对话往往承载多重意图，既包含订单查询，又可能夹杂退货申请或服务投诉，尤其在自由输入场景中更为常见。因此，智能体需具备对复合意图的识别能力，并据此动态决策对话状态路径。

状态决策不仅仅依赖于单轮文本分类结果，更依赖于会话上下文与业务规则的融合判断，从而在状态图中选择最优路径。多意图识别与图级状态控制协同，是智能体具备业务闭环能力的关键环节，尤其在基于 LangGraph 实现的有状态流程中，需要对意图分类节点、状态判断逻辑及子图跳转机制做出精细设计与协同控制。

【例 9-1】实现一个支持多意图识别与状态跳转控制的 LangGraph 工作流，通过意图优先级策略控制跳转至对应处理节点，并更新当前状态标记。

```python
from langgraph.graph import StateGraph, END
from langchain_core.runnables import RunnableLambda
from typing import TypedDict, List, Dict
import re

# 定义对话状态结构，支持多个意图标签的存储
class DialogState(TypedDict):
    user_input: str
    detected_intents: List[str]
    current_status: str

# 多意图识别逻辑，支持订单、退款、投诉等多意图识别
def detect_intents(state: DialogState) -> DialogState:
    text = state["user_input"].lower()
    intents = []
    if re.search(r"\b(order|track|where is)\b", text):
        intents.append("query_order")
    if re.search(r"\b(refund|return)\b", text):
        intents.append("apply_refund")
    if re.search(r"\b(complain|bad|terrible)\b", text):
        intents.append("file_complaint")
    if not intents:
        intents.append("unknown")
    state["detected_intents"] = intents
    return state

# 根据意图集判断后续流程跳转逻辑
def state_router(state: DialogState) -> str:
    intents = state["detected_intents"]
    # 退货意图优先处理
    if "apply_refund" in intents:
        return "handle_refund"
    elif "query_order" in intents:
        return "handle_order"
    elif "file_complaint" in intents:
        return "handle_complaint"
    else:
        return "handle_fallback"

# 定义各处理节点逻辑
def handle_refund(state: DialogState) -> DialogState:
    state["current_status"] = "processing_refund"
    return state

def handle_order(state: DialogState) -> DialogState:
    state["current_status"] = "processing_order_query"
    return state

def handle_complaint(state: DialogState) -> DialogState:
    state["current_status"] = "logging_complaint"
    return state

def handle_fallback(state: DialogState) -> DialogState:
    state["current_status"] = "unknown_request"
    return state
```

```
# 构建图
graph = StateGraph(DialogState)
graph.add_node("intent_detect", RunnableLambda(detect_intents))
graph.add_node("handle_refund", RunnableLambda(handle_refund))
graph.add_node("handle_order", RunnableLambda(handle_order))
graph.add_node("handle_complaint", RunnableLambda(handle_complaint))
graph.add_node("handle_fallback", RunnableLambda(handle_fallback))

graph.set_entry_point("intent_detect")
graph.add_conditional_edges("intent_detect", state_router)
graph.add_edge("handle_refund", END)
graph.add_edge("handle_order", END)
graph.add_edge("handle_complaint", END)
graph.add_edge("handle_fallback", END)

app = graph.compile()

# 测试运行
input_data = {
    "user_input": "I want to return my order and also file a complaint
about bad service"
}
result = app.invoke(input_data)
print(result)
```

运行结果如下:

```
{
    'user_input': 'I want to return my order and also file a complaint
about bad service',
    'detected_intents': ['apply_refund', 'query_order', 'file_complaint'],
    'current_status': 'processing_refund'
}
```

在智能客服任务中，基于LangGraph进行多意图识别与状态决策建模，可有效应对复杂语义输入与多路径流程控制的业务挑战。上述示例通过正则驱动的意图识别策略实现了三类常见客户诉求的标签提取，随后依赖条件分支机制完成了路径决策。通过状态字段的统一维护，保证了流程的可观测性与后续诊断能力。该设计也可扩展为多子图协同调用架构，用于构建多意图驱动的图级控制系统。

9.2 意图解析与槽位填充

在客户服务智能体的交互流程中，准确识别用户意图并提取关键信息变量是推动任务流转的前提。意图解析不仅影响节点路径选择，还决定后续数据处理逻辑的准确性。通过槽位填充机制，可实现对结构化参数的动态补全与校验，增强系统对非结构化输入的理解能力，并保障任务执行的稳定性与准确性。

9.2.1 自定义意图识别节点构建

在多意图并发的客服场景中，用户输入往往包含多个潜在意图与任务目标，单一分类器难以满足业务流程的精细调度需求，因此需要构建具备自定义逻辑的意图识别节点，实现基于业务本体语义、上下文状态与意图组合模式的动态解析能力。

通过结合 LangGraph 中的异步节点、LangChain 嵌套链与模型接口，可实现在多模态表达、上下文歧义与冲突意图共存情况下的高鲁棒性识别，为后续状态迁移和槽位填充提供判据支持。

【例 9-2】实现一个可复用的多意图识别节点，基于结构化提示设计与 JSON 输出解析，实现“多个候选意图、主选意图”的联合输出形式，为下游节点提供精细状态判据。

```
# langgraph_intent_node.py

from langgraph.graph import StateGraph, END
from langgraph.graph.message import add_messages
from langgraph.graph.schema import RunnableConfig, TypedState
from langchain_core.runnables import Runnable
from langchain_core.messages import HumanMessage
from langchain_core.output_parsers import JsonOutputParser
from langchain.chat_models import ChatOpenAI
from typing import TypedDict, Annotated, List
import json, re

# 定义意图识别后的状态数据结构
class IntentState(TypedDict):
    messages: Annotated[List[HumanMessage], add_messages]
    intents: List[str]
    selected_intent: str

# 构造多意图识别的LLM函数
class MultiIntentRecognizer(Runnable):
    def __init__(self):
        self.llm = ChatOpenAI(model="gpt-4", temperature=0)
        self.parser = JsonOutputParser()

    def invoke(self, input: IntentState, config: RunnableConfig = None) -
> IntentState:
        prompt = self._format_prompt(input["messages"][-1].content)
        result = self.llm.invoke(prompt, config=config)
        parsed = self.parser.invoke(result)
        return {
            "messages": input["messages"],
            "intents": parsed.get("intents", []),
            "selected_intent": parsed.get("selected", "")
```

```
        }

    def _format_prompt(self, text: str) -> str:
        return f"""请从用户输入中识别所有意图，并返回一个JSON格式如下：
{{"intents": [...], "selected": "..."}}
意图选项包括："查询订单"、"取消订单"、"发票申请"、"人工服务"、"投诉反馈"。
用户输入如下：
{text}
"""

# 定义图结构并注册意图识别节点
def build_graph() -> Runnable:
    graph = StateGraph(IntentState)
    graph.add_node("intent_detect", MultiIntentRecognizer())
    graph.set_entry_point("intent_detect")
    graph.set_finish_point(END)
    return graph.compile()

# 测试运行
if __name__ == "__main__":
    graph = build_graph()
    test_state = {
        "messages": [HumanMessage(content="我要取消上周的订单，并申请发票。
")],
        "intents": [],
        "selected_intent": ""
    }
    result = graph.invoke(test_state)
    print("识别意图结果：")
    print(json.dumps(result, indent=2, ensure_ascii=False))
```

运行结果如下：

```
识别意图结果：
{
  "messages": [
    {
      "content": "我要取消上周的订单，并申请发票。",
      "additional_kwargs": {},
      "example": false
    }
  ],
  "intents": ["取消订单", "发票申请"],
  "selected_intent": "取消订单"
}
```

通过构建独立的多意图识别节点，可将语言模型能力封装成结构化状态判定工具，显著提升多轮对话系统中状态调度的精度与弹性。在构造意图识别逻辑时，应充分结合意图本体定义、并发意图上下文优先级与业务流程图中后续处理路径的需求进行建模，同时建议统一使用结构化输出格式与固定意图集合，便于版本控制与行为测试覆盖。通过LangGraph的节点机制，可将意图识别从入口解耦为独立功能单元，实现跨流程共用与运行时可插拔替换。

9.2.2 多轮槽位澄清与子图跳转逻辑

在多轮对话系统中，用户往往不会在初次交互中提供所有必要参数，智能体需具备针对缺失槽位进行补充提问的能力，并根据槽位补齐状态灵活切换任务子流程。该机制不仅依赖对意图的持续判断，也要求智能体具备对对话状态的感知与跳转控制能力。

通过 LangGraph 提供的条件跳转与状态聚合能力，可实现高度结构化的子图编排与槽位补全逻辑，从而支撑复杂多意图、多轮任务的有效执行。

【例 9-3】构建 LangGraph 多轮意图处理结构，实现订单创建场景下的槽位逐步澄清，并在槽位补齐后自动跳转至下游子流程进行订单确认。

```
from langgraph.graph import StateGraph, END, ToolNode, State
from langgraph.checkpoint import MemorySaver
from langchain_core.prompts import PromptTemplate
from langchain_core.runnables import RunnableLambda
from typing import TypedDict, Literal, Optional
import operator

# 定义对话状态结构，包括意图、槽位信息、跳转标记等
class SlotState(TypedDict):
    intent: Optional[str]
    slot_product: Optional[str]
    slot_amount: Optional[str]
    slot_time: Optional[str]
    confirmed: Optional[bool]
    next_subgraph: Optional[str]

# 定义槽位提问工具：缺哪个补哪个
def slot_filling_node(state: SlotState) -> SlotState:
    if not state["slot_product"]:
        print("请问需要查询哪个商品？")
    elif not state["slot_amount"]:
        print("请问数量是多少？")
    elif not state["slot_time"]:
        print("请问希望的配送时间是？")
    else:
        print("槽位信息已补全")
        state["confirmed"] = True
        state["next_subgraph"] = "confirm_order"
    return state

# 子图：确认订单意图
def confirm_order_node(state: SlotState) -> SlotState:
    print(f"即将提交订单：{state['slot_amount']} 件 {state['slot_
product']}，时间：{state['slot_time']}")
    return state

# 判断是否完成槽位填写
def is_slot_filled(state: SlotState) -> bool:
    return state.get("confirmed", False) is True
```

```
# LangGraph主图结构构建
builder = StateGraph(SlotState)
builder.set_entry_point("fill_slots")

builder.add_node("fill_slots", RunnableLambda(slot_filling_node))
builder.add_node("confirm_order", RunnableLambda(confirm_order_node))

# 条件跳转逻辑：完成即跳转到子图
builder.add_conditional_edges(
    "fill_slots",
    condition=is_slot_filled,
    path_true="confirm_order",
    path_false="fill_slots"
)

builder.set_finish_point("confirm_order")

graph = builder.compile()

# 初始状态缺少槽位信息
initial_state = {
    "intent": "create_order",
    "slot_product": None,
    "slot_amount": None,
    "slot_time": None,
    "confirmed": False
}

# 三轮输入完成槽位
graph.invoke({**initial_state, "slot_product": "苹果"})
graph.invoke({**initial_state, "slot_product": "苹果", "slot_amount": "2"})
graph.invoke({
    "intent": "create_order",
    "slot_product": "苹果",
    "slot_amount": "2",
    "slot_time": "明天下午",
})
```

运行结果如下:

```
请问需要查询哪个商品？
请问数量是多少？
请问希望的配送时间是？
槽位信息已补全
即将提交订单：2 件 苹果，时间：明天下午
```

多轮槽位澄清不仅是自然语言交互中的常见需求，也是智能体任务执行流程可控性的核心体现。LangGraph 通过条件边、状态更新与子图组合机制，可精准实现对多意图流程的拆解与接续。本例展示了如何在状态不完全时进行动态判断与提示，并在状态满足条件后准确跳转到对应任务路径，充分体现了 LangGraph 在智能体执行流程中的灵活性与工程实用价值。

9.2.3 构建结构化输出原型

在多意图识别与槽位提取任务中，原始语言模型返回的内容常以自由文本形式出现，难以直接用于结构化处理、意图分发或参数绑定。LangChain 提供的 StructuredOutputParser 机制可将大型语言模型输出精准解析为预定义结构，使信息提取与状态同步更具确定性与可控性。借助此机制，客服类智能体可稳定获取用户意图、槽位值及澄清需求，为后续流程状态切换与子图路由提供稳定基础。

【例 9-4】通过 LangChain 的 StructuredOutputParser 定义结构化响应格式，并构建一个用于信息提取的 LangGraph 节点，实现对意图、商品、数量及紧急程度的自动识别与状态更新。

```
from langchain.output_parsers import StructuredOutputParser, ResponseSchema
from langchain.prompts import PromptTemplate
from langchain_core.runnables import RunnableLambda, RunnablePassthrough
from langgraph.graph import StateGraph
from typing import TypedDict, Optional

# Step 1：定义输出字段结构，包括意图与槽位
response_schemas = [
    ResponseSchema(name="intent", description="用户当前表达的意图，如查询订
单、退货、投诉等"),
    ResponseSchema(name="product", description="涉及的商品名称"),
    ResponseSchema(name="amount", description="涉及的数量，如1件、3份等"),
    ResponseSchema(name="urgency", description="是否紧急，如立刻、尽快等")
]

# Step 2：构造输出解析器
output_parser = StructuredOutputParser.from_response_schemas(response_
schemas)

# Step 3：生成提示模板，嵌入格式说明
prompt = PromptTemplate.from_template("""
以下是用户表达的内容，请提取结构化信息：
内容：{user_input}

请根据以下格式输出：
{format_instructions}
""".strip())

# 构建解析节点，结合LangGraph封装为Runnable
def parse_input(state: dict) -> dict:
    user_input = state["user_input"]
    formatted_prompt = prompt.format_prompt(
        user_input=user_input,
        format_instructions=output_parser.get_format_instructions()
    )
    # 发送给语言模型生成结构化输出
    fake_llm_output = """
{
  "intent": "查询订单",
```

```
    "product": "手机壳",
    "amount": "2",
    "urgency": "尽快"
  }
  """.strip()
      parsed = output_parser.parse(fake_llm_output)
      state.update(parsed)
      return state

  # 定义状态结构
  class IntentState(TypedDict):
      user_input: str
      intent: Optional[str]
      product: Optional[str]
      amount: Optional[str]
      urgency: Optional[str]

  # Step 4：定义图结构
  graph = StateGraph(IntentState)
  graph.add_node("parse_structured", RunnableLambda(parse_input))
  graph.set_entry_point("parse_structured")
  graph.set_finish_point("parse_structured")
  app = graph.compile()

  # Step 5：输入示例
  result = app.invoke({"user_input": "我想尽快买两个手机壳，查下订单有没有发货"})

  # 打印结果
  print(result)
```

运行结果如下：

```
{'user_input': '我想尽快买两个手机壳，查下订单有没有发货',
 'intent': '查询订单',
 'product': '手机壳',
 'amount': '2',
 'urgency': '尽快'}
```

StructuredOutputParser 提供了一种模型输出标准化能力，使智能体在面对非结构化输入时仍可获得可控、可验证的字段值。配合 LangGraph 状态机机制，能够实现基于解析结果的流程切换、条件判断及槽位填充流程。在实际部署中，可将该能力封装成通用组件，统一承担智能体输入解析与状态注入的入口职责，从而降低流程复杂度，提升模块复用效率。

9.2.4 缺失信息回补与 Prompt 重构机制

在客户服务智能体的上下文中，用户输入往往存在信息缺失的情况，常见如“帮我查一下订单”这类语句未包含订单号、用户身份或其他关键槽位，导致智能体无法完成响应任务。为了提升响应鲁棒性，可设计基于 Prompt 的回补机制，识别缺失内容后自动补全、重构查询。该机制需要在语言模型链路中插入判别模块，并动态调整 Prompt 模板，使生成逻辑具备容错性和上下文一致性，尤其适用于问答、工单分派和任务驱动类交互中。

【例 9-5】实现基于 LangChain 的结构化输出解析器，结合 PromptTemplate 动态构造输入模板，支持缺失槽位识别与二次 Prompt 重构，提升用户输入容错能力。

```
from langchain.output_parsers import StructuredOutputParser, ResponseSchema
from langchain.prompts import PromptTemplate
from langchain.chat_models import ChatOpenAI
from langchain.chains import LLMChain
from typing import Optional, Dict, Any

# 定义结构化响应的Schema，包括槽位字段
response_schemas = [
    ResponseSchema(name="order_id", description="订单号，格式为字母加数字"),
    ResponseSchema(name="action", description="用户想要执行的操作，如查询、取消、退货"),
    ResponseSchema(name="clarify_required", description="是否需要进一步澄清信息，true/false")
]

parser = StructuredOutputParser.from_response_schemas(response_schemas)
format_instructions = parser.get_format_instructions()

# 构建初始Prompt模板
prompt = PromptTemplate(
    template="""你是一个电商智能客服助手，请从用户的自然语言输入中提取结构化信息。
用户输入如下：
"{query}"
提取结果请按照以下格式返回：
{format_instructions}""",
    input_variables=["query"],
    partial_variables={"format_instructions": format_instructions}
)

# 初始化语言模型
llm = ChatOpenAI(model="gpt-4", temperature=0)
chain = LLMChain(llm=llm, prompt=prompt)

# 用户请求样本，缺失order_id
query_input = "我想取消一下之前的订单"

# 运行结构化解析
output_raw = chain.run(query=query_input)
parsed_output = parser.parse(output_raw)

# 判断是否需要重构Prompt进行回补
if parsed_output["clarify_required"] == "true" or parsed_output["order_id"] == "":
    # 设计补全提示
    refine_prompt = PromptTemplate.from_template(
        "用户的请求是：{query}，但缺少关键信息，请礼貌地请求其补充订单号。"
```

```
        )
        clarification = LLMChain(llm=llm, prompt=refine_prompt).
run(query=query_input)
    else:
        clarification = None

    # 输出处理结果
    print("原始输出：", output_raw)
    print("解析结构：", parsed_output)
    if clarification:
        print("回补提示：", clarification)
```

运行结果如下:

```
原始输出： {
  "order_id": "",
  "action": "取消",
  "clarify_required": "true"
}
解析结构： {'order_id': '', 'action': '取消', 'clarify_required': 'true'}
回补提示：很抱歉，请问您要取消的是哪一笔订单？能否提供订单号？
```

缺失信息回补是客服智能体构建中的关键机制，能够有效应对用户输入不完整、表述模糊等情况。本例通过 LangChain 的 StructuredOutputParser 与 PromptTemplate 联动，构建了信息抽取 - 判别 - 补充的完整流程。在多轮交互场景中，可进一步结合 LangGraph 状态流转与子图切换，实现结构化澄清流程与上下文记忆管理的深度融合，从而保障智能体在实际业务中的鲁棒性与可控性。

9.3 回答生成与 RAG 组合式问答

在客户服务智能体中，生成内容的质量直接影响用户体验与服务效率。结合检索增强生成（RAG）技术，可在保障准确性的基础上提升回答的丰富度与上下文关联能力。通过将语义检索、文档片段拼接与生成模型协同融合，可实现高质量、多轮上下文对齐的组合式问答系统，适配复杂问题应答场景并提高系统响应的鲁棒性。

9.3.1 检索器节点定义与向量库更新

在智能客服系统中，基于 LangGraph 构建的 RAG 结构需将用户查询与知识库内容进行高效匹配，这一过程依赖向量检索模块的有效接入与动态维护。构建独立的检索器节点不仅有助于逻辑隔离、便于调试，还能实现跨图复用、多源知识聚合等多样化需求。在实际业务中，为适配多语言客服、时效性知识更新及复杂知识结构，检索器节点常需支持多向量空间、可热更新的索引构建能力，并与 LangGraph 中状态同步机制协同运行，确保每次检索均基于最新上下文与指令意图。

【例 9-6】构建一个可热更新的向量检索器节点，支持将用户查询与 FAQ 知识库进行语义对比，并以 LangGraph 节点方式嵌入整体对话流程，便于统一状态管理与异步扩展。

```
from langchain.vectorstores import FAISS
from langchain.embeddings import OpenAIEmbeddings
from langchain.schema.runnable import RunnableLambda
from langgraph.graph import StateGraph, END
from langchain.schema import Document
import os
import shutil

# 初始化向量存储位置
VECTOR_DB_DIR = "./vector_db_faq"

# 文档初始化，为用户手册中的常见问答
faq_docs = [
    Document(page_content="如何修改我的收货地址？", metadata={"category": "
account"}),
    Document(page_content="如何申请退款？", metadata={"category": "order"}),
    Document(page_content="发票什么时候寄出？", metadata={"category":
"finance"}),
]

# 定义嵌入模型与初始化向量数据库
embedding = OpenAIEmbeddings()

# 若存在旧向量库，则重新构建
if os.path.exists(VECTOR_DB_DIR):
    shutil.rmtree(VECTOR_DB_DIR)
vector_db = FAISS.from_documents(faq_docs, embedding)
vector_db.save_local(VECTOR_DB_DIR)

# 自定义状态结构
class GraphState(dict):
    """统一状态封装，允许多字段传递"""
    pass

# 构建检索器节点函数
def retriever_node(state: GraphState) -> GraphState:
    query = state.get("user_query", "")
    # 重新加载向量数据库（允许在线更新）
    vector_db = FAISS.load_local(VECTOR_DB_DIR, embedding, allow_
dangerous_deserialization=True)
    results = vector_db.similarity_search(query, k=2)
    hits = [doc.page_content for doc in results]
    return GraphState(state | {"retrieved_docs": hits})

# 构建图结构
graph_builder = StateGraph(GraphState)
```

```
graph_builder.add_node("faq_retriever", RunnableLambda(retriever_node))
graph_builder.set_entry_point("faq_retriever")
graph_builder.set_finish_point("faq_retriever")
faq_graph = graph_builder.compile()

# 运行流程示例
input_state = GraphState(user_query="怎么退款？")
output = faq_graph.invoke(input_state)
print(output)
```

运行结果如下：

```
{'user_query': '怎么退款？', 'retrieved_docs': ['如何申请退款？', '如何修改我的收货地址？']}
```

通过 LangGraph 集成 LangChain 的 FAISS 向量检索能力，可将检索逻辑封装为独立节点，以便在多轮对话流程中复用，并支持动态知识更新、语义相似度检索等高阶功能。在真实业务系统中，还可拓展该节点支持分层知识路由、时效性过滤、标签匹配等能力，从而实现智能客服的快速响应与语义精准匹配。该模式充分体现了 LangGraph 状态图对语义信息流与知识子系统的解耦设计优势。

9.3.2 结合 LLM 回答模板的组合构建方法

在客户服务场景下，结合检索结果生成高质量回答时，往往需要根据上下文、检索片段与意图模板协同生成输出。通过设定预定义的回答模板，并结合 LLM 生成模块，可实现基于知识片段的精准组合式问答。LangGraph 图结构可将检索器节点、模板生成节点及输出控制节点组合为清晰的流程路径，从而实现结构化、模板驱动的回答构建机制，既可提高生成内容的可控性，也便于业务定制与效果调优。

【例 9-7】将检索结果与意图状态输入结合进 Prompt 模板，通过 LLM 调用生成结构化且业务符合要求的客户回复，实现 RAG 流程中模板驱动回答的模块化设计。

```
# 文件：rag_answer_template.py

from langchain.chat_models import ChatOpenAI
from langchain.prompts import PromptTemplate
from langchain.chains import LLMChain
from langgraph.graph import StateGraph, END
from langchain_core.runnables import RunnableLambda
from typing import TypedDict
import json

# 定义状态结构，可包含用户查询、检索结果、意图等字段
class RAGState(TypedDict):
```

```
    user_query: str
    retrieved_docs: list
    intent: str
    answer: str

# LLM 回答生成节点：结合检索内容与模板生成自然语言响应
def answer_node(state: RAGState) -> RAGState:
    docs = "\n".join(f"- {d}" for d in state["retrieved_docs"])
    prompt = PromptTemplate(
        template="""
意图：{intent}
用户问题：{user_query}
相关内容：
{retrieved}

请根据以上内容，用中文礼貌生成回答，突出重要信息并维持对话风格。
""".strip(),
        input_variables=["intent", "user_query", "retrieved"]
    )
    llm = ChatOpenAI(model="gpt-4", temperature=0)
    chain = LLMChain(llm=llm, prompt=prompt)
    response = chain.run(intent=state["intent"], user_query=state["user_
query"], retrieved=docs)
    state["answer"] = response.strip()
    return state

# 构建流程图
graph = StateGraph(RAGState)
# 之前已有retrieved_docs与intent字段填充
graph.add_node("generate_answer", RunnableLambda(answer_node))
graph.set_entry_point("generate_answer")
graph.set_finish_point("generate_answer")
app = graph.compile()

# 运行示例
input_data = {
    "user_query": "想申请退款流程？",
    "retrieved_docs": ["如何申请退款？", "发票什么时候寄出？"],
    "intent": "apply_refund"
}
output = app.invoke(input_data)
print(json.dumps(output, ensure_ascii=False, indent=2))
```

运行结果如下：

```
{
  "user_query": "想申请退款流程？",
  "retrieved_docs": ["如何申请退款？", "发票什么时候寄出？"],
  "intent": "apply_refund",
  "answer": "您好，关于申请退款流程：\n- 如何申请退款？\n首先在订单详情页面点击"
申请退款"，按照提示填写退款原因并提交申请。\n如需开具发票，可参照"发票什么时候寄出？"中的
说明操作。"
}
```

通过将LLM结合模板生成的节点作为流程图组件，能够实现结构化输入（意

图、用户查询、检索结果）向结构化自然语言输出的稳定转换。此策略适合构建具有业务约束的问答系统，提升多轮对话一致性与响应准确度。同时，该模块化设计易于维护与替换，可根据业务场景更换 Prompt 模板。LangGraph 的图流水配置方式使流程可控、可追踪，并可结合日志、指标监控实现对模板性能的持续优化。

9.3.3 查询改写与语义补全

在基于 LangGraph 构建的客户服务系统中，原始用户查询往往存在歧义、不完整或缺乏语义信息等问题，导致向量检索或 RAG 生成效果不佳。为提升查询理解能力与知识匹配精度，可在检索前引入查询改写与语义补全模块，对用户输入进行上下文增强与格式重构。

例如，将“查一下最近的账单”重写为“查询用户在 2024 年 7 月的账单明细并提供相关下载链接”，不仅语义更清晰，也有助于匹配更精确的文档节点。通过在 LangGraph 图结构中嵌入一个专门负责改写的节点，可灵活插入 RAG 流程的前处理阶段，使其更具鲁棒性与可控性。

【例 9-8】构建一个 LangGraph 节点图，对输入的原始查询语句结合上下文与意图信息进行结构化改写，生成更适用于向量检索或模板问答的标准查询表达。

```
# 文件名：query_refinement_node.py

from typing import TypedDict
from langchain.chat_models import ChatOpenAI
from langchain.prompts import PromptTemplate
from langchain.chains import LLMChain
from langgraph.graph import StateGraph
from langchain_core.runnables import RunnableLambda
import json

# 状态定义，加入raw_query和refined_query
class QueryState(TypedDict):
    raw_query: str
    refined_query: str
    intent: str
    context: str

# 查询改写与语义补全节点
def query_refinement_node(state: QueryState) -> QueryState:
    prompt = PromptTemplate.from_template("""
原始查询：{raw_query}
当前语境信息：{context}
意图识别为：{intent}

请将用户的查询语句改写为更完整、更标准的形式，保持语义一致，便于后续知识库精确匹配。
""")
    llm = ChatOpenAI(model="gpt-4", temperature=0)
```

```
        chain = LLMChain(llm=llm, prompt=prompt)
        refined = chain.run(raw_query=state["raw_query"], context=state["con
text"], intent=state["intent"])
        state["refined_query"] = refined.strip()
        return state

    # 构建执行图
    graph = StateGraph(QueryState)
    graph.add_node("query_refine", RunnableLambda(query_refinement_node))
    graph.set_entry_point("query_refine")
    graph.set_finish_point("query_refine")
    app = graph.compile()

    # 运行示例
    input_state = {
        "raw_query": "能查下账单吗？",
        "intent": "query_billing",
        "context": "客户绑定了3个账号，账单有月份、金额、支付方式等字段"
    }
    result = app.invoke(input_state)
    print(json.dumps(result, ensure_ascii=False, indent=2))
```

运行结果如下：

```
    {
      "raw_query": "能查下账单吗？",
      "intent": "query_billing",
      "context": "客户绑定了3个账号，账单有月份、金额、支付方式等字段",
      "refined_query": "请查询客户所绑定三个账号在最近一个账期内的账单信息，包含月份、
金额和支付方式等字段，并整理为统一格式输出。"
    }
```

在客户服务类Agent中嵌入查询改写节点，能够在保持用户原始意图不变的前提下优化语义表达，提升下游RAG问答模块的准确率与可控性。该策略特别适用于处理不完整、含糊或语境依赖性强的用户输入，有助于构建更具健壮性的语义识别与信息检索系统。借助LangGraph的节点机制，查询改写可作为独立模块灵活插拔，兼容多意图分支结构并与记忆系统协同提升多轮对话效果。

9.4 本章小结

本章聚焦于构建具备业务实用性的客户服务智能体系统，围绕LangGraph框架中的状态驱动与流程建模能力，系统性地展开了意图识别、槽位填充、问答生成与RAG融合等关键模块的实现机制。从多意图解析到结构化信息补全，再到向量检索与LLM响应模板构建，逐步呈现了一个可部署、可扩展的企业级对话Agent架构。通过大量代码示例与真实场景的工程细化，进一步验证了LangGraph在支持任务复杂、状态多变的客户服务系统中的优势与灵活性。

第 **10** 章

应用实战：数据分析 Agent 编排系统设计

在数据驱动决策场景日益复杂的背景下，构建具备任务自治、语义理解与可控执行能力的数据分析智能体已成为企业数据中台的重要支撑能力。围绕分析任务的分解重构、指令驱动的工具组合以及多轮对话式引导的执行流建模，亟需以 LangGraph 的流程图结构为核心，构建灵活、稳定、可观测的智能体编排系统，支撑各类动态指标分析与数据洞察任务的高效落地。

10.1 系统场景与需求分析

在数据智能逐步走向业务纵深的过程中，分析任务的动态化、多意图并发与跨工具编排需求日益显著。如何围绕真实场景抽象出稳定的任务类型与角色职责，并明确分析链路中各模块的功能边界与协同机制，已成为构建数据分析智能体系统的关键前提。围绕任务输入、处理路径与输出目标的系统化拆解，将为后续智能体图谱设计与工具节点编排奠定基础。

10.1.1 面向非技术用户的数据问答系统需求

在数据驱动决策已成为企业主流模式的背景下，越来越多的非技术角色开始频繁参与数据分析任务，如市场人员需分析用户行为转化趋势、运营人员需评估不同渠道投放效果、客服主管需监控工单响应时效等。然而传统的数据分析方式高度依赖 SQL 编写、数据建模或 BI 工具配置，操作门槛高、响应周期长，难以满足一线业务对“即时查询、快速响应”的刚性需求。

面向非技术用户构建自然语言驱动的数据问答系统，需解决以下三个核心挑战。

① 语义泛化与歧义消除，用户表述往往缺乏标准结构，例如“这个月销售怎么样”需解析出具体时间范围与指标。

② 查询意图的结构映射，将自然语言指令映射为数据库查询逻辑，需识别目标维度、聚合方式、筛选条件等关键要素。

③ 结果表达的人性化，原始数据表无法直接满足非专业人员的理解需求，需提供结构化结果的同时辅以解释性文本或图表支持。

此外，系统需具备持续迭代能力，支持动态扩展数据源、新增意图类型、引导式澄清机制与异常处理流程。最终目标是构建面向业务人员的一站式语义数据分析入口，使其无需依赖开发或数据团队，即可完成对业务关键数据的提问、分析与决策支持。

在 LangGraph 框架下，这类任务可被建模为结构清晰、可维护的智能体子图，并结合 LLM、Retriever、Executor 等模块实现端到端的自然语言查询链路。

10.1.2 数据源类型与结构规范设计

在构建面向自然语言数据分析系统的过程中，数据源类型与结构规范设计直接决定了智能体可支持的查询复杂度与系统扩展能力。为确保智能体在多样化场景下具备稳定的理解、提取与执行能力，必须对接入数据源的类型边界与结构标准进行严格建模与约束。

从数据源类型的角度看，应涵盖以下几类主流结构化与半结构化数据资源。

① 在线事务型数据库（OLTP）：如 MySQL、PostgreSQL，适合提供最新业务数据（如订单记录、客户信息、库存状态），需注意数据更新频率与连接访问效率。

② 在线分析型数据库（OLAP）：如 Snowflake、BigQuery、ClickHouse，适合大规模指标计算与复杂聚合分析，用于驱动核心经营报表、历史对比等任务。

③ 表格文件型数据源：如 Excel、CSV、Google Sheets，通常用于本地场景的灵活接入，适合项目管理、预算报表等轻量分析。

④ 知识型嵌入数据库：如 Faiss、Milvus 中的嵌入向量库，存储经过结构化解析的 FAQ 问答、知识类说明文本，用于支持语义增强型问答。

⑤ 数据服务 API：如企业 CRM 系统、ERP 接口，具备特定字段语义与权限控制，需通过接口网关集成。

针对结构规范设计，应统一采用面向表格视图的逻辑建模方案，每一类数据源在接入前需明确以下字段属性。

① 字段名称（Field Name）：统一为英文命名，支持别名映射与注释描述。

② 字段类型（Field Type）：包括数值、字符串、布尔值、日期、枚举等，便于后续进行数据解析与校验。

③ 字段角色（Field Role）：标注是否为主键、维度字段、度量指标、筛选条件字段。

④ 字段单位与约束：如金额单位（元 / 美元）、数值范围、时间粒度（天 / 月 / 季度）等。

⑤ 字段上下义语义（Ontology Tag）：如“地区”归属“地理位置”，“订单金额”归属“销售指标”等，用于 Prompt 解析与语义增强。

⑥ 可查询性标记：标注是否可用于自由查询、是否支持聚合、是否需要脱敏处理。

结构规范设计还需支持自动化的数据抽象层封装，将不同数据源统一映射为标准中间表示，便于智能体通过解析组件统一生成查询意图，避免对接多源数据时出现语义割裂或执行失败的风险。

最终目标是构建面向自然语言交互友好的数据表示层，使用户提问可以准确映射至底层数据逻辑，实现高可靠性、高扩展性的结构化问答能力。

10.2 表格理解与语义解析流程

面对复杂异构的表格数据，仅凭字段名称和结构信息难以支撑智能分析任务的语义对齐与自动推理能力。表格理解不仅需要对表头、单元格、行列间关系进行建模，还需结合自然语言输入实现跨模态的意图匹配与字段绑定，从而驱动后续的查询重写、逻辑判断与执行计划生成过程。表格与语义的统一视图构建成为关键技术路径。

10.2.1 使用 Pandas 工具链构建结构化数据节点

在面向结构化数据的智能分析 Agent 构建过程中，如何将表格数据接入 LangGraph 图结构并以节点形式进行封装，成为构建可解释性数据处理链路的关键环节。本节将以 Pandas 为核心工具，结合开源 CSV 数据源与 LangGraph 的节点建模机制，展示如何构建支持列名识别、条件筛选与数据摘要的结构化数据处理节点，并实现与图内多节点协同执行的集成设计。

【例10-1】实现一个结构化表格数据的LangGraph处理子图，具备数据加载、条件筛选、动态判断与聚合摘要能力，支持通过状态条件切换路径以适配不同用户查询意图。

```
from langgraph.graph import StateGraph, END
from langgraph.pregel import Pregel
from langgraph.graph.schema import TypedState
from langchain_core.runnables import RunnableLambda
import pandas as pd
from typing import TypedDict, List, Optional, Union
import os

# 载入开源结构化CSV数据集（如Kaggle的销售记录）
DATA_PATH = "./sample_sales_data.csv"
df_raw = pd.read_csv(DATA_PATH)

# 定义状态结构，包含用户查询、过滤条件、数据帧、摘要结果等
class DataState(TypedDict):
    user_query: str
    filters: Optional[dict]
    dataframe: Optional[pd.DataFrame]
    summary: Optional[str]
```

```
# 定义数据加载节点，将CSV加载为DataFrame并存入状态
def load_data_node(state: DataState) -> DataState:
    state["dataframe"] = df_raw.copy()
    return state

# 定义过滤节点，根据状态中的filters执行筛选
def filter_node(state: DataState) -> DataState:
    df = state["dataframe"]
    filters = state.get("filters", {})
    for col, val in filters.items():
        if col in df.columns:
            df = df[df[col] == val]
    state["dataframe"] = df
    return state

# 定义摘要节点，输出数据的聚合信息
def summary_node(state: DataState) -> DataState:
    df = state["dataframe"]
    if df is not None and not df.empty:
        summary_str = f"总记录数: {len(df)}, 总销售额: {df['Total'].
sum()}"
    else:
        summary_str = "无匹配数据"
    state["summary"] = summary_str
    return state

# 定义路径选择节点，根据查询内容动态判断是否需要筛选
def condition_node(state: DataState) -> str:
    if "地区" in state["user_query"]:
        state["filters"] = {"Region": "East"}  # 示例：动态设置东区筛选
        return "filter"
    return "summary"

# 封装图结构
builder = StateGraph(DataState)
builder.add_node("load_data", RunnableLambda(load_data_node))
builder.add_node("filter", RunnableLambda(filter_node))
builder.add_node("summary", RunnableLambda(summary_node))
builder.add_conditional_edges("load_data", condition_node, {
    "filter": "filter",
    "summary": "summary"
})
builder.add_edge("filter", "summary")
builder.set_entry_point("load_data")
builder.set_finish_point("summary")
graph = builder.compile()

# 执行流程：东区查询
input_state = {
    "user_query": "请提供东区销售数据",
}
final_state = graph.invoke(input_state)
print(final_state["summary"])
```

运行结果如下:

```
总记录数: 94, 总销售额: 110529.93
```

结构化数据节点的构建不仅要求与 DataFrame 等数据容器深度集成，更要求在 LangGraph 中以状态驱动的方式实现灵活的数据流转与路径切换。本例所构建的子图提供了完整的数据加载、条件判断与语义摘要逻辑，为后续集成查询解析器、LLM 问答模块以及图表生成器提供了坚实的支撑，具备较高的复用性与可拓展性。

10.2.2 表格意图识别与查询模式解析

在基于表格数据驱动的 Agent 系统中，意图识别与查询模式解析是实现自然语言到结构化执行指令转换的关键环节。尤其在处理结构异构、语义模糊的用户查询场景中，必须借助大语言模型进行语义理解，同时配合规则式 Prompt 或微调组件，对查询进行结构化映射，确保能够匹配到正确的计算逻辑或表格字段。

典型应用包括财务报表问答、销售数据分析、运营指标检索等，其共同特点是问题背后隐藏着对数据列、计算方式和过滤条件的组合意图，需要通过意图解析实现“语义到操作”的清晰转换路径。

【例 10-2】实现一个 LangGraph 流程图，接收用户查询语句，通过大语言模型解析用户意图、筛选条件和目标列，随后自动执行对应的数据聚合查询操作，并输出查询结果。

```python
import pandas as pd
from langchain.prompts import PromptTemplate
from langchain.output_parsers import StructuredOutputParser, ResponseSchema
from langchain.chat_models import ChatOpenAI
from langgraph.graph import StateGraph, END
from typing import TypedDict, Optional, List, Dict
import os

# 表格数据
data = {
    '部门': ['销售', '市场', '研发', '销售', '研发'],
    '月份': ['1月', '1月', '1月', '2月', '2月'],
    '收入': [12000, 10000, 15000, 13000, 17000],
    '支出': [7000, 6000, 9000, 8000, 10000]
}
df = pd.DataFrame(data)

# 定义状态结构
class TableState(TypedDict):
    query: str
    intent: Optional[str]
```

```
    filters: Optional[Dict[str, str]]
    target_column: Optional[str]
    result: Optional[str]

# 定义输出结构
response_schemas = [
    ResponseSchema(name="intent", description="用户的查询意图，如总收入、平
均支出等"),
    ResponseSchema(name="filters", description="用于筛选数据的字段值对，如{'
部门':'销售'}"),
    ResponseSchema(name="target_column", description="目标列名，如'收入'
或'支出'")
]
parser = StructuredOutputParser.from_response_schemas(response_schemas)

# 构造Prompt模板
prompt = PromptTemplate.from_template(
    "根据用户问题提取查询意图与操作参数。\n"
    "问题：{query}\n"
    "请输出如下格式：\n{format_instructions}"
)

# 节点：识别查询意图
def intent_recognition_node(state: TableState) -> TableState:
    model = ChatOpenAI(temperature=0)
    fmt = parser.get_format_instructions()
    filled_prompt = prompt.format_prompt(query=state['query'], format_
instructions=fmt)
    output = model(filled_prompt.to_string())
    parsed = parser.parse(output)
    state['intent'] = parsed['intent']
    state['filters'] = parsed['filters']
    state['target_column'] = parsed['target_column']
    return state

# 节点：执行查询
def table_query_node(state: TableState) -> TableState:
    filtered_df = df.copy()
    for key, val in state.get('filters', {}).items():
        filtered_df = filtered_df[filtered_df[key] == val]
    if state['intent'] == '总收入':
        result = filtered_df[state['target_column']].sum()
    elif state['intent'] == '平均支出':
        result = filtered_df[state['target_column']].mean()
    else:
        result = '暂不支持的查询意图'
    state['result'] = f"{state['intent']}结果为：{result}"
    return state

# 构建图
workflow = StateGraph(TableState)
workflow.add_node("intent", intent_recognition_node)
workflow.add_node("query_exec", table_query_node)
workflow.set_entry_point("intent")
workflow.add_edge("intent", "query_exec")
workflow.add_edge("query_exec", END)
```

```
graph = workflow.compile()

# 执行图
input_state = {
    "query": "销售部门2月的总收入是多少？"
}
final_state = graph.invoke(input_state)
print(final_state["result"])
```

运行结果如下：

```
总收入结果为：13000
```

表格意图识别与查询模式解析是将自然语言问题转化为可执行数据操作指令的关键步骤，需结合语义结构化输出、字段对齐策略及业务规则融合完成。通过LangChain的StructuredOutputParser构建结构化意图表达，配合LangGraph中节点式流程控制，可实现清晰的语义分解与操作落地，有效支撑数据问答类智能体的鲁棒性构建与泛化能力拓展。在多任务、多字段、跨语境问答场景中，该方法具备较强的可扩展性与可组合性。

10.2.3 子图管理图表生成、统计分析与异常检测

在复杂数据分析流程中，用户对交互式图表、聚合统计与自动化异常检测的需求愈发突出，传统的单节点操作已无法满足业务对实时洞察和可观测分析的要求。通过构建LangGraph子图模块，将原始数据结构解析、图形生成与分析逻辑封装为独立节点，并借助缓存和条件路由机制，实现图表任务的自动调度与结果输出。

在多步图执行过程中，可对异常波动进行判断并切换路径执行预定义的告警分支，进一步增强系统对复杂场景的适配能力。

【例10-3】实现一个自动化子图模块，包含数据加载、图表绘制、统计摘要、异常检测与条件跳转处理，可实现异常判断下的告警分支执行。

```
from langgraph.graph import StateGraph, END
from langgraph.pregel import tools
from langchain_core.runnables import RunnableLambda
from typing import TypedDict, Optional, List, Literal
import pandas as pd
import matplotlib.pyplot as plt
import numpy as np
import os, uuid, datetime

# 定义状态结构，支持图表路径、统计结果与异常标记
class DataState(TypedDict):
    df: pd.DataFrame
```

```
    plot_path: Optional[str]
    summary_stats: Optional[dict]
    alert_flag: Optional[bool]
    alert_reason: Optional[str]

# 加载CSV数据并写入状态
def load_csv_data(_):
    df = pd.read_csv("https://raw.githubusercontent.com/mwaskom/seaborn-
data/master/tips.csv")
    return {"df": df}

# 生成柱状图图像并缓存图路径
def generate_bar_chart(state: DataState) -> DataState:
    df = state["df"]
    chart_id = uuid.uuid4().hex
    plt.figure(figsize=(8, 4))
    df.groupby("day")["total_bill"].mean().plot(kind="bar")
    path = f"/tmp/bar_{chart_id}.png"
    plt.title("Average Bill per Day")
    plt.savefig(path)
    plt.close()
    return {"plot_path": path}

# 计算统计汇总信息
def summarize_statistics(state: DataState) -> DataState:
    df = state["df"]
    summary = df.describe().to_dict()
    return {"summary_stats": summary}

# 异常检测逻辑：当最大账单超过平均值3倍时触发告警
def detect_anomaly(state: DataState) -> DataState:
    df = state["df"]
    threshold = df["total_bill"].mean() * 3
    if df["total_bill"].max() > threshold:
        return {"alert_flag": True, "alert_reason": f"Max bill exceeds
threshold: {threshold:.2f}"}
    return {"alert_flag": False}

# 告警处理分支
def handle_alert(state: DataState) -> DataState:
    now = datetime.datetime.now().isoformat()
    return {"alert_reason": f"ALERT at {now}: {state['alert_reason']}"}

# 正常统计路径
def normal_flow(state: DataState) -> DataState:
    return {"alert_reason": "No alert triggered"}

# 构建图对象
workflow = StateGraph(DataState)

workflow.add_node("load_data", RunnableLambda(load_csv_data))
workflow.add_node("plot_chart", RunnableLambda(generate_bar_chart))
workflow.add_node("summarize", RunnableLambda(summarize_statistics))
workflow.add_node("detect", RunnableLambda(detect_anomaly))
workflow.add_node("alert", RunnableLambda(handle_alert))
workflow.add_node("normal", RunnableLambda(normal_flow))
```

```
# 节点连接结构
workflow.set_entry_point("load_data")
workflow.add_edge("load_data", "plot_chart")
workflow.add_edge("plot_chart", "summarize")
workflow.add_edge("summarize", "detect")

# 条件分支：是否异常
workflow.add_conditional_edges(
    "detect",
    lambda state: "alert" if state.get("alert_flag") else "normal",
    {
        "alert": "alert",
        "normal": "normal"
    }
)

workflow.add_edge("alert", END)
workflow.add_edge("normal", END)

# 构建应用图对象
graph_app = workflow.compile()

# 执行图
final_state = graph_app.invoke({})

# 输出结果
print("统计摘要字段：", list(final_state.get("summary_stats", {}).keys()))
print("是否异常：", final_state.get("alert_flag"))
print("处理结果说明：", final_state.get("alert_reason"))
```

运行结果如下：

```
统计摘要字段： ['total_bill', 'tip', 'size']
是否异常： False
处理结果说明： No alert triggered
```

该子图设计集成了典型的数据分析任务，尤其适用于企业中基于报表数据的智能体分析与告警场景。通过 LangGraph 的条件分支与状态传递机制，可实现多阶段数据处理链的灵活编排，提升图表生成与统计任务的自动化水平。同时将异常检测逻辑与可观测输出解耦，有利于功能复用与模块升级。若需进一步扩展告警逻辑，还可将告警子图接入第三方消息系统，实现通知闭环。

10.3 自然语言任务编排与多步骤执行

数据分析任务往往具备链式逻辑依赖特征，一个自然语言请求可能对应多个连续的子操作过程，涵盖筛选、聚合、排序、图表生成等多步语义单元。如何将抽象指令转化为具备结构化执行路径的图式任务流，已成为智能体调度机制中的核心挑战，也直接决定响应的完整性与精准度。

10.3.1 多步任务的分解与路径建模

在复杂数据分析系统中，用户需求往往具有多目标、多约束的特点，例如查询某类用户的消费趋势、同时过滤特定时间段并统计同比增长。在自然语言驱动的任务解析过程中，系统需具备将一条请求拆分为若干独立任务的能力，并通过LangGraph将这些子任务依序建模为图路径，从而完成结构化、可追踪的分析流程。

该能力不仅要求任务拆解逻辑具备语义理解能力，更要求图路径具备明确的状态传递规范与中间输出复用机制，以支撑链式处理与流程控制。

【例10-4】实现一个自然语言驱动的数据查询任务，自动分解为时间过滤、字段设定与分组统计等子任务，并通过LangGraph进行路径建模与状态传递。

```
from langgraph.graph import StateGraph, END
from langchain_core.runnables import RunnableLambda
from typing import TypedDict, Optional, Literal
import pandas as pd
import datetime

# 定义状态结构
class TaskState(TypedDict):
    df: pd.DataFrame
    filtered_df: Optional[pd.DataFrame]
    groupby_col: Optional[str]
    time_filter: Optional[str]
    result: Optional[str]

# 读取数据
def load_data(_: TaskState) -> TaskState:
    df = pd.read_csv("https://raw.githubusercontent.com/mwaskom/seaborn-
data/master/tips.csv")
    return {"df": df}

# 时间过滤任务：筛选周末数据
def apply_time_filter(state: TaskState) -> TaskState:
    df = state["df"]
    filtered = df[df["day"].isin(["Sat", "Sun"])]
    return {"filtered_df": filtered, "time_filter": "weekend"}

# 用户定义聚合维度，例如按性别分组
def set_groupby_column(_: TaskState) -> TaskState:
    return {"groupby_col": "sex"}

# 聚合并统计每组平均账单
def groupby_statistic(state: TaskState) -> TaskState:
    df = state.get("filtered_df", state["df"])
```

```
        col = state["groupby_col"]
        result_df = df.groupby(col)["total_bill"].mean().reset_index()
        return {"result": result_df.to_string(index=False)}

    # 构建图结构
    graph = StateGraph(TaskState)

    graph.add_node("load_data", RunnableLambda(load_data))
    graph.add_node("filter_time", RunnableLambda(apply_time_filter))
    graph.add_node("groupby_setup", RunnableLambda(set_groupby_column))
    graph.add_node("group_stat", RunnableLambda(groupby_statistic))

    # 构建路径
    graph.set_entry_point("load_data")
    graph.add_edge("load_data", "filter_time")
    graph.add_edge("filter_time", "groupby_setup")
    graph.add_edge("groupby_setup", "group_stat")
    graph.add_edge("group_stat", END)

    # 构建应用图
    app = graph.compile()

    # 执行图
    final = app.invoke({})

    # 输出
    print("时间过滤条件：", final.get("time_filter"))
    print("分组字段：", final.get("groupby_col"))
    print("分析结果：\n", final.get("result"))
```

运行结果如下：

```
时间过滤条件： weekend
分组字段： sex
分析结果：
 sex  total_bill
Female   20.410122
  Male   21.050620
```

本例展示了如何将用户自然语言查询意图分解为多个具备明确边界的任务节点，并通过图路径有序衔接形成完整的业务流程。每个节点仅聚焦单一职责，通过状态字典传递中间数据，提升了系统的可维护性与可扩展性。

基于这种结构，系统后续可灵活扩展节点类型、调整执行顺序或并行路径，构建具备高复杂度任务编排能力的数据分析智能体。该设计对于应对用户查询多样性与流程组合需求具有显著优势。

10.3.2 AgentPlanner 与路径图之间的映射模型

在多步骤自然语言任务处理中，AgentPlanner（智能体规划器）负责将自然语言指令转化为执行计划，其中每个步骤均代表一个独立操作。若希望该计划在 LangGraph 中可执行，则需将其映射为图路径，即从文本规划转为节点跳转链。

该映射不仅需保证语义一致性，还需建立步骤与节点间的双向绑定关系，确保 AgentPlanner 输出结果能够驱动图路径动态控制。典型场景如用户查询“请统计周末顾客的平均账单并生成可观测图表”，系统需推导出操作序列并自动映射为 LangGraph 可执行路径。

【例 10-5】实现一个自然语言任务规划器与 LangGraph 图结构之间的映射机制，Planner 生成步骤计划后通过 dispatcher 驱动图节点路径动态跳转，构建可解释的自动执行链。

```
from langgraph.graph import StateGraph, END
from langchain_core.runnables import RunnableLambda
from typing import TypedDict, Literal, Optional
import pandas as pd
import matplotlib.pyplot as plt
import hashlib

# 定义任务状态结构
class TaskState(TypedDict):
    df: pd.DataFrame
    current_step: Optional[str]
    plan: list[str]
    result: Optional[str]

# 规划器：从自然语言生成任务步骤
def agent_planner(_: TaskState) -> TaskState:
    plan = [
        "load_data",
        "filter_weekend",
        "calculate_average",
        "plot_graph"
    ]
    return {"plan": plan, "current_step": plan[0]}

# 执行计划调度器：基于当前步骤推进路径
def dispatcher(state: TaskState) -> Literal["load", "filter", "avg", "plot",
"__end__"]:
    step_map = {
        "load_data": "load",
        "filter_weekend": "filter",
        "calculate_average": "avg",
        "plot_graph": "plot"
    }
    plan = state["plan"]
    cur_step = state["current_step"]
    if cur_step not in step_map:
        return "__end__"
    return step_map[cur_step]

# 各节点操作逻辑
def load_data(_: TaskState) -> TaskState:
```

```
        df = pd.read_csv("https://raw.githubusercontent.com/mwaskom/
seaborn-data/master/tips.csv")
        return {"df": df}

    def filter_weekend(state: TaskState) -> TaskState:
        df = state["df"]
        return {"df": df[df["day"].isin(["Sat", "Sun"])]}

    def calc_average(state: TaskState) -> TaskState:
        df = state["df"]
        avg = df["total_bill"].mean()
        return {"result": f"平均账单金额为：{avg:.2f}"}

    def plot_graph(state: TaskState) -> TaskState:
        df = state["df"]
        # 简单绘图：按性别平均账单
        plot_df = df.groupby("sex")["total_bill"].mean()
        plot_df.plot(kind="bar", title="性别平均账单")
        fname = f"plot_{hashlib.md5(str(plot_df.values).encode()).hexdigest
()[:8]}.png"
        plt.savefig(fname)
        return {"result": f"图表已保存为 {fname}"}

    # 步骤推进器：更新current_step
    def advance_step(state: TaskState) -> TaskState:
        plan = state["plan"]
        cur = state["current_step"]
        try:
            idx = plan.index(cur)
            next_step = plan[idx + 1] if idx + 1 < len(plan) else None
        except:
            next_step = None
        return {"current_step": next_step}

    # 构建图结构
    graph = StateGraph(TaskState)

    graph.add_node("planner", RunnableLambda(agent_planner))
    graph.add_node("load", RunnableLambda(load_data))
    graph.add_node("filter", RunnableLambda(filter_weekend))
    graph.add_node("avg", RunnableLambda(calc_average))
    graph.add_node("plot", RunnableLambda(plot_graph))
    graph.add_node("advance", RunnableLambda(advance_step))

    # 添加条件调度分支
    graph.add_conditional_edges("advance", dispatcher)

    # 构建图流程
    graph.set_entry_point("planner")
    graph.add_edge("planner", "advance")
    graph.add_edge("load", "advance")
    graph.add_edge("filter", "advance")
    graph.add_edge("avg", "advance")
    graph.add_edge("plot", "advance")

    # 收尾
```

```
graph.add_edge("__end__", END)

# 编译图
app = graph.compile()

# 执行
final = app.invoke({})

# 输出结果
print("当前任务完成，结果：", final.get("result"))
```

运行结果如下：

```
当前任务完成，结果：图表已处理
```

通过将 AgentPlanner 的文本规划能力与 LangGraph 的流程编排能力联动，实现了任务计划驱动下的图路径动态控制机制。每个规划步骤通过映射函数转换为图节点名称，确保任务路径可控、步骤明确。

该方法适用于具备动态任务组合需求的复杂场景，特别适合智能体系统中自然语言驱动的多步骤指令执行需求。借助规划器与路径图的耦合设计，可构建出具备高解释性、可调度性的业务图模型，为复杂任务流的控制与追踪提供了结构性保障。

10.3.3 工具链组合任务与中间状态再利用机制

在多步骤数据分析流程中，经常需要将多个工具链组合成统一任务链条并复用中间计算结果，以提升整体执行效率与上下文一致性。特别是在大模型参与分析任务的场景下，若每一阶段均需重新构建上下文输入，不仅计算开销大，也会导致语义连续性丢失。

为此，可通过 LangGraph 中的状态传递机制设计中间状态复用策略，实现中间结果在多个任务节点间共享，并结合结构化工具链设计，支持数据抽取、清洗、分析、问答生成等多环节串联执行，形成高效可复用的流程闭环。

【例 10-6】实现一个结构化的工具链组合任务执行流程，包含数据加载、清洗、图表生成、统计摘要与语言模型问答，并通过 LangGraph 状态机制在多个节点间高效复用中间结果，避免重复计算。

```
from langgraph.graph import StateGraph, END
from langchain_core.runnables import RunnableLambda
from typing import TypedDict, Optional
import pandas as pd
import matplotlib.pyplot as plt
import hashlib
from langchain_core.output_parsers import StrOutputParser
```

```
from langchain_core.prompts import PromptTemplate
from langchain_community.llms import Ollama

# 定义状态结构，支持中间结果缓存
class ToolState(TypedDict):
    raw_df: Optional[pd.DataFrame]
    cleaned_df: Optional[pd.DataFrame]
    stats_summary: Optional[str]
    plot_path: Optional[str]
    answer: Optional[str]

# 读取原始数据
def load_raw_data(_: ToolState) -> ToolState:
    df = pd.read_csv("https://raw.githubusercontent.com/mwaskom/
seaborn-data/master/tips.csv")
    return {"raw_df": df}

# 数据清洗节点：去除小于10元账单
def clean_data(state: ToolState) -> ToolState:
    df = state["raw_df"]
    cleaned = df[df["total_bill"] >= 10].copy()
    return {"cleaned_df": cleaned}

# 图表生成节点：性别账单分布柱状图
def generate_plot(state: ToolState) -> ToolState:
    df = state["cleaned_df"]
    fig = df.groupby("sex")["total_bill"].mean().
plot(kind="bar", title="性别平均账单").get_figure()
    path = f"plot_{hashlib.md5(str(df.values).encode()).hexdigest()
[:8]}.png"
    fig.savefig(path)
    return {"plot_path": path}

# 统计摘要生成：平均账单、消费人数
def compute_summary(state: ToolState) -> ToolState:
    df = state["cleaned_df"]
    avg = df["total_bill"].mean()
    cnt = df.shape[0]
    summary = f"共统计消费记录{cnt}条，平均账单金额为{avg:.2f}元。"
    return {"stats_summary": summary}

# 问答生成器：基于统计摘要与图表路径结合生成描述
def llm_answer(state: ToolState) -> ToolState:
    llm = Ollama(model="llama3", temperature=0.3)
    prompt = PromptTemplate.from_template(
        "已知分析数据如下：\n统计结果：{summary}\n图表位置：{plot}\n请生成一段
简洁说明，适合展示给普通用户。"
    )
    chain = prompt | llm | StrOutputParser()
    response = chain.invoke({
        "summary": state["stats_summary"],
        "plot": state["plot_path"]
    })
    return {"answer": response}

# 构建图
```

```
graph = StateGraph(ToolState)

graph.add_node("load", RunnableLambda(load_raw_data))
graph.add_node("clean", RunnableLambda(clean_data))
graph.add_node("summary", RunnableLambda(compute_summary))
graph.add_node("plot", RunnableLambda(generate_plot))
graph.add_node("llm", RunnableLambda(llm_answer))

# 建立边连接，中间状态复用路径
graph.set_entry_point("load")
graph.add_edge("load", "clean")
graph.add_edge("clean", "summary")
graph.add_edge("clean", "plot")
graph.add_edge("summary", "llm")

# 最后输出
graph.add_edge("llm", END)

# 编译执行
app = graph.compile()
final = app.invoke({})

# 输出结果
print("最终用户答案：", final.get("answer"))
```

运行结果如下：

```
最终用户答案：根据当前统计数据，已分析出共计 159 条记录，平均账单金额为 20.79 元。
```

本例展示了如何将多个分析工具链组合为有序的任务图，同时通过中间状态再利用机制显著提升执行效率与上下文连贯性。LangGraph 天然支持状态共享与跨节点复用，使各步骤之间可以按需拉取上游结果，实现数据闭环流动与过程优化。结合语言模型输出能力，可在末端构建自然语言问答组件，对整个分析过程做总结性说明，便于将结构化分析转化为通用用户可感知的语义内容。这种机制适用于多工具组合的场景，尤其适合数据分析智能体系统的任务调度设计。

10.4 安全策略、权限控制与数据溯源

在面向多用户并发的数据分析场景中，保障任务执行的可信边界与访问可控性是系统架构设计中的关键要素。操作权限的精细化划分、敏感数据的脱敏处理以及操作轨迹的可回溯能力，构成任务流程安全与责任可控的基本前提。借助智能体执行链的图式建模能力，可在执行路径中嵌入动态权限判别与数据溯源逻辑。

10.4.1 用户级数据隔离与 Token 权限标记

在面向多用户的大模型数据分析系统中，确保数据访问隔离性和行为可控性是保障系统安全的核心要求。尤其在企业内部部署环境中，不同用户的数据权限、操作粒度、任务执行能力需严格区分，防止越权访问与敏感信息泄露。

为此，系统通常需引入基于用户级 Token 的访问控制机制，结合数据范围标记与流程图入口权限设置，实现数据维度上的硬隔离以及执行路径上的软限制，从而保障每一轮交互仅限于授权数据集与功能范围内执行，且所有操作可回溯至用户标识与令牌授权策略。

【例 10-7】实现基于用户 Token 的访问鉴权机制，并通过权限信息控制数据读取节点的数据范围，实现用户级数据隔离与行为限制，确保多用户共用分析系统时数据访问不交叉。

```
from langgraph.graph import StateGraph, END
from langchain_core.runnables import RunnableLambda
from typing import TypedDict, Optional, Literal
import pandas as pd
import uuid

# 用户权限与数据标记结构
class UserContext(TypedDict):
    user_token: str
    permission_level: Literal["read", "write", "admin"]
    authorized_dataset: str
    result: Optional[str]

# 定义全量数据表（业务端实际为多表隔离）
dataset_registry = {
    "user_001": pd.DataFrame({
        "客户ID": [1, 2],
        "订单金额": [200.5, 330.2],
        "状态": ["已完成", "待付款"]
    }),
    "user_002": pd.DataFrame({
        "客户ID": [3, 4],
        "订单金额": [120.0, 450.1],
        "状态": ["待发货", "已完成"]
    }),
}

# Token鉴权节点，返回数据权限标记
def validate_token(state: UserContext) -> UserContext:
    token = state["user_token"]
    # 简化Token判定逻辑
    if token.startswith("u001"):
        return {
            "user_token": token,
            "permission_level": "read",
            "authorized_dataset": "user_001"
```

```
            }
        elif token.startswith("u002"):
            return {
                "user_token": token,
                "permission_level": "read",
                "authorized_dataset": "user_002"
            }
        else:
            raise PermissionError("非法Token：访问权限不足")

# 数据读取节点（基于Token绑定数据隔离）
def load_user_data(state: UserContext) -> UserContext:
    dataset_id = state["authorized_dataset"]
    df = dataset_registry.get(dataset_id)
    if df is None:
        raise ValueError("未授权数据集")
    total = df["订单金额"].sum()
    return {**state, "result": f"当前数据集总金额为{total:.2f}元"}

# 构建权限控制图
graph = StateGraph(UserContext)

graph.add_node("auth", RunnableLambda(validate_token))
graph.add_node("read_data", RunnableLambda(load_user_data))

graph.set_entry_point("auth")
graph.add_edge("auth", "read_data")
graph.add_edge("read_data", END)

# 编译执行
app = graph.compile()

# 带Token的请求输入
state_input = {
    "user_token": "u001-abcde-xyz"
}
final = app.invoke(state_input)

# 输出结果
print("用户权限内执行结果：", final["result"])
```

运行结果如下：

```
用户权限内执行结果：当前数据集总金额为 530.70 元
```

本例构建了一套简洁但严谨的用户级访问控制体系，基于 Token 结构完成身份识别与权限判定，并通过受控数据节点实现资源级隔离。LangGraph 中状态字典的天然分层结构支持在流程执行路径中携带权限信息并动态决策行为路径，为构建面向企业或多租户场景的智能体系统提供了良好基础。此机制也可拓展为角色权限策略、路径限制控制、审计溯源模块，适配大规模数据服务系统中的安全设计需求。

10.4.2 日志归档与查询行为审计机制

在数据分析智能体系统中，日志归档与行为审计不仅用于故障追踪与系统监控，更是满足法规合规、数据安全与责任溯源的重要基础。尤其在多用户系统中，每次查询行为必须具备明确的身份标识、时间戳、数据访问内容与处理路径，才能有效支撑事后追责与敏感行为检测。

合理设计日志节点并嵌入LangGraph的关键路径中，使每轮任务可自动生成结构化审计记录，配合持久化机制与标准化格式，可进一步对接集中式日志平台、告警系统或合规稽核流程，实现系统级可观测性与治理能力的提升。

【例10-8】实现LangGraph流程中嵌入行为审计机制，每次任务执行均记录会话ID、用户ID、查询内容与系统返回，归档为结构化日志，支持统一查询与溯源分析。

```
from langgraph.graph import StateGraph, END
from langchain_core.runnables import RunnableLambda
from typing import TypedDict, Optional, Literal
from datetime import datetime
import uuid
import json

# 审计状态结构体
class AuditContext(TypedDict):
    session_id: str
    user_id: str
    query: str
    result: Optional[str]
    audit_log: Optional[str]

# 日志写入函数（实际可对接Kafka、ELK等）
def write_audit_log(entry: dict) -> str:
    log_id = uuid.uuid4().hex
    timestamp = datetime.utcnow().isoformat()
    entry["timestamp"] = timestamp
    entry["log_id"] = log_id
    # 写入日志文件
    with open("audit_log.jsonl", "a", encoding="utf-8") as f:
        f.write(json.dumps(entry, ensure_ascii=False) + "\n")
    return log_id

# 查询执行节点（写入返回结果）
def execute_query(state: AuditContext) -> AuditContext:
    # 简化为固定回答逻辑
    query = state["query"]
    if "总金额" in query:
        answer = "总金额为10340.5元"
    else:
        answer = "无法识别请求"
    return {**state, "result": answer}
```

```
# 日志记录节点（写入行为审计日志）
def audit_behavior(state: AuditContext) -> AuditContext:
    log_entry = {
        "session_id": state["session_id"],
        "user_id": state["user_id"],
        "query": state["query"],
        "result": state["result"],
    }
    log_id = write_audit_log(log_entry)
    return {**state, "audit_log": log_id}

# 构建审计流程图
graph = StateGraph(AuditContext)

graph.add_node("query_node", RunnableLambda(execute_query))
graph.add_node("audit_node", RunnableLambda(audit_behavior))

graph.set_entry_point("query_node")
graph.add_edge("query_node", "audit_node")
graph.add_edge("audit_node", END)

app = graph.compile()

# 构造测试输入
input_state = {
    "session_id": "s-20240728-001",
    "user_id": "u_99123",
    "query": "请告诉我6月的订单总金额"
}
final_state = app.invoke(input_state)

# 输出结果
print("查询返回结果：", final_state["result"])
print("审计日志ID：", final_state["audit_log"])
```

运行结果如下：

```
查询返回结果：  总金额为10340.5元
审计日志ID：  43c927994bb0405fa77c02a943a0cf53
```

日志归档与审计机制作为智能体系统中的关键控制点，不仅提供了操作记录的可回溯性，更为安全策略实施与用户行为建模提供了数据基础。通过在LangGraph节点中嵌入审计逻辑，可实现按流程级粒度控制的精准记录，使系统在执行过程中自动完成审计数据采集。结合统一日志格式与存储策略，可无缝对接后端审计平台或行为分析引擎，有效支撑企业级系统的监管需求与可信执行框架建设。

10.4.3 敏感字段屏蔽与输出过滤节点设计

在数据分析智能体输出过程中，如何避免敏感字段的泄露是一项关键的安全控制要求。尤其在包含客户姓名、联系方式、证件号等个人敏感信息的环境中，系统不仅要具备字段级别的识别能力，还需在生成内容或结构化输出中实施自动屏蔽、替换或脱敏操作。

通过在 LangGraph 流程中构建专用输出过滤节点，可对结果中的敏感字段进行统一识别与处理，避免人工疏漏或下游系统误用，实现面向数据输出端的安全约束机制，提升全流程的数据防护能力。

【例 10-9】实现对包含敏感字段的数据输出进行统一过滤处理，屏蔽姓名、身份证号与手机号等内容，确保最终输出内容符合脱敏要求并可在下游安全展示。

```
from langgraph.graph import StateGraph, END
from langchain_core.runnables import RunnableLambda
from typing import TypedDict, Optional
import re

# 定义状态结构
class FilterState(TypedDict):
    query: str
    raw_result: Optional[str]
    safe_result: Optional[str]

# 返回包含敏感字段的原始查询结果
def query_data_with_sensitive_info(state: FilterState) -> FilterState:
    # 简化返回包含敏感字段的字符串
    result = (
        "客户姓名：张三，身份证号：420101199001017839，联系电话：13800138000，"
        "最近交易金额：3200元"
    )
    return {**state, "raw_result": result}

# 构建输出过滤逻辑
def filter_sensitive_output(state: FilterState) -> FilterState:
    raw = state["raw_result"]
    # 脱敏规则列表（可拓展为配置驱动）
    patterns = [
        (r"客户姓名：[\u4e00-\u9fa5]{2,3}", "客户姓名：***"),
        (r"身份证号：\d{17}[\dxX]", "身份证号：******************"),
        (r"联系电话：1\d{10}", "联系电话：***********"),
    ]
    filtered = raw
    for pattern, repl in patterns:
        filtered = re.sub(pattern, repl, filtered)
    return {**state, "safe_result": filtered}

# 构建图流程
graph = StateGraph(FilterState)

graph.add_node("query_node", RunnableLambda(query_data_with_sensitive_
info))
graph.add_node("filter_node", RunnableLambda(filter_sensitive_output))
```

```
graph.set_entry_point("query_node")
graph.add_edge("query_node", "filter_node")
graph.add_edge("filter_node", END)

app = graph.compile()

# 测试输入
input_state = {
    "query": "查询客户张三的交易信息"
}
final_state = app.invoke(input_state)

# 输出结果
print("原始结果：", final_state["raw_result"])
print("过滤后结果：", final_state["safe_result"])
```

运行结果如下：

```
    原始结果：  客户姓名：张三，身份证号：420101199001017839，联系电话：13800138000，
最近交易金额：3200元
    过滤后结果：  客户姓名：***，身份证号：******************，联系电话：***********，
最近交易金额：3200元
```

输出内容中的敏感字段识别与处理是构建可信智能体系统的重要环节，通过LangGraph中插入输出过滤节点，可在流程末端实现统一、安全的文本清洗与重写。此机制不仅可支持静态规则驱动，还可扩展为基于正则、命名实体识别、标签标注等更强大的语义脱敏方式，适配更加复杂的业务文本与合规要求。该设计思路也可应用于结构化输出中字段筛选与权限裁剪，提升全链路输出可控性。

10.5　本章小结

本章围绕数据分析智能体的构建逻辑与流程控制展开，系统梳理了非技术用户友好的查询需求、结构化数据节点的设计方法、自然语言任务的拆解与路径建模机制，以及在权限控制与数据输出过程中的合规性约束。

通过多阶段子图编排与工具链组合，智能体不仅能够识别查询意图、理解表格语义，还能自动完成图表生成、指标统计与异常检测等复杂任务，并在任务执行链路中集成权限标记与输出脱敏策略，实现了数据分析流程的可执行、安全、可控与可回溯。